2016年度宁波市社会科学学术著作出版资助项目

The Influence Mechanism of Innovation Networks on Collaborative Capability

Based on State Key Laboratory Analysis

创新网络对协同能力的影响机理研究

基于国家重点实验室的实证调查

王婉娟 著

东北财经大学出版社 大连
Dongbei University of Finance & Economics Press

图书在版编目（CIP）数据

创新网络对协同能力的影响机理研究：基于国家重点实验室的实证调查 / 王婉娟著. —大连：东北财经大学出版社，2016.11
ISBN 978-7-5654-2523-3

Ⅰ. 创…　Ⅱ. 王…　Ⅲ. 互联网络-应用-国家重点实验室-研究
Ⅳ. G311-39

中国版本图书馆CIP数据核字（2016）第267576号

东北财经大学出版社出版发行
大连市黑石礁尖山街217号　邮政编码　116025
网　　址：http：//www.dufep.cn
读者信箱：dufep @ dufe.edu.cn
大连永盛印业有限公司印刷

幅面尺寸：160mm×230mm　字数：238千字　印张：19.75　插页：1
2016年11月第1版　　2016年11月第1次印刷
责任编辑：石真珍　郭海雷　　责任校对：贺　贝
封面设计：冀贵收　　版式设计：钟福建
定价：58.00元

教学支持　售后服务　联系电话：（0411）84710309

前言

国家重点实验室是国家组织高水平基础研究和应用基础研究、聚集和培养优秀科学家、开展高层次学术交流的重要基地，承担着探索科学前沿的国家重大科技任务和组织学科综合交叉研究的重要使命，是国家创新体系的重要组成部分。在“大科学”时代，创新的边界大大扩展，创新已经从线性模式向高度互动的网络化模式转变，这对国家重点实验室的创新方式提出了新的要求，协同创新应运而生。创新网络能有效汇集分散且多样化的外部创新资源，并与实验室内部的创新资源有机整合从而促进协同创新。因此，探索国家重点实验室在创新网络中开展协同创新的过程，研究内、外部创新网络对实验室协同创新能力的影响机理，推动实验室依托创新网络广泛和深入地开展协同创新，是顺应“大科学”时代科技创新趋势的必然选择。

本书围绕国家重点实验室协同创新能力的形成与提升问题，按照“要素—结构—能力”的思路，对逻辑上相互关联的三个方面进行了理论和实证研究。

一是在文献理论研究的基础上，对三所典型的国家（重点）实验室进行了探索性案例研究，初步探寻在内、外部创新网络的影响下国家重点实验室协同创新能力的形成与提升过程。研究发现，创新网络反映了协同创新本质的必然要求，能促进不同的创新主体建立紧密联系，汇集创新要素，整合分散的创新资源，形成协同创新合力。随着实验室创新网络规模的扩大和网络关系的增强，协同创新能力也实现了从无到有、从弱到强的提升。基于探索性案例的研究结果，我们提出了三个初始假设命题，为后续研究提供了源于实践的理论构想。

二是基于命题假设，通过跨层次概念重构，将实验室内部看作一个由不同要素、部门和成员构成的内部创新网络，进而构建了内、外部创新网络影响协同创新能力的整体框架模型。通过对112所依托于院校或企业的国家重点实验室进行问卷调研，运用结构方程模型，分别对内部创新网络、外部创新网络和协同创新能力的测量模型进行验证性因子分析，测量和甄别了国家重点实验室协同创新能力的主要影响因素。

三是在前面研究的基础上，构建高阶因子模型，分析国家重点实验室内、外部创新网络间的协同及对协同创新能力的作用机理。首先，分析内、外部创新网络的各个维度对实验室协同创新能力产生的单独作用；其次，提出内、外部创新网络的二阶构念之间存在显著的相关性，即相互之间存在明显互动；最后，将二阶因子合为一个综合实体，分析内外各维度之间的协同性及其对协同创新能力的影响机理。此外，本书引入了创新市场动荡性和知识技术动荡性两种环境动态变量，考察外部环境对实验室内、外部创新网络和协同创新能力之间关系强度与方向的调节作用。

本书在以下方面实现了创新：

一是将国家重点实验室创新活动的内部网络与外部网络两个维度整合在一个框架内，体现了多层次分析的复杂性特征，填补了创新网络中内、外部网络分层研究的“鸿沟”。

二是分析了创新网络提升国家重点实验室协同创新能力的一般过程。通过探索性案例研究发现，国家重点实验室通过创新网络提升协同创新能力的一般过程：首先，通过构造内部创新网络，强化科研人员之间的协同能力，促进实验室各研究方向的交叉协同，推动实验室组织结构和管理体制的再造，在此基础上形成系统化的协同创新能力；其次，沿着创新价值链，由内而外地推动与其他创新主体的协同创新，提升国家重点实验室嵌入外部创新网络中的中心度，进而借助外部网络发展协同创新能力；最后，通过内、外部创新网络的频繁互动，实现协同效应，进一步提升协同创新能力。

三是揭示了内、外部创新网络协同与实验室协同创新能力形成与提升的内在规律性。研究发现，国家重点实验室内、外部创新网络是协同创新能力的发展基础，能促进国家重点实验室协同创新能力的形成与提升，降低环境动荡性产生的创新网络不稳定等负面影响，从而完善了对创新网络与协同创新能力之间关系的理解。

著　者

2016 年 9 月

目录

1 绪论/1

1.1 研究背景与意义/1

1.2 研究问题的提出/21

1.3 研究对象与内容安排/24

1.4 研究方法与技术路线/29

1.5 研究的创新与不足/32

1.6 本章小结/34

2 国内外研究述评/35

2.1 创新理论/35

2.2 创新网络/43

2.3 协同学与协同创新/58

2.4 国家重点实验室协同创新能力/71

2.5 本章小结/81

3 创新网络演化与协同创新能力提升的探索性案例研究/84
3.1 案例研究方法与步骤/84
3.2 创新网络演化与协同创新能力的提升过程/91
3.3 案例综合分析与讨论命题的提出/128
3.4 本章小结/136

4 创新网络影响国家重点实验室协同创新能力的模型构建/137
4.1 研究假设与模型构建/138
4.2 问卷设计与分析方法/158
4.3 变量选择与测度/161
4.4 本章小结/179

5 问卷调查与数据分析/180
5.1 问卷调查/180
5.2 数据分析/184
5.3 测量模型/199
5.4 本章小结/209

6 创新网络对协同创新能力影响模型拟合与环境变量调节/211
6.1 结构方程模型拟合分析/211
6.2 调节效应检验/225
6.3 假设检验与结果讨论/235
6.4 本章小结/242

7 研究结论与建议/244
7.1 主要结论/244

7.2　对策建议/246
7.3　研究局限/249
7.4　研究展望/251

参考文献/253

附录　调查问卷/299

后记/304

1　绪论

1.1　研究背景与意义

1.1.1　现实背景

（1）“小科学”到“大科学”的进化与国家重点实验室协同创新的产生

“大科学”（Big Science）是相对“小科学”（Little Science）而言的。这一概念最早于 1961 年由美国著名核物理学家 Weinberg 在《大科学的反思》一书中提出，特指研究项目尺度上的“大科学”。1963 年，美国著名科学计量学家 Derek Price 在其代表作《小科学、大科学》一书中从科学研究的社会规模角度进一步完善和发展了这一概念，并从此广为人知。“大科学”是以解决人类社会发展面临的重大问题为导向、以多学科的交叉为特征、由科学家和技术人员群体共同进行协作攻关的一种科学研究方式。纵观世界科学技术发展史，科学与技术创新历程就是一个从个体引领的“小科学”时代发展到全社会协同参与的“大科学”时代的过程。在这一过程中，实验室从无到有，从独立自主创新到产学研合作创新再到参与全社会协同创新，成为国家创新体系的重要组成部分。

在近代自然科学产生后相当长一个时段（16—18 世纪）里，以增长人类知识为主要目的、以个人自由研究为主要特征的“小科学”占据着统治地位（熊志军，2004）。那个时代的科学研究还没有成为一个固定的社会职业，研究者一般凭自身的技艺、兴趣进行私人的科学研究活动，主要目的是探索和思考自然界的奥秘。19 世纪初到第二次世界大战（以下简称二战）之前，随着科学体制的加速发展和科研难度的增大，研究的自由度减小，越来越需要特制的科研仪器和更多的资金支持。科学研究逐步成为一项社会化职业，专门的组织机构——各类专业化的实验室出现了。在政府的主导或支持下，世界著名的卡文迪什实验室、李比希实验室、巴斯德实验室即在这一时期成立。与此同时，产业领域也开始建立实验室。熊彼特在 20 世纪 30 年代提出的创新理论中，以企业为创新主体（Schumpeter，1934），这就反映了当时欧洲强烈的实用主义产业创新背景。企业内部技术创新活动的专业化和制度化推动了承担研发职能的工业实验室的出现，如德国化工产业中的巨头拜耳（Bayer）、赫斯特（Hoechst）、巴斯夫（BSF）等企业都建立了自己的实验室（Nelson，1993）。美国通用电气（GE）、AT&T、柯达（Kodak）等也在 20 世纪初陆续建立了自己的实验室。这一时期，创新活动基本在实验室内部独立完成。

二战彻底改变了科学与技术的关系，并推动着创新范式由“离散模式”向“线性模式”转型。二战中美国“曼哈顿工程”的成功实施，麻省理工学院辐射实验室的雷达研究，约翰·霍普金斯大学应用物理实验室的加速低空爆炸信管等的显著成效，显示出科学在决定战争成败中至关重要（Geiger，1993），也充分显示出实验室在科学研究和创新活动中的特殊地位。总结二战的科技创新经验，时任美国科学研究与发展办公室主任的布什提出“基础研究—应用研究—开发—规模生产—经济增长”的“线性模式”，认为基础研究是技术进步的先导，是技术进步的一个长远而强大的动力。受其影响，美国联邦政府开始大规模地资助实验室的基础科学研究。这段时期的政策重点在“科学—技术”的供给方面，并认为其“衍生”效应会自动使经济系统受益。甚至连创新理论的创始人熊彼特都转而相信，企业家的创新职能已经过时了，“革新本身已降为日常事务，技术进步越来越成为受过训练的专家小组的业务，早期商业性冒险的浪漫气氛正在迅速消失，因为，许许多多事情现在都能严密计算”（Schumpeter，1942）。规模庞大的科学实验室和跨学科研究机构相继建立，科技发展进入了全社会参与的“大科学”时代。“曼哈顿工程”之后，“阿波罗计划”、“人类基因组计划”和我国的“两弹一星”研制工程又成为“大科学”时代科技创新的典型案例。正如赵红洲在《大科学观》一书中指出，相比“小科学”研究对象是自然界、目的是增长知识、研究经费是个人资助、研究方式是科学家个人自由研究，“大科学”的研究对象是自然、社会与人构成的复杂系统，目的是实现科技、生产一体化，变科技为直接生产力，研究经费是由国家、国际组织共同资助，研究方式则是科学家之间的合作（赵红洲，1988）。

20 世纪 70 年代，日本经济的迅速崛起及其在半导体等产业领域对美国竞争力的挑战，动摇了人们对“线性模式”的信念，意味着协同创新的萌芽。日本的技术创新并非源自本国的基础科学研究，而是通过“反求工程”和内部研发对发达国家技术进行学习与开发（Freeman，1987）。面对来自日本的产业竞争，美国政府发现，实验室的基础研究成果很难自动地被企业吸收、利用并转化为技术创新，联邦政府拥有的绝大多数专利也未被转移到产业应用。鉴于此，美国在 20 世纪 80 年代初出台了一系列政策和法案，旨在推动研究机构与产业更为灵活和紧密的互动合作，建立和强化科学研究、技术创新与商业应用之间的制度化衔接。随着实验室与企业的技术转移和协同创新活动蓬勃发展，以生物医药、信息技术等为代表的新经济形态在美国异军突起，斯坦福-硅谷、MIT-128 公路成为全球高科技产业创新的经典模式。新的创新范式的显著特征是，始于科学发现的“前向线性模式”与始于技术需求“逆向线性模式”在工业创新中交织融合。相比之下，日本的基础研究薄弱，研究机构与企业的研发合作并未及时地从人际层面过渡到组织和制度层面，在接近技术前沿之后才发现，其创新后劲明显不足（Lee，2001）。

随着产业技术与基础科学研究之间关系日益密切，科学研究与技术发明之间的距离和时滞大大缩短。以专利引用科学论文的平均数量为例，各工业化国家技术进步的科学关联度在 1974—2004 年 30 年间呈现出明显的上升趋势，其中处于技术前沿的美国、德国和英国更为明显（OECD，2004）。各技术领域的相互联系日趋密切，它的发展往往表现为一个技术群或几个技术群的发展。若干相互依赖、相互影响的模块通过各个模块间的相互协调和互动来凸显其整体性特性（青木昌彦等，2003）。在信息通信技术、生物工程、纳米技术等高科技领域，跨学科研究、探索性研究、任务导向型研究和利益驱动型研究也变得更加相互依赖。正如成功组织了“阿波罗登月计划”的韦布博士在总结该计划时说：“使‘阿波罗登月计划’成功的关键绝非仅是技术，更重要的是合作，是来自一种整体的、多领域、跨国界的智慧大集中，最终成功地将分散和独立的成果组合成完整的科学结晶。”1996 年，联合国教科文组织在其年度报告中第一次采用“大科学”一词。相对于“小科学”而言，“大科学”科研难度更高，项目覆盖面更广，涉及学科更多，需要资金更多，研究耗时更长。同时，学科之间的渗透和融合产生了多种诸如控制论、信息论、系统论、协同论等交叉学科、边缘学科和综合学科，单一科研机构很难独立解决一项复杂的科学创新问题，必须寻求有效合作，组成创新研究的群体架构才能获得成功。在这种新的创新范式下，创新活动逐渐趋于资源集成化、主体协同化。实验室的科学创新的形式也从以项目带动的点状形式向以平台建设为主的联盟形式和战略领域多主体协作的协同创新网络模式转变。我国载入史册的载人航天工程、嫦娥工程等都是包含国家重点实验室在内的多主体协同创新的成果。

（2）国家重点实验室是协同创新的重要主体

作为“国家创新体系的杠杆作用点”（Crow & Bozeman，1998），国家重点实验室是各国在科学原创、技术发明、产业竞争力等方面保持实力的组织载体。二战期间，美国为实施“曼哈顿工程”建立了一批以研究发展战略武器为目标的大型国家实验室，形成了以国家实验室为重要研究基地的美国国家科研体系。目前，美国共有 850 多个国家实验室，集中于能源部、国防部、商务部、农业部、卫生部、运输部、环境保护署、国家航空航天局等政府部门，共有约 20 万名科学家和工程师参与。其中大规模国家实验室近 100 个，其研究人员都在 1 000 人以上，并有数千人的合作研究人员和辅助人员。这些大型国家实验室构成了美国国家重大创新基地的主体，是美国原始创新的重要来源。英国通过政府部门、研究理事会和高等教育基金会资助能够体现国家意志并从事基础性前沿研究的高等学校研究机构和实验室，建立了包括国家物理实验室、卡文迪什实验室在内的众多著名实验室；德国形成了由联邦和州政府共同资助国家实验室四大体系：马普学会、亥姆霍兹联合会、弗劳恩霍夫协会和莱布尼茨联合会。法国则以国家科研中心（CNRS）为核心，让其与190所高等院校建立对口协作关系，并将3/4的实验室设置在这些高等院校内，实现了科技创新资源的协同利用。

美国国家实验室承担大约全美基础研究的18%、应用研究的16%和技术开发的13%的研发工作；英国商业、创新与技能部公布《英国科研实力2011年国际比较表现》的报告显示，英国在研发领域每投入1英镑所产出成果的引用率是最高的，在全世界高引用率的论文中英国论文占14%，仅次于美国。而这一科技实力在世界领先的重要原因之一就是其国家实验室的突出贡献，例如卡文迪什实验室先后培养了29位诺贝尔奖获得者；德国马普学会拥有15名诺贝尔奖获得者，德国每年发表的高水平论文约1/3来自马普学会；法国的研究中心在1 000个得到应用的专利项目中已有500个获得了明显的经济效益。现代科技进步的特征表明，来自专门的科研机构的科学新发现已日益成为科技创新的源头（吴友群等，2014）。Yong（2000）通过研究加拿大活跃度比较高的产业集群也发现，实验室是影响集群发展的根本因素之一。

我国自1984年开始组建国家重点实验室，截至2014年年底，共建设（或筹建）和运营着373个国家重点实验室，其中包括正在运行的试点国家实验室6个，依托高校和科研院所的院校类国家重点实验室260个，依托企业的企业类国家重点实验室99个。此外还有军民共建国家重点实验室14个，港澳伙伴国家重点实验室14个以及省部共建国家重点实验室培育基地105个。这些实验室涵盖了化学、数理、地学、生命、信息、材料、工程等多个领域。经过30多年的建设与发展，国家重点实验室已经成为我国开展基础研究和应用基础研究的主力军。

第一，国家重点实验室成为我国政府建设国家创新体系、部署战略创新科研活动最重要的抓手之一。例如，仅2012年一年，政府就下达国家重点实验室专项经费 31.78 亿元以支持 260 个院校类国家重点实验室，下达引导经费 2 亿元支持 6 个试点国家实验室。院校类国家重点实验室和试点国家实验室有固定工作人员 2 万余人，其中中国科学院院士 270 人、中国工程院院士 156 人，分别占我国院士总人数的 39.1%和 20.4%；国家杰出青年科学基金获得者 1 057 人，创新研究群体科学基金资助获得者 167 个。企业类国家重点实验室共有固定人员 8 839 人，其中中国科学院院士 2 人，中国工程院院士 17 人，国家杰出青年科学基金获得者 5 人，千人计划获得者 23 人。大量运行经费、科研经费和杰出人才使国家重点实验室能在协同创新活动中享有得天独厚的资源优势。

第二，国家重点实验室是我国科研创新项目的主要承担者、创新成果的主要产出者。大量的科研项目和丰硕的科研成果使国家重点实验室在协同创新活动中掌握有前沿的科学知识、丰富的研究经验和技能，这是创新网络中知识溢出和知识流动的重要基础。以 2012 年为例，院校类国家重点实验室和试点国家实验室共获得国家级奖励 115 项，其中国家自然科学奖二等奖 26 项，占当年授奖总数的 63.4%；国家技术发明奖一等奖 1 项，占当年授奖总数的 50%，二等奖 31 项，占当年授奖总数的 50.8%；国家科学技术进步奖特等奖 1 项，一等奖 5 项，二等奖 51 项。获得发明专利授权 6 900 余项。在国内外学术期刊上发表学术论文 5.1 万余篇，其中被 SCI 检索收录论文 3.5 万篇，占 68.6%；被 EI 检索收录论文 7 600 余篇，占 14.9%；在 Science 上发表论文 27 篇，在 Nature 及其系列期刊上发表论文 146 篇。截至 2012 年年底，院校类国家重点实验室和试点国家实验室共主持和承担各类在研项目、课题 3.2 万余项，获得研究经费 149.2 亿元。而企业国家重点实验室在衔接基础研究与成果转化和产业化，加快推广和应用先进技术研究，提出国际、国家和行业标准等方面发挥了积极作用。截至 2012 年年底，企业类国家重点实验室共主持和承担各类在研项目、课题 2 369 项，获得研究经费 36.9 亿元，其中“973”“863”等国家级项目、课题 680 项，占课题总数的 28.7%，获得经费 14.8 亿元，占经费总数的 40%。2012 年，企业类国家重点实验室共获得国家级奖励 14 项（含参与完成），其中国家技术发明二等奖 3 项，国家科技进步奖特等奖 1 项、一等奖 3 项、二等奖 7 项，省部级奖 147 项。获得国内发明专利授权 2 185 项，国外发明专利授权 51 项；制定标准 429 项，制定规范 99 项；在国内外学术期刊上发表学术论文 2 415 篇，其中被 SCI 检索收录论文 265 篇，被 EI 检索收录论文 453 篇，发表国际会议论文 618 篇，国内会议论文 314 篇。①

第三，国家重点实验室的科研成果能为其他创新主体的创新开发、成果转化、孵化及产业化提供研究基础，推动了我国国家创新系统整体创新能力的提升，激发了各类创新主体创新研发和成果应用的热情。例如，2012 年，非线性力学国家重点实验室郑哲敏院士提出了流体弹塑性模型，可准确预测地下核试验压力衰减规律，为我国首次地下核爆当量预报做出了贡献；清华信息科学与技术国家实验室（筹）在立体视频重建与显示等应用基础理论和核心关键技术方面完成了多项发明创新，研制了相关装置，于 2006 年建立了广东省-教育部立体视频产学研基地，为立体视频技术规模化应用和产业链培育提供了重要支撑平台，关键技术授权应用于 Sonic、东芝、华硕、索尼等企业，并成功应用于上海世博会，获得了显著的经济效益与社会效益；流体动力与机电系统国家重点实验室和盾构及掘进技术国家重点实验室解决了因盾构掘进引发地面塌陷、载荷突变使关键部件失效和掘进偏离设计轴线等问题，项目成果支撑了上海隧道股份、中铁隧道

① 根据中国科技部网站（http：//www.nmp.gov.cn）公布数据整理。

集团和中铁隧道装备制造有限公司等企业自主设计制造土压平衡、泥水平衡和复合盾构，使盾构的主要性能指标达到或超过国外同类产品，新增产值 62.83 亿元。此外，实验室还积极通过专家咨询、技术转让、共建研发中心或联合实验室、共同研发、共办科技实体等多种模式有力地推动了协同创新，促进了科技与经济的紧密结合。

（3）创新网络是“大科学”时代汇集创新资源的重要途径

“大科学”时代，创新过程日趋复杂化，学科间交叉、渗透和融合越来越普遍。例如，在信息通信技术、生物工程、纳米技术等学科交叉领域的相互联系就日趋密切。人们越来越认识到现代科学是整体化的科学，创新更容易出现在知识交叉和综合的领域。与此同时，科学分工越来越细，学科专业化程度越来越高，任何一个创新主体都不可能具备全部必要知识。各个创新主体拥有的创新资源的高价值性、稀缺性、难以替代性、难以模仿性以及低流动性使得很难在创新要素市场上通过公开定价等市场交易手段获得这些异质性资源（Wernerfelt，1984；Barney，1991）。而创新网络（Innovation Network）能促进异质性资源的整合与流动，超越了传统产学研合作的利益导向机制（张永安等，2010），可以更有效地协调研究机构、企业、政府、社会组织等不同性质个体之间的关系（Gulati，1998）。同时，创新网络内嵌的组织机制和灵活的协调方式便于调动分散、多样化的知识资源来进行协同创新，有助于应对最棘手的挑战（Brown et al，2005）。纵观发达国家创新发展的实践，其中一条最重要的成功经验就是打破组织、领域、区域和国别的界限，构建起庞大的创新网络实现协同创新，促进创新要素最大限度的整合（李兴华，2011）。创新网络大大扩展了各创新主体的边界，通过网络，各节点机构建立起交流与合作机制，获取互补性资源与知识，并与自身内部的创新资源有机整合起来，相互协作，共同开发，实现单独要素无法实现的整体协同效应（许庆瑞，2007），进而完成系统的创新。

（4）创新网络是“大科学”时代组织协同创新的最佳载体

在“大科学”时代，创新的基础正在发生改变。创新竞争力的源泉正日益集中于特异的、稀缺的、难以模仿的、不可替代的知识资源（Lowendahl et al，1998）。而创新网络则构建了社会的新形态，网络化逻辑的扩散，实质地改变了创新过程中资源共享的操作和结果，使得知识资源能在更广范围内整合和有效配置，传统的组织结构和创新方式发生了重大变化。产业集群、创新联盟、创新供应链、前后向一体化、技术外包、虚拟企业、协同中介等网络组织的涌现，也印证了“大科学”时代网络化逻辑的拓展。

20世纪80年代，面对世界性的经济衰退，欧洲和北美少数几个地区经济发展依然保持平稳甚至继续增长，就是因为创新网络的出现。例如意大利中部和东北部的艾米利亚-罗马格纳（Emillia-Romagna）和图斯卡尼（Tuscany）地区、德国的巴登-符腾堡（Baden-Württermberg）、法国的欧叶纳科斯（Oyonnax）、丹麦的竹特兰（Jutland）、瑞典的斯迈兰（Smaland）、西班牙的巴塞罗那（Barcelona）、美国的加利福尼亚的硅谷等（王辑慈，2001），均是因为科研机构、高校和产业交织组成了创新网络，成为成功战胜衰退的“经济之星”。这种科学创新和产业技术创新之间的网络互动，既是获取研究投资的经济效益和社会收益的必要前提，更是保证科学系统研究质量与活力的途径。

在创新过程复杂化趋势下，大到人类基因组计划在全世界范围内协同的推进，小到区域或行业组成技术联合体，均体现了创新范式向网络化演变。实践证明，创新的组织形式由“散点式”向“层级式”再向“网络式”发展，协同创新的模式从以项目带动为主的点状关系向以平台建设为主的长期联盟和战略领域的集群协作等网状关系转变，提高了创新资源的利用效率，改善了创新组织的环境适应性（林润辉，2000）。在这种新的创新范式下，国家重点实验室等科研机构的基础研究、应用基础研究就能直接进入国家创新系统，产业界技术创新的先导环节也能往前延伸到科学向技术的转化过程。正如张钢所说，“知识经济时代的组织，是一种知识或智力资源的配置方式”，网络化发展适应网络环境、知识竞争和价值创造的需要（张钢，2005）。

（5）国家重点实验室创新能力的提升需要创新网络

为了实现国家创新战略目标，《国家中长期科学和技术发展规划纲要（2006—2020 年）》确立了 16 个重大科技专项，要求通过核心技术突破和资源集成，在一定时限内完成。这些重大科技专项不仅项目经费投入巨大，技术更加复杂，科技与经济结合的要求更高，而且涉及多个部门，要求政府部门、科研机构和产业界更加有机紧密地结合，这对国家重点实验室的协同创新能力提出了更高的要求。然而，从整体来看，我国各类国家重点实验室科研实力与国外同行相比依然存在一定差距。如以第一作者身份在 Nature 和 Science 上发表文章相较欧美的国家重点实验室而言仍然相当少，迄今还没有获得世界级科技奖励（如诺贝尔奖）的科研成果。造成这种现象的一个主要原因是：当前我国各类国家重点实验室主流创新模式仍是单个实验室封闭、孤立的自主创新。这并不符合“大科学”时代系统性、开放性、非线性、网络化的科研特性和大规模、高投入、高风险的科研项目特征，束缚了国家重点实验室最大效能的发挥。

与之相比，国外已初步形成了基于创新网络的国家重点实验室协同创新模式，这为国家重点实验室迎合“大科学”时代的科技创新、大幅提高自身创新能力提供了突破路径。美国国家实验室积极开展“科技中心计划（STC）”，把具有共同研发目标、共同科研特色、具有伙伴关系的一系列或一组实验室、大学、科研机构共同组建研究中心，使相关科技资源重新整合以形成更大的跨部门、跨机构的研究中心。美国能源部就建立了5个能源创新中心：日光转化燃料能源创新中心、核反应堆建模与仿真能源创新中心、建筑能效系统设计能源创新中心、电池与能源贮存创新中心、关键材料创新研究中心。以美国关键材料研究中心为例，2010年“关键材料政策”（Critical Material Strategy）发布，2011年形成了以艾姆斯国家实验室为依托单位的“关键材料研究所”（Critical Materials Institute，CMI）。新中心主要针对能源部《2011关键材料战略》提出的战略研发领域，开展稀土及其他关键材料在清洁能源组件、产品中的作用以及加工工艺研究与开发活动，解决稀土的进口依赖。CMI联合了包括橡树岭国家实验室在内的其他3所国家实验室，包括布朗大学在内的7所高校，以及包括通用电气公司在内的7所企业，最终形成了以艾姆斯国家实验室为核心的国家实验室体系内外协同创新的网络。

由此可见，相对于联盟、授权等协同创新中其他较为传统的模式，创新网络则更类似于“云计算”，网络连接了实验室等科研机构、高校、创新型企业的创新资源，形成“资源池”，向加入网络中的各个主体按需提供服务，而“资源池”中的资源则是不断扩展的。传统的产学研合作多是基于项目合作、许可授权等形式，无法创建和持续推动这种“云端”资源的互动合作。因此，只有基于创新网络的协同创新才能超越传统合作创新的空间限制和产业界限。网络中每一个节点彼此影响，并建立正式与非正式的关系（Brass，2004），既能向更广泛的创新网络内汇集资源，又能从创新网络中随时取用资源。因此，在网络整体创新能力不断提升的同时，又能反作用于每一个节点成员，使得网络中每一个创新主体的创新能力也随之提高，个体创新能力与网络创新能力相互促进、螺旋上升。

因此，基于创新网络开展协同创新，是增强各类国家重点实验室创新能力和提升一国综合科技创新水平的必然选择。研究创新网络对国家重点实验室协同创新能力的影响机理，就具有重大的现实意义和紧迫性。

1.1.2 理论背景

（1）创新网络理论

自奥地利经济学家熊彼特首次提出“创新”的思想以来，世界各国的学者从不同角度对创新在经济发展中的作用、创新模式、创新路径、创新绩效等展开了深入的研究和实证分析。随着“大科学”时代的来临，在网络背景下开展创新研究方兴未艾。网络是一种行动者之间的形态，是一种获取资源的重要方式。创新作为一种通过集体活动才能最有效开展的过程，网络在其中起着关键作用（Pittaway，2004；Ozman，2009）。国外对创新网络的研究始于 20 世纪 90 年代，主要从经济学、社会学、管理学等角度对网络的概念、形成、存在形态、结构特征、网络的治理、网络对创新的作用和影响机制等问题展开积极的探索。自 2002 年以来，创新网络研究也成为国内创新理论研究的热点。

按照篇名为“创新网络”在“中国学术期刊网”上对全部期刊文献进行精确检索，发现国内最早的与创新网络相关的一篇文献出现在 1989 年，是对国际开发创新网络组织的情况介绍。正式研究创新网络的一篇文献产生于 1992 年，是对中、日、美三国基于 ERP 系统的创新网络的比较研究。1989 年第一篇与创新网络相关的文献诞生至 2014 年年底，国内期刊共发表“创新网络”相关文献共计 1 047 篇，论文发表数量及趋势如图 1-1 所示：

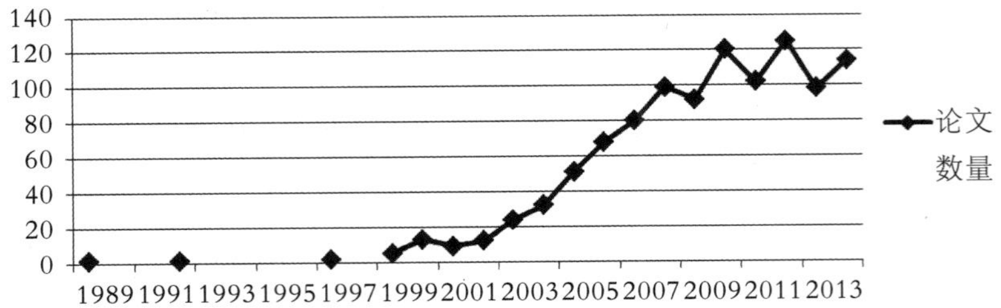

图 1-1 国内发表“创新网络”论文数量与趋势图

从论文数量上看，1989—2002 年，研究“创新网络”的论文极少。自 2002 年始，创新网络的研究论文数量开始急剧增加，直到 2010 年起增速放缓，但每年此类论文发表数量仍保持在较高水平。从研究对象上看，主要围绕宏观和微观两类创新主体展开（如图 1-2 所示）。宏观研究对象主要涉及区域创新网络和国家创新网络，两者分别占论文总数的 25%和 6%；微观研究对象则是各类创新主体，研究其在创新网络中发挥的作用及其作用机制。其中，最受学者重视的创新主体是企业，其研究占总数的 50%，其次是高校和科研机构。研究实验室创新网络的论文极少，仅有 8 篇，占总数的 1%。这与实验室在创新体系中的重要地位是极不相符的。因此，本书将国家重点实验室作为嵌入到创新网络之中的重点研究对象，能为创新网络的理论研究体系起到重要的补充作用。

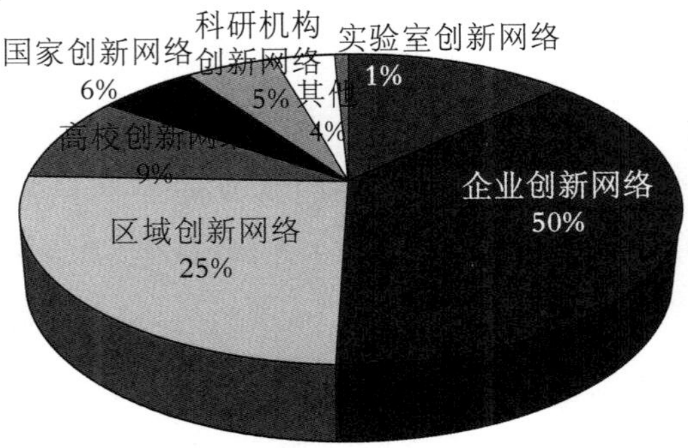

图 1-2 “创新网络”研究主体分布比例图

相应地，从研究内容上看，关于创新网络的研究主要可以分为两个层次：一是宏观的网络层次，即研究对象是整体或局部网络，认为网络是从创新中获得最大收益的主要方式和途径，在创新过程中起着关键作用。其重点研究创新网络的网络结构特征与治理、网络中创新要素的协同、创新网络的运行机制，以及网络整体能力或绩效，得出的结论也是以部分或整体网络为背景。二是微观的创新主体在网络中所处的位置、发挥的作用、协同合作或互动模式、知识溢出或共享机制等。此时，单一的创新主体是研究的“焦点”，所有的研究内容都围绕这一创新主体而展开，研究某一创新主体如何构建和管理其关系网络，创新网络联结的模式及其作用机理，主体嵌入网络的机制和创新绩效提升的途径等。因此，在前人研究的基础上，本书研究创新网络对国家重点实验室协同创新能力的影响机理，是现有研究内容的重要补充。

（2）协同创新理论与创新网络理论的内在逻辑联系

协同创新与创新网络关系密切。从资源要素来源的视角看，协同创新活动中，各种资源要素在非线性相互作用下形成了单独资源要素无法产生的整体协同效应，这正是创新网络的实现基础。创新网络以国家、区域或创新个体的创新发展战略为导向，以获取协同剩余为目的和动力，以提高协同度为核心，通过网络的核心资源和辅助资源的分工、竞争、融合、互动等动态机制，实现网络整体协同效应。因此，创新网络的运行集中表现为“协同效应”形成。

协同创新的研究比创新网络起步晚将近 10 年，但协同创新相关研究在最近几年出现了井喷，显示出学界对协同创新的高度关注。截至 2014 年年底，按照篇名为“协同创新”在“中国期刊网”上对全部期刊文献进行精确检索，发现共有 2 337 篇期刊论文。国内最早以“协同创新”为题的一篇文献出现在 1997 年，是创新管理领域的著名专家张钢、陈劲、许庆瑞共同发表在

《科学学研究》上的《技术、组织与文化的协同创新模式研究》。自国家“2011 计划”开始实施至今，协同创新的论文数量出现了急剧增长（如图 1-3 所示）。

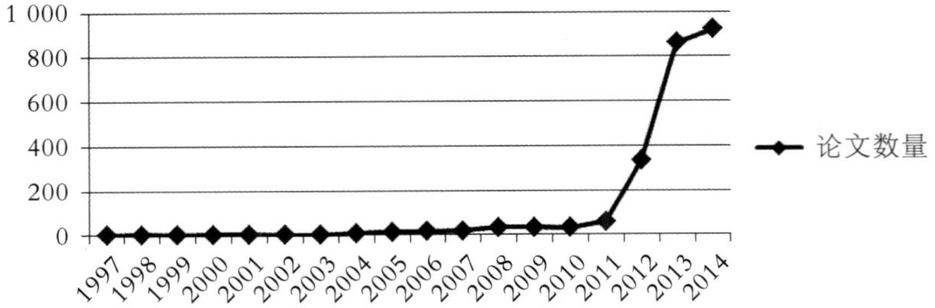

图 1-3 国内“协同创新”期刊论文数量与趋势图

协同创新的研究主要从创新主体的内部协同和外部协同两个方面展开。内部协同研究多关注以企业为代表的创新主体内部的要素协同、组织协同、技术协同等方面，主要研究组织内部的知识、思想、技术、经验等创新要素的共享机制。随着协同创新研究的深入，外部协同研究逐渐成为主流。重点研究企业、高校、研究机构、政府、用户等参与者的协同目标、内在动力、沟通机制、合作平台、协作模式等，其实质是国家/区域创新体系中知识创新体系与技术创新体系的结合与互动。协同创新研究的内部协同和外部协同视角，恰恰与创新网络研究中的组织内部创新网络和组织间外部创新网络在研究结构上保持了协调一致。

网络理论和协同理论的共同之处在于，网络理论认为创新行为和其他社会行为一样，不是在一个空洞的系统中孤立地进行的，而是深深地嵌入它所处的各种社会关系网络之中（Granovetter，1985）。而协同理论同样认为，复杂开放系统内部的各子系统会通过协同的方式促使系统向有序结构的方向发展，而且这种协同的行动中隐含着各要素之间及各子系统之间的非线性相互作用，这种非线性相互作用使得各要素及各子系统之间存在一种互为因果的相互关系（Haken，1987）；网络理论在发展过程中借鉴了资源观的分析方法和框架发展出相应的网络资源和网络能力等概念来解释网络环境中创新主体的竞争优势来源与保持（Gulati，1999；Hagedoorn，2006），协同理论同样在长期的发展中被广泛应用于组织内外部的各种资源与要素的共享与协作运营等方面的研究（Johansson，2002；Koschatzky，2002）。许多学者通过案例研究或实证分析证实网络对知识扩散（Tsai，2001）、学习活动（Powell，1996）、创新能力（Ritter，2002）和创新绩效（Dyer，2006）的有明显的促进作用，而这恰恰也是协同创新的关注点所在。

因此，网络理论和协同理论具有深刻的理论渊源和内在的逻辑联系，基于创新网络进行协同创新研究具有扎实的理论基础支撑。然而，在中国学术期刊网上检索，从“创新网络”的视角研究协同创新的文献只有 55 篇，仅占所有协同创新研究文献的 2%，而以此视角研究国家重点实验室协同创新的文献尚未发现。这说明目前创新网络与国家重点实验室协同创新这一研究主题在理论界尚属空白，也说明创新网络的研究仍存在补充和发展的空间。

（3）创新主体的网络嵌入理论

现有关于创新网络的研究方式通常是将创新网络作为基本研究单位，创新主体是嵌入网络中一个节点（node）（Lavie，2004），行动者间重复交易的频率和程度、行动者间相互联结的内容会产生网络嵌入性（Gulati et al，2000；Uzzi，1997）。网络嵌入理论的代表学者 Granovetter（1985）强调，一切经济活动都嵌入社会关系网络中，新古典经济学所假定的纯经济关系在现实生活中是不存在的。所谓嵌入性，是指网络中的行动者在进行与工作相关的交易活动时，交往和联系的路径往往与行动者的社会网络关系模式相互重叠。Granovetter 将嵌入性分为关系嵌入和结构嵌入。关系嵌入是基于互惠预期而发生的对称联结，主要考察相互间的联结强度、亲密程度、联结久度和方向等问题。结构嵌入关注行动者在社会网络中的结构与位置及其对行为和绩效的影响。因此，创新主体的网络嵌入表征了主体在网络中的位置、地位及与其他节点之间的相互关系，决定了创新主体在创新网络中所能聚集、整合和配置的创新资源。这为本书提取和测量国家重点实验室内、外部创新网络的特征变量提供了重要参考。

目前，对创新主体嵌入创新网络的研究常见的分析手段是通过网络结构和节点间相互关系，分析创新主体的优势竞争要素。Zaheer & Bell（2005）通过对创新网络和焦点企业的研究发现，企业的网络嵌入能力越强，越易于跨越更多的结构洞，占据更多的创新资源。然而，这种研究方法多强调创新主体在网络中的位置与结构，对创新主体本身的特性和组织内部结构却较少顾及。目前，仅有少量学者提出需要同时分析内外部网络互动对于创新绩效的影响（Gittell & Weiss，2004；Branzei，2004），但现有研究并没有深刻反映出创新主体内部要素与外部要素的互动情况，也没有反映内外部网络间互动是如何影响创新主体的协同创新能力的，这也成为需要研究的新方向。

（4）创新网络的协同理论

目前，协同理论关注的主要是行动者之间的主体协同或是微观要素之间的要素协同。然而，协同学的核心思想在于运用系统性的观点去处理复杂系统的概念和方法，剖析复杂系统内部的系统结构，研究系统中各个子系统之间的协同作用。协同理论认为，任何复杂系统都可以看成由三个层次组成。第一个是微观层面，主要由反映复杂系统的内部要素组成；第二个是中观层面，主要反映了复杂系统内部子系统的协同发展情况；第三个是整体层面，主要考虑复杂系统的整体发展问题（Jochen & Bemhard，2008）。而创新网络恰恰正是这样一个复杂系统，包含了微观层面的众多创新要素和中观层面的内、外部创新网络。创新网络中的协同不仅仅是外部网络的问题，也涉及创新主体内部创新要素的重组和配置（郭斌，1998）。因此，创新网络的整体层面——由创新网络各层次间的协同推动的创新网络的整体发展更值得关注。

从创新网络与协同创新相关研究的视角看，目前多数研究都是内、外部创新网络平行的单层视角，即考察网络的个体或群体在组织内部或组织外部单一层面的创新投入产出关系。关注外部创新网络层面的主要研究了外部网络特征等对创新能力的影响，或直接将组织间网络关系作为创新主体提升创新能力的外部途径；关注内部创新网络的则研究组织内部的结构体系、交流机制等对网络能力、网络嵌入的影响（Tsai & Ghoshal，1998），而不关注外部网络与内部网络结构及资源的相互影响。实际上，创新网络是一个多层嵌套系统，应当考虑单层网络对更高或更低层次网络的影响。组织结构也具有一定的层次性，且任何一个层级的变化都会对其他的层次产生影响，同时也会受到其他层级的影响（Lewin & Volberda，1999）。传统的单层研究视角显然忽略了创新网络本身是一个存在不同网络层次间协同的复杂系统，也限制了对内、外部创新网络之间相互作用与关系的理解（任胜钢等，2010）。随着协同论的发展，从内部创新网络和外部创新网络两个层次同时进行研究逐步受到了重视（Paruchuri，2010；Moliterno & Mahony，2011）。创新网络内外协同与资源整合机制逐渐成为创新网络研究的重要内容（陈钰芬，陈劲，2008）。

1.1.3 理论意义

在理论探索层面，本书旨在通过创新网络的理论框架，梳理协同创新及协同创新能力的相关理论，深入研究国家重点实验室协同创新能力的形成与提升过程、影响因素及其作用机理。具体来说，理论意义如下：

（1）完善了协同创新理论

本书以国家重点实验室为研究对象，以创新网络为研究基础，在科学界定国家重点实验室协同创新能力的内涵与本质的基础上，深入研究这一协同创新能力在创新网络中的形成与发展过程、关键影响因子及作用机理等，丰富和完善了协同创新理论。

（2）拓展了创新网络的研究领域

创新网络现有的研究领域主要涉及企业和区域创新网络，本书以国家重点实验室为网络“焦点”，关注国家重点实验室在创新网络的内、外部子网中与其他网络节点的联结方式、协同过程，以及网络中资源的流动与配置方式。拓展了现有创新网络的研究对象和领域。

（3）填补了创新网络研究中组织内和组织间网络研究的分离状态

研究跨越了组织内与组织间的传统组织分析和网络分析层次，将国家重点实验室内、外部创新网络的两个维度整合在一个框架内，深入剖析了国家重点实验室内、外部创新网络的关系与结构特征，以及网络关系和结构与协同创新能力的关联性及作用机理。

1.1.4 实践意义

本书通过探索性案例分析，总结了创新网络中影响协同创新能力的主要特征变量，通过结构方程模型和多元回归模型研究并检验国家重点实验室内、外部创新网络及其交互对协同创新能力的影响机制，以及环境动荡性对创新网络影响协同创新能力的调节作用。具体来说，实践意义如下：

第一，建立了创新网络对国家重点实验室协同创新能力的影响机理模型，可以作为国家重点实验室提升协同创新能力的经验依据。通过搜寻国家重点实验室的内、外部创新网络显著提升其协同创新能力的典型案例，展开深入的探索性案例研究，归纳国家重点实验室通过创新网络提升协同创新能力的过程、模式和轨迹，总结出创新网络与协同创新能力的相关性，探索能促进国家重点实验室协同创新能力形成与提升的创新网络的网络关系与结构特征。通过结构方程模型分析了各特征变量对协同创新能力的影响程度和作用机理，对国家重点实验室在实践中通过改善创新网络的特征变量以提升协同创新能力提供经验指引。

第二，针对国家重点实验室的创新研究特性，建立了创新市场动荡性和知识技术动荡性两个环境变量，探讨了外部环境动荡作用于创新网络对协同创新能力影响的调节方向和程度，为国家重点实验室合理利用环境变化以提高协同创新能力提供了依据，也能为政府进一步优化协同创新环境提供借鉴。

第三，了解了国家重点实验室内、外部创新网络中对协同创新能力产生影响的主要因素以及各因素的影响程度，为国家重点实验室及其管理部门实施有效的创新管理提供了方向参考，进而对促进我国国家创新系统建设具有一定推动作用。

1.2 研究问题的提出

在科技飞速发展的“大科学”时代，国家重点实验室仅凭自身的自主创新很难维持国际竞争力。在开放式创新的大环境下，只有突破原有的组织边界，嵌于创新网络之中开展协同创新，才能获得持续竞争优势。在这一背景下，一个重要而又基本的问题是：国家重点实验室如何在创新网络中有效地形成与提升协同创新能力？回答这一宏大的问题又需要解决如下三个关键问题：

第一，国家重点实验室协同创新能力的基本内涵、核心要素、本质特点以及形成与提升的过程是什么？

第二，创新网络的结构、关系等特征是什么？网络各特征变量对国家重点实验室协同创新能力有什么影响？

第三，国家重点实验室如何通过创新网络提高自身的协同创新能力？

围绕这三个关键问题，本书按照“要素—结构—能力”的逻辑框架，遵循从外在表现到内在机理，从个案特征到一般规律的研究路线进行剖析。具体而言，从以下三个方面展开研究：

（1）国家重点实验室通过内、外部创新网络形成与提升协同创新能力的过程

尽管国内外大量学者都指出创新网络对创新有积极影响，如Camagni（1991）发现网络联结是企业的创新成功的关键因素，Saxenian（1991）指出美国硅谷的成功首要归功于该区域内的企业、大学、研究机构、商业协会等形成的包括产业合作网络、社会关系网络和人际关系网络等在内的创新网络。但是这些研究都是将创新主体视作一个被“封装”起来的个体，分析其嵌入网络的位置及与网络的相互关系。这样的研究固然具有操作上的便捷性，但个体在网络中的创新行为仍处在“黑箱”之中，缺乏结合创新主体自身特征对其创新能力进行分析。正如Paruchuri（2010）指出，“创新网络研究中有一个明显缺口，即很少研究一个企业在网络中的位置对其内部动态性影响，而其内部动态性决定了企业创新产出”。Ibarra（2005）在观察了网络研究文献中的“微观”与“宏观”流派后也指出，很少有将这些流派连接起来的桥梁。从现有文献看，组织内部网络和外部网络是割裂开来的，其中，组织外部网络研究的成果更丰富。实际上，创新网络中的协同不仅仅在各创新组织之间发生，还涉及组织内部创新要素的流动、配置和协同。因此，本书将内部网络和外部网络整合起来形成一个分析框架，研究国家重点实验室通过内、外部创新网络提升协同创新能力的过程。

通过三个国家重点实验室依托创新网络成功开展协同创新的典型案例，分析在开放的创新环境下，国家重点实验室通过内、外部网络获取和释放创新资源，推动要素流动和交换，形成与提升协同创新能力的过程。进而结合案例做出相应的假设，为后文测量内、外部创新网络中影响协同创新的主要因素打下基础。

（2）创新网络中影响国家重点实验室协同创新能力的主要因素

协同创新是一个在变化的网络环境中不断探索和开发的战略性适应过程。虽然部分国内外学者以企业为研究对象提出了产业类型、企业规模、进取心、企业家的特质等协同创新的影响因素（Larson，1992；Christensen et al，2000；Johnson et al，2001；邬爱其，2006）；也有从创新网络特征变量出发，提出了网络规模、网络中心性、网络异质性（Burt，1992；Powell et al，1996；Dhanaraj & Parkhe，2006；Koka & Prescot，2008；陈学光，2007）等影响因素；或借鉴社会网络理论，研究表达组织网络整体特性的联结密度（Density）、网络结构（Network Structure）、关系强度（Strength of Ties）、网络集中度（Centralization）、可达性（Reachability）和平衡（Balance）等社会网络特征对协同创新能力的影响（Nooteboom & Gilsing，2004；李志刚，2007；方刚，2008）。但这些研究都是以企业为观察对象。对于国家重点实验室而言，创新网络中影响其协同创新能力的主要因素，应结合国家重点实验室的创新特质和内、外部创新网络的实际情况，进行甄别和筛选。按照创新能力理论的相关解释，识别能力的关键影响因素可以从协同创新能力在网络中的依附载体入手。协同创新能力不能凭空存在，而是依附于各种资源或物质载体之中，正是这些资源或物质载体，成为培育或提升能力的出发点和落脚点（魏江，1999）。在案例研究的基础上，重点从国家重点实验室内、外部创新网络的关系和结构维度的特征变量中甄选影响协同创新能力的主要因素。

（3）创新网络对国家重点实验室协同创新能力的影响机理

在国家重点实验室的内、外部创新网络中，不同性质的影响因素交织作用，各因素间的相互关系及其对协同创新能力影响的作用机理还没有得到清晰的验证，如何有效地将内、外部创新网络中的可用资源转化为协同创新能力的机制，目前也尚无明确的研究成果。因此，本书在描述国家重点实验室内、外部创新网络的主要特征的基础上，结合国家重点实验室的相关理论研究成果及其科研创新活动的实际情况，对创新网络的主要特征变量进行了详细的测量设计，同时对国家重点实验室的协同创新能力进行了剖析、阐释和测量。建立结构方程模型，探索实验室内、外部创新网络中的主要特征变量以及内外部网络间交互作用对协同创新能力的影响机理。同时，引入创新市场环境动荡性与知识技术环境动荡性指标作为调节变量，结合规范研究与实证研究对影响机理进行验证。

1.3 研究对象与内容安排

1.3.1 研究对象界定

（1）内部创新网络

正如张钢（2005）指出，随着知识经济时代的发展，组织内部网络化特征也开始愈发明显。例如，P&G 公司开发了 Innovation.Net 企业内部网络平台，联结所有内部研发人员，使其能相互分享与讨论创意与研发成果的相关知识，这就是一个典型的内部创新网络。国家重点实验室内部创新网络是国家重点实验室自主创新的延伸，也是国家重点实验室开展协同创新的基础，是将国家重点实验室内部职能单位、科研团队、学科单元、创新要素等联结在一起的一种网状组织结构。

（2）外部创新网络

外部创新网络指的是各创新主体（行动者）及其关系的集合，也可以被理解为是由多个节点和各节点之间的连接组成的集合。由于网络中的行动者数量众多，且行动者之间的关系可能是单向、双向或无方向连接组成的集合，如果将所有行动者都作为研究对象，则会导致研究的动态范畴过大。参考网络中心性的概念（Freeman，1979；Ibarra，1993），处在网络的中心位置可以控制相关的资源并享有较多的利益，因此本书将国家重点实验室的外部网络界定以自我为中心的外部网络，其他创新主体是网络中与国家重点实验室发生交互关系的节点。外部创新网络也是国家重点实验室外部创新资源存在的方式，是一种与嵌入在网络中的其他节点进行创新资源交换的渠道。

（3）创新网络节点

Latour（2005）指出，网络包含了相互联结的结点和节点，装载了分散在较大空间中的资源集，存储了大量复杂的专业技术、经验和积累的知识库。其中，结点是指网络中关系的交叉点，而节点则是具有信息处理能力的实体。本书关注的创新网络节点即是嵌入创新网络中的各级各类国家重点实验室，以及与国家重点实验室建立联结关系的成员，可以包括企业、高校、其他科研机构、政府部门、NGO 组织、科技中介、金融机构等，各节点在网络中的作用包括提供创新人才、知识、资金、设备、材料、政策、金融支撑等。由于网络的动态发展，节点可能会增加或删减，节点间连接方向和方式也会发生变化。

（4）创新能力

“什么能力导致创新的成功？”这个问题已被广泛研究（Forsman，2011），目前形成了资源基础观、知识基础观、吸收能力观等。从广义上看，创新能力可理解为产生创新绩效的潜力，是运用知识和理论，在科学、技术和各种实践活动领域中不断提供具有经济价值、社会价值、生态价值的新思想、新理论、新方法和新发明的能力。本书关注的重点是国家重点实验室的科技创新活动，因此对创新能力的界定是围绕科学与技术的创造价值展开的，涵盖了能力发展的层次性和阶段性，其形成主要通过“引进创新—集成创新—原始创新”的发展脉络（危怀安，2009），指国家重点实验室通过创新网络中各节点搜寻、识别、获得外部新知识，或发现已有知识的新组合，或发现知识的新应用，进而创造产生学术价值和市场价值所需要的一系列战略、组织、技术和市场的能力。

（5）协同

“协同”一词在英文中有 synergy、collaboration、cooperation 等多种表述。在《汉语大词典》中，协同是齐心协力、互相配合的意思。对协同的概念有众多不同角度和不同层次的理解。通过协同能聚集有价值的异质性资源形成优势互补，产生“1+1>2”的价值增值效应。本书重点考察协同创新活动，因此对协同定义集合了对创新本质的理解：在创新网络中，各节点产生跨时空、跨层次、多维度的互动，创新要素流动、交互、协调形成拉动效应，使要素间属性互相增强、各节点实现多方共赢，网络整体创新能力也得以增强。这一概念包括国家重点实验室外部创新网络的协同、内部创新要素的协同、内外部创新网络间的协同三个维度。

（6）协同创新能力

协同创新（Synergy Innovation）是指合作各方以资源共享或优势互补为前提，以共同参与、共享成果、共担风险为准则，为共同完成一项技术创新所达成的分工协作的契约安排（何郁冰，2012）；是一种以知识增值为核心，由企业、政府、大学、科研院所、中介机构和用户等为了实现重大科技创新而开展的大跨度整合的创新组织模式（陈劲等，2012）。本书以国家重点实验室为协同创新的“焦点”，将协同创新定义为：在创新要素集合、创新层次、创新领域等方面通过合理分工、有序竞争、有机合作的组合手段，通过创新内部网络、外部网络以及内外网络间的交互，对创新要素的生产函数进行动态优化，最终实现创新整体协同效应的一种科技活动。因此，基于创新网络的协同创新能力即是实现创新网络协同效应最大化的能力。

1.3.2 研究内容安排

结合拟解决的关键问题，本书的研究设计、章节安排及主要内容如下：

第 1 章，绪论。从现实背景与理论背景两方面出发，指出在创新网络背景下对国家重点实验室协同创新能力进行研究是“大科学”时代开展科学创新活动的必然选择，也是拓展创新网络的研究领域、完善协同创新理论的有效方式。在提出本书所要解决的关键科学问题的基础上，对本书的研究对象进行专门界定，并对全文的内容与结构安排、技术路线、研究方法以及创新点与不足之处进行介绍。

第 2 章，国内外研究述评。结合本书的研究对象，分别从创新理论、创新网络、协同学与协同创新、国家重点实验室协同创新能力四个方面的相关研究进行系统综述。在理清创新理论与协同理论相关研究的发展脉络、把握发展前沿的基础上，找出现有国家重点实验室创新研究的空缺和不足，明晰本书研究的切入点，刻画国家重点实验室嵌入创新网络中开展协同创新的基本特性，为全文奠定理论基础。

第 3 章，创新网络演化与协同创新能力提升的探索性案例研究。本书要解决的首要关键问题是，国家重点实验室通过内、外部创新网络形成与提升协同创新能力的过程是怎样的。本章基于第 2

章文献综述所理出的切入点，对国外和国内三所典型的重点实验室基于内、外部创新网络开展的协同创新活动进行分析，经过理论预设、案例选择、案例分析，推导出内、外部创新网络各层次要素互动与协同对国家重点实验室协同创新能力影响的初始假设命题。结合文献分析法对相应命题进行分解，为后文构建创新网络对协同创新能力的影响机理模型打下基础。

第 4 章，创新网络影响国家重点实验室协同创新能力的模型构建。本章和第 5 章解决本书的第二个关键问题，即创新网络中影响国家重点实验室协同创新能力的因素有哪些。首先基于文献综述和探索性案例研究，分别对国家重点实验室内、外部创新网络的要素、特征、协同创新能力等变量进行严格的可操作的定义。从三个层面梳理创新网络对协同创新能力的影响因素：一是实验室内部创新网络层面，主要从反映实验室开展协同创新意愿的共同愿景、反映内部网络联结程度的内部要素参与度、内部要素协同度以及反映内部网络沟通水平的非正式渠道这四个变量入手；二是实验室外部创新网络层面，主要从反映外部网络联结情况的关系强度、关系久度和关系满意度，以及反映外部网络结构情况的网络规模、网络开放性和网络异质性这六个变量入手；三是实验室创新网络的整体层面，考虑内外网络间的交互作用。结合现有研究的理论成果和成熟量表，选择合适的问题项来衡量各个变量，进行问卷设计。

第 5 章，问卷调查与数据分析。结合院校类和企业类国家重点实验室在不同研究领域的分布情况，制订了抽样计划，对参与调查的实验室进行了科学抽样。对调查问卷进行发放和回收后，检验了是否存在共同方法偏差问题，并对样本特征、被调查人群以及各个测量变量进行描述性统计，进而对样本的有效性和可靠性进行了信度和效度分析。而后建立了结构方程模型的测量模型，分别对内部创新网络、外部创新网络和协同创新能力的测量模型进行了验证性因子分析，构建高阶因子模型对内外创新网络协同进行检验，证实了各个测量模型的科学性与合理性。

第 6 章，创新网络对协同创新能力影响模型拟合与环境变量调节。本章解决本书的第三个关键问题，即创新网络对协同创新能力的影响机理。首先构建了创新网络对协同创新能力影响机理的整体结构方程模型，对第 4 章所提出的创新网络对协同创新能力影响作用的基本概念模型进行检验与补充，对内外网络协同做出理论分析与模型验证，进一步明晰内、外部创新网络交互对国家重点实验室协同创新能力的作用机理，对各个变量的具体影响进行路径分析与相关性分析。引入创新市场环境动荡性与知识技术环境动荡性两个环境动态指标作为调节变量，通过多元线性回归分析，建立环境变量的影响机制模型。最后验证相应的研究假设。

第 7 章，研究结论与建议。对本书的重要研究结论进行总结，对国家重点实验室管理者提出相应的对策建议，分析研究中存在的不足及有待改进和进一步深入研究的方向，对本领域的后续研究进行展望。

1.4 研究方法与技术路线

1.4.1 研究方法

本书在方法上遵循从定性研究到定量研究，从探索性案例研究到实证检验，从问卷调查到数理统计的研究脉络。主要采用的研究方法有：文献研究法、案例研究法、访谈法与问卷调查法、数理统计分析法（包括结构方程法、多元线性回归法）等多种研究方法，做到交叉验证，探索性研究与验证性分析有机统一。

（1）文献研究法

文献研究法主要是指在研究目标和研究问题的引导下，对相关文献和资料进行系统的检索、阅读，归纳、总结和提炼国内外已有的与创新网络、协同创新相关的研究成果，注重其对未来研究方向的建议，并在此基础上，构建论文的研究思路、模型和相关命题，为进一步的调查和实证研究奠定基础。

（2）案例研究法

案例研究方法是社会科学研究的基本方法之一。它有利于摆脱现有文献和过去经验的束缚，更适用于全新的社会研究领域以及构建新的理论框架（Eisenhardt，1989）。在文献研究的基础上，采用多案例研究的方法，分别对国内外三所典型的国家重点实验室基于内、外部创新网络开展协同创新活动进行分析，并对三个案例进行综合比较研究，归纳创新网络中国家重点实验室提升协同创新能力的过程。

（3）访谈法与问卷调查法

本书的访谈是正式问卷调查的前期工作。访谈为本研究的初步构思提供了基础素材。访谈结合问卷设计指标和题项需要，事先拟好访谈提纲，按照一定的访谈程序对科技管理研究的相关专家进行访谈，获取专家对问卷设计思路、指标、题项等的评价，从而检测问卷指标和题项的合理程度。问卷调查是本研究获取研究数据的主要方法，包括调查问卷的设计、调查过程和调查数据的初步统计分析三个步骤。对样本的选择确保合乎本书的研究主题和拟解决的关键科学问题的要求。

（4）数理统计分析法（包括结构方程法、多元线性回归分析法）

数理统计分析的基础是大样本问卷调查，在通过调查获取实证研究的必要数据的基础上，对各类数据进行了相应的分析处理。分析方法包括信度效度分析、因子分析、相关分析、回归分析等，分析时所采用的软件工具为 AMOS 7.0 和 SPSS 19.0。

1.4.2 技术路线

本书按照“要素—结构—能力”的逻辑框架进行研究，首先根据研究框架设计对相关理论进行分析和梳理，进行探索性案例研究。其次在对案例进行总结分析的基础上提炼出创新网络的联结关系、网络结构及其对国家重点实验室协同创新的影响要素，并提出关系、结构等要素对协同创新能力作用机理的相关假设。通过实地访谈和问卷调查，对假设进行统计和模拟检验。最后对未来的相关研究方向进行展望。具体技术路线如图 1-4 所示。

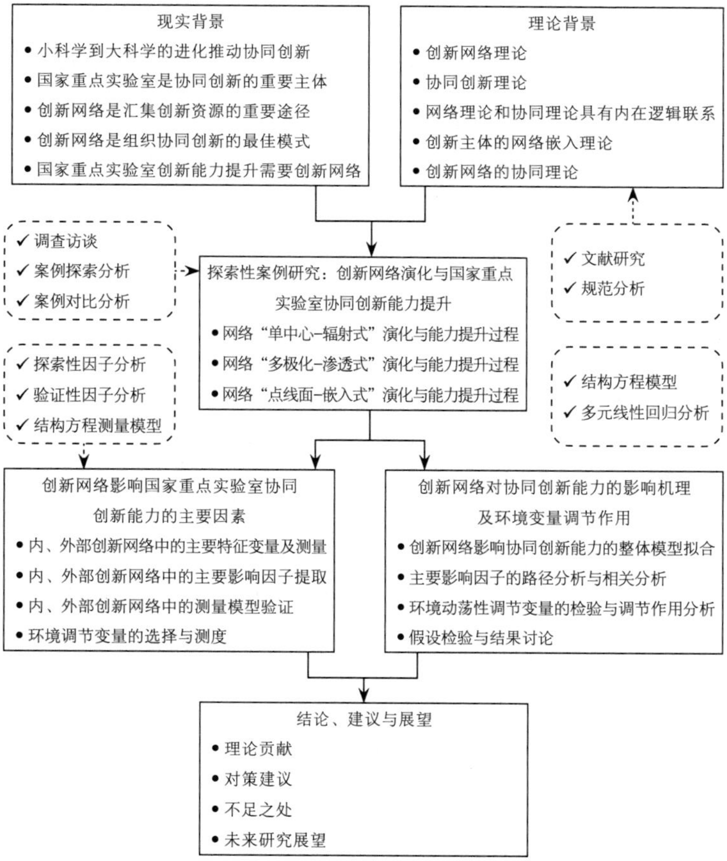

图 1-4 本书的技术路线图

1.5 研究的创新与不足

紧密结合国内外典型的国家重点实验室协同创新的实践，运用探索性案例研究，梳理了国家重点实验室通过创新网络提升协同创新能力的过程，定量分析并验证了创新网络影响协同创新能力的主要因素。利用因子分析、相关分析和结构方程建模、回归分析等分析工具验证了影响因素对协同创新能力的作用机理；探索了创新网络内外部各影响因素、协同创新能力要素和创新能力之间的路径关系与相互关系；建立了环境动荡性调节创新网络影响协同创新能力方向与强度的调节模型，检验了二元环境变量的调节作用；为我国国家重点实验室提升协同创新能力提供具有实践指导意义的参考框架。本书的创新点主要体现在以下三个方面：

第一，将国家重点实验室创新活动的内部网络与外部网络的两个维度整合在一个框架内，体现了多层次分析的复杂性特征，填补了创新网络中内、外部网络分层研究的“鸿沟”，弥合了创新研究中创新组织内、外部分离的状态，整合了网络理论与协同理论，认为国家重点实验室内部也存在着由各种创新要素组成的创新网络，并研究了国家重点实验室内、外部网络两个层次间协同对协同创新能力的作用机制。

第二，分析了创新网络提升国家重点实验室协同创新能力的一般过程。创新网络反映了创新和协同的本质要求，促进不同创新主体建立强联系或弱联系，以实现创新要素在节点间的共享与流动。创新要素整合与协同的创新网络能更好地汇集分散的创新资源形成创新合力。通过探索性案例研究发现，国家重点实验室通过创新网络提升协同创新能力的一般过程：首先，通过构造内部创新网络，强化科研人员彼此间的协同能力，促进实验室各研究方向的交叉协同，推动实验室组织结构和管理体制的再造，在此基础上形成系统化的协同创新能力；其次，沿着创新价值链，由内而外地推动与其他创新主体的协同创新，提升国家重点实验室嵌入外部创新网络中的中心度，进而借助外部网络发展协同创新能力；最后，通过内、外部创新网络的频繁互动，实现内、外部创新网络的协同效应，进一步提升协同创新能力。

第三，揭示了内、外部创新网络交互与实验室协同创新能力提升的内在规律性，并考察了外部创新环境的调节作用。运用结构方程模型构建高阶因子模型分三步来进行分析：首先，分析内、外部创新网络的各个维度对实验室协同创新能力产生的单独作用；其次，分析内、外部创新网络的二阶构念之间存在显著的相关性，即相互之间存在明显互动；最后，将二阶因子合为一个综合实体，表示内外各维度之间的协同性及其影响机理。同时，引入了创新市场环境和知识技术环境的双重环境动态变量，考察创新环境对内外部网络影响协同创新能力的强度和方向的调节作用。研究发现，内、外部创新网络的协同能促进国家重点实验室协同创新能力的提升，实现组织二元性（Ambidexterity），降低环境动荡性产生的创新网络不稳定等负面作用，从而完善了创新网络对协同创新能力影响机理的理解。

本书的不足之处在于，创新网络研究与协同创新研究均是探索性系统工程。由于对复杂系统理论的研究不够深入，本书对创新网络对国家重点实验室协同创新能力的影响机理研究虽付出极大的努力，但研究深度仍然有限。对创新网络与协同创新能力间相互关系的研究倾向于关注创新网络的正动力和正能量，对创新网络对创新可能存在的阻力和障碍机制等负能量分析尚未涉及。

1.6 本章小结

本章从现实和理论两个角度阐述了国家重点实验室在创新网络中开展协同创新的重要意义，论证了研究创新网络对国家重点实验室协同创新能力的影响机理具有较高的理论价值和实践价值，提出了本书待解决的关键科学问题，明晰了研究对象，确定了研究方法，勾勒了本书的篇章布局与技术路线，为全书的展开做了较为充分的铺垫。

本研究主要基于国家重点实验室内、外部创新网络的视角，以协同创新能力为研究焦点，首先通过探索性案例提炼和归纳在创新网络中提升协同创新能力的一般过程，进而梳理内、外部创新网络各层次影响协同创新能力的主要因素，分析其对协同创新能力的影响机制，在整合框架基础上，总结出创新网络对协同创新能力影响的一般规律，试图更接近现实的情景。

2 国内外研究述评

本章内容承前文提出的基本问题，首先回顾创新、科技创新、自主创新理论，然后梳理社会网络、创新网络、网络资源观、网络嵌入观、网络结构功能等网络理论，进而对协同学与协同创新的研究进展进行述评。对以上基础理论文献进行综述的基础上，再对能力理论、自主创新能力、协同创新能力以及国家重点实验室的协同创新能力等方面的研究进行文献综述。在文献综述的基础上，提出本书研究的切入点。

2.1 创新理论

2.1.1 创新理论的起源

创新的定义从一般意义上来理解，指的是以新思维、新发明和新描述为特征的一种概念化过程。创新起源于拉丁语“Novus”，它原意有三层含义：第一，更新；第二，创造新的东西；第三，改变。在经济学中被广泛接受的创新概念是1912年美籍奥地利经济学家熊彼特（Schumpeter）在《经济发展理论》一书中首次提出的，并形成了以“创新”为核心概念的经济学理论。熊彼特提出，创新是在新的体系里引入“新的组合”，是“生产函数的变动”。后来，熊彼特以更广义的方式定义创新。他指出：“通过生产函数可以更严格地定义创新——所谓生产函数，是说如果各种要素的数量发生了变化，其相应的产品的数量也随着发生变化的一种方式。如果，我们改变了函数的形式，我们就有了一项创新。”“联想到经济意义上的生产实际就是生产性要素的组合，我们可以说创新就是用一种新的方式组合生产要素，或者说创新就包括在执行新的组合中。”熊彼特理论的最初用意在于解释经济周期中繁荣与萧条的循环运动。1942年，熊彼特在其著作《资本主义、社会主义和民主》中提出内生技术进步理论，指出技术演化过程内生于人类演化过程，在对经济周期的解释中，他提出了基于“循环流转”的渐变过程和基于集群创新的突变过程的演化机制。此后，大量学者开始沿着熊彼特的创新思路逐步展开广泛而深入的研究。创新理论的研究逐渐分为两个分支：技术创新理论和制度创新理论。

2.1.2 创新理论的发展脉络

20世纪60—70年代，以曼斯费尔德（Mansfield）、弗里曼（Freeman）、纳尔逊（Nelson）、索罗（Solo）、莫尔顿卡曼（Morton I. Kamien），南希 施瓦茨（Nancy L. Schwartz）、格里利克斯（Griliches）、罗森堡（Rosenberg）、谢里夫（Scherev）为代表的一批经济学家发展了熊彼特的创新理论，并自称“新熊彼特学派”。其主要通过实证从企业、产业层次研究产业发展中的新技术推广、技术创新与市场结构的关系、企业规模与技术创新、技术创新的动力机制与市场机制，对创新理论进行了完善。例如，Mansfield（1968）研究了技术创新与模仿之间的关系以及二者的变动速度，填补了熊彼特创新理论中的一个空白；Kamien & Schwartz（1975，1976）讨论了市场中的竞争程度、企业规模以及垄断力量对技术创新的影响。20 世纪 70 年代中后期至 80 年代初期，创新理论研究更加注重在产业经济中的应用层面。以弗里曼、斯通曼（Stoneman）、厄特拜克（Utterback）、多西（Dosi）、阿伯纳西（Abemathy）等为代表的学者重点研究了创新的动力及阻力机制、环境影响因素以及创新的管理和扩散等问题。Freeman（1979）系统地探讨了创新通过市场或非市场的渠道的传播和扩散过程，并指出，没有扩散创新便不可能有经济影响，并认为技术创新在经济学意义上包括新产品、新过程、新系统和新装备等形式在内的技术向商业化实现的首次转化。

20 世纪 80 年代，日本经济的突飞猛进使经济学家们意识到制度对经济发展的巨大影响，制度创新的研究与技术创新的研究开始并驾齐驱。Nelson（1982）在生物进化理论的启示下，提出了创新系统演进的观点，指出技术创新过程的集成使各种资源要素经过优选，并以适宜的结构形成有利于资源要素优势互补的有机整体。Dosi（1982）提出了技术轨道的概念，认为技术创新过程中包含了累积性的渐变和跃迁式的突变过程。在这一过程中，经济力量、机构组织、市场和其他社会因素等共同起着“选择装置”的作用，选择装置首先选择“突变方向”，即选择技术范式，然后以一种更达尔文主义的方式选择突变路径，即技术创新的技术轨道。技术创新过程是在技术范式规定下，沿技术轨道方向发展的一种强选择性的进化活动。这是一个试图说明技术创新过程中的连续性变化和非连续性变化的动态过程模式，同时也暗含了协同演化的思想。这一阶段的创新研究注重对创新过程、创新影响因素、技术轨迹与技术范式等问题的研究，主要是以企业为创新主体进行微观层面的研究。但是应当看到的是，不论是

Schumpeter 指出的“引进新产品、引入新技术、开辟新市场、控制原料新的供应来源、实现工业的新组织”的五种“建立新的生产函数”的形式，还是 Freeman 在更广范围上展开对技术、组织、制度、管理、文化的综合性创新研究，或是 Dosi 认为的技术创新过程是沿技术轨道方向发展的一种强选择性的进化活动，都体现了各种创新要素共同作用、创新在某种体系中扩散、资源在各种创新主体间共享的协同创新思想的萌芽。从以上学者 20 世纪 90 年代后期的著作中也可以看出，创新研究向创新网络与协同创新发展的脉络。

20 世纪 80 年代末期到 90 年代后期，随着创新研究的发展，学者们逐渐达成了一个共识：在严格的经济学视角下，创新研究很难成功解释组织层面的技术变化决定因素；相反，对于创新的理解需要一个更为广阔的多学科视角（Castellacci et al，2005）。在这种背景下，社会学中与社会网络、社会交互、社会资本、组织行为等相关的研究范式开始被引入创新研究，用来解释横跨创新链条形成的外部关系、企业组织惯例和目标形成与变化，以及企业运营所处的特定社会、文化和历史背景所带来的影响，创新系统的概念也被明确地提了出来。Freeman（1987）在对日本创新研究的基础上，从制度和产业结构上剖析了创新的系统性和国家干预的重要性，提出了国家技术创新系统的概念。第一个使用“国家创新系统”表述的丹麦经济学家 Lundvall（1992）则指出，创新系统是协调某一范围内各类组织、制度和社会环境间相互协调、互动和反馈关系的整体机制，系统生产、扩散和使用新知识的方式，决定了系统的创新能力与创新绩效。Asheim（1996，1997）指出，创新系统会降低创新活动中技术和市场的不确定性，加强多种知识源的集成和整合，密切企业与环境间的联系与互动，使企业有效地突破资源和能力的瓶颈。Edquist（1997）同样强调了创新的社会化过程，在这个过程中，知识是企业最为重要的战略性资源，交互式学习是最为基本的经济活动。在这一阶段，创新的研究视角日益多元化和综合化，研究关注的重点主要是创新的要素类型、要素间的关系、创新系统结构、系统流程及系统与环境之间的关系。研究结果表明了创新绩效不仅仅依赖于创新主体这一专门组织自身的运转情况，还依赖于它们之间的相互作用，以及与政府部门的相互作用。

2000 年以后，在信息化、全球化的趋势下，科技进步速度加快，创新的网络范式逐渐成为研究的主流。Shapiro（2002）、Tucker（2002）分析了系统技术要素与制度要素之间的协同。2003 年，“开放式创新”作为与之前的“封闭式创新”截然不同的概念被哈佛大学教授亨利 切萨布鲁夫（Henry Chesbrough）提出。Chesbrough 经过十余年的纵向研究发现，一些堪称最具创造力的企业却未能从技术创新中获益，原因在于这些企业采用的是一种封闭式的技术创新模式。一方面，过分强调对技术成果的控制，导致很多研发项目囿于自身能力限制而搁浅；另一方面，对外部的环境不闻不问，使他们坐失很多创新机会。因此，Chesbrough 提出了开放式创新的理念，在开放式创新模式中，企业边界由实线变为虚线，好像一种“半透膜”。企业内部的研发过程会产生创新意识，在科研阶段或产品开发阶段，一部分创新意识通过科学家和工程师创立的新办企业、专利权转让、合作、专利联盟等形式从企业内部渗透出去并实现创新；大量潜在创新意识也可以产生于企业之外的实验室、科研院所等，通过专利购买、产学研联合等形式再流入到企业内部（Chesbrough，2003）。开放式创新的核心就是与外部建立开放性的创新网络，将更多创新主体涵盖到自身创新体系中以整合创新资源、获得溢出效应、突破技术障碍、减少创新风险（马淑文，2006）。随着开放式创新理念的提出，产学研合作创新、技术联盟、创新网络等创新模式成为创新研究关注的焦点。

2.1.3 创新的线性模式与非线性模式

20 世纪 60—80 年代，创新主要被看成是一个线性过程。在线性模型（The Linear Model）中，创新被视为由一系列不同功能的阶段构成的过程，上一阶段的产出是下一阶段的投入，且不同阶段之间不存在任何的反馈路径。根据创新动力源的差异，线性模型可分为技术推动和市场拉动两种模式。在技术推动模式下，创新开始于基础科学研究，然后进入包括设计和工程的应用性研发，最后是生产制造和产品推广销售。强调科学基础研究所产生的技术成果是技术创新的主要推动力。相反，在市场拉动模式下，市场需求是研发构思的来源。由于线性模式对创新真实性的简单化和扭曲性描述，以及对不断变化的经济环境较差的适应性，许多学者对线性模式提出了批评。他们认为，技术推动模式并不能解释为什么有些创新是成功的而其他的没有成功，为什么许多创新并没有被市场所接受；而需求拉动模式无法解决创新过程中的技术不确定问题，也没有涉及如何组织创新过程的问题。

20 世纪 80 年代，创新研究的模型从线性模式过渡到非线性模式。Van de Ven（1999）指出，在资源可获取的前提下，创新是各种发散和收敛活动在不同组织水平下定期反复进行的循环过程。Ruttan（2001）、Gittelman & Kogut（2003）也指出，创新过程的机会利用和探索可能来自实践中的技术进步，也可能来自市场需求的变化，或是两者变化的组合。非线性模式的研究大致经历了以下四个发展阶段：链环模式、耦合模式、集成模式和网络模式。

（1）链环模式

Klein & Rosenberg（1986）在考虑创新链各个环节之间反

馈关系的同时，将创新的各个阶段与现有技术、知识存量和基础研究联系起来，提出了技术创新的链环模型。他们认为，创新过程可描述为通过复杂的反馈环相连的一组活动，从基础研究到市场这一过程中的要素可以被看成是以链环相连接的。链环模型主要强调两类交互作用的结合：一是产品开发实践中所包含的各个阶段之间的反馈关系。中心链条包含着由各阶段相互作用所形成的各种短反馈环和长反馈环。短反馈环将中心链的相邻阶段联结起来，推动每个阶段顺利向下一个阶段推进；长反馈环前向联结对市场需求的感知。强调中心链每个阶段对市场和用户的反馈和察觉。二是创新中心链与基础研究之间的知识联系。当创新主体现有技术、知识存量足以解决创新过程出现的问题，将直接快速回应，并推动其进入下一个阶段。如果不行，这些问题将被提炼成信息，并被传送到基础研究层面加以探索。另外，基础研究和发明、设计分析阶段存在直接联系，促使创新主体及时将科学研究成果转化为应用性发明专利，或将应用性难题提供给基础研究部门。其中，科学研究是创新中心链各阶段的基础，并贯穿于整个技术创新过程。中心链的各阶段推进科学研究现有知识和技术基础的应用，并引导基础研究的发展方向。

（2）耦合（Coupling）模式

该理论支持者认为创新是技术和市场的耦合，产生于企业内部职能部门与外部市场及研发机构紧密地双向沟通和互动之中。在“耦合”模式下，创新过程是一个具有逻辑顺序但不一定连续的过程，可以划分为功能不同但相互作用和依存的一系列阶段，相邻功能阶段之间以及它们与外部环境存在反馈机制（Rothwell，1994）。因此，整个创新过程可以看成由各种沟通路径构成的复杂网络，这些路径将组织内部各相邻功能阶段以及它们与外部更为广泛的科技研究和市场需求联系起来。

（3）集成模式

该理论支持者认为，创新是创新主体各职能部门间集成过程，是通过平行职能部门的界面一体化加速信息和知识的内部转移实现的。集成模式认为，基于交互作用的链环模式将研发过程分成具有时间顺序的几个阶段是不合适的；相反，研发互动、原型开发、生产制造以及其他关键的活动可以同时并行开展，并在此基础上根据开发需要进行综合集成（Chiung-Wen Hsu，2005）。它反对将技术创新过程高度分割和序列化，强调研发部门、设计生产部门、供应商和用户之间的密切联系、沟通和合作。这种模式运用的关键在于创新主体对并行开展活动的调整、控制和集成能力。集成思想体现了创新的融合过程，在这一过程中，注入创造性的思维要素，形成一个由适宜要素组成的、相互优势互补、匹配的有机体。

（4）网络模式

随着集成模式的发展，一些学者开始从网络视角看待创新过程。Rothwell（1997）发现，创新越来越多地涉及横向联系，如协作性的竞争前研究、联合研发和以研发为基础的战略联盟，正逐渐变成一个网络。在此基础上，他提出了创新的系统集成和网络模式（Systems Integration and Networking）。网络模式强调更大的整体组织和系统集成，快速和有效决策所需的更为扁平化、灵活的组织结构，发达的内部数据库以及有效的外部数据链接，其主要特色是一体化、灵活性、网络化以及并行信息处理。Andersen et al（2002）强调，创新是一组复杂要素或元素（如企业、科研机构、大学、科技服务中介等）为获取和利用知识而产生相互作用的过程，并且这种相互作用受到这些要素在网络、区域层面等一系列因素的影响。陈劲（2002）也指出，实现集成创新需要在组织层次上构建网络组织，即一个分布式的“混沌”组织，一种既有紧密联合又有松散联合的混合体。由于网络中节点与节点之间的关系不存在任何中间的障碍，知识的流动和集成不必通过人为制造的逐层等级制度，而网络边界模糊的特性，又使内部知识节点与外部的连接与延伸创造了无比的优越性。另外，网络的沟通功能与碰撞效应可以解决创新主体的界面问题从而激发出大量的创新创意。

2.1.4 本节讨论与研究启示

创新理论是一个相对年轻但快速发展的社会科学分支。在熊彼特及众多学者的推动下，它已发展为一个研究经济、技术、组织和体制变革之间关系的跨学科领域（Castellacci，2005）。在创新理论发展过程中，研究视角从传统的经济学转向管理学再向社会学视角演进，发展至今，重点强调创新主体与外部环境的联系以及资源的整合能够有效促进知识获取和创造。创新模式由线性模式向非线性、网络化模式转变，从传统的封闭系统向具有战略性互补资源的开放网络转变。在这种情形下，创新过程涉及大量行动者及其专业知识和技能，网络化创新变得日益重要，因为能够通过获取和整合复杂的信息、知识等创新资源来满足自身的发展需要，适应快速变化的环境。因此，从创新网络出发来研究创新行为和创新能力，既符合创新理论发展的需要，也符合创新实践动态变化的需要。

2.2 创新网络

最早涉及网络与创新之间关系研究的是美国芝加哥大学著名社会网络学家 Ronald S. Burt。他在 1973 年美国国家自然科学基金项目（GS-30820）研究中指出，社会网络（Social Networks）中存在两个过程对创新扩散产生显著影响：一是信息传播；二是社会影响的传递。Freeman（1991）是最早明确提出“创新网络”一词的学者。随后，Lundvall（1992）研究指出，企业在参与创新活动过程中的联网行为构成种种联系，组成了规模不一的个体网络，而这些网络直接影响着企业之间创新活动开展，并最终导致创新网络的形成。创新网络逐渐成了研究的热门。早期创新网络研究的重点是创新网络的起源和概念（Ozman，2009），随着研究手段的多样化和实证研究的深入，创新网络的研究逐步集中于解决“网络是如何发挥作用的”这一问题。如创新网络的结构对其节点成员创新能力的作用机制，创新主体自身的特性对创新网络结构的影响作用等。因此，本节首先梳理创新网络的相关概念研究，而后对创新网络结构的相关研究进行综述。创新网络结构是指网络内部各行为主体之间相互联系、相互作用的方式或秩序，刻画了网络内在资源的分布状况和整合深度。它关注主体之间的联系或作用方式，而不是主体自身的差异性（Gulati，1998）。由于本书的研究重点在于国家重点实验室如何嵌入创新网络中获取和交换网络资源，以及创新网络对其协同创新能力的作用机理如何，因此，在创新网络的结构方面，主要从创新网络的资源理论、嵌入性理论、网络结构与创新能力的关系及作用机理几个方面重点进行文献综述，从而为后续的研究方向提供理论切入点。

2.2.1 创新网络的内涵

“网络”，指一组节点与其相互作用关系形成的整体（Fombrum，1982）。与层级（hierarchical）结构或市场（market）模式不同，是行动主体为了维持或强化竞争地位，自愿选择在彼此之间建立灵活关系和共享集体资产的一种组织形式（Jarillo，1988；Miles，1992）。网络中的创新是所有主体相互作用下的结果（Hakansson，1987）。社会网络、商业网络的研究很早就有，但是专门研究创新网络则是从20世纪90年代才正式开始的。“创新网络”这一学术概念来源于创新研究领域的重要期刊 Research Policy 第20卷第6期关于“创新者网络”（Networks of Innovators）的研究专集。在该期的导论性文章（DeBresson & Amesse，1991）以及 Freeman 的总结性论文中，完全等价意义上交替使用了“创新者网络”“创新网络”（Innovation Networks / Networks of Innovation）等概念。Freeman（1991）将创新网络界定为应付系统性创新的一种基本制度安排，是企业在致力于创新过程中的联网行为，网络构架的主要联结机制是创新合作关系。Freeman 进而把创新网络划分为合资企业和研究公司、合作 R&D 协议、技术交流协议、由技术因素推动的直接投资、许可证协议、分包、生产分工和供应商网络、研究协会、政府资助的联合研究项目、其他网络等类型。Koschatzky（1999）把创新网络定义为一个相对松散的、非正式的、含蓄的、可分解的和重复联结的系统。国内外学者对创新网络的概念进行了大量的研究，形成嵌入性视角、社会资本视角、创新资源利用视角、博弈论视角、演化经济学视角等。从内容上看，主要从资源战略管理、组织行为管理过程等角度进行创新网络的概念界定（见表2-1）。

表2-1　**不同学者对创新网络的概念界定**

对创新网络的概念界定	代表学者
一种获取规范化的系统知识、正式报告、软件以及隐性知识的工具，合并了组织内部以及组织间的正式与非正式联系	Nonaka & Takeuch，1995
组织及组织间学习的一种潜在学习源。通过创造知识交易的渠道和降低学习的风险形成知识转移和学习的过程	Uzzi，1996

续表

对创新网络的概念界定	代表学者
创新行为主体间复杂的交互、交换和联系作用的创新过程	Jones, Conway& teward, 2001
产品或工艺创新过程中的组织网络，包括正式组织网络和非正式组织网络。由一些自治的和法律上平等的组织通过选择性和持久的商业联系构成的系统	Aken & Weggeman, 2000
由不同的创新参与者（包括制造业中的企业、R&D 机构和创新导向服务供应者等）形成的协同群体，共同参加新产品的形成、开发、生产和销售过程，共同参与创新的开发与扩散，通过交互作用建立科学、技术、市场之间的直接和间接、互惠和灵活的关系	Harris, Coles & Dickson, 2000
基于共享资源的自愿性协议，促进知识转移和新知识的产生的过程	Ahuja, 2000
是一个存在着多样化的知识，通过建立制度化的协作规则，促进成员间的知识共享，进而创造相对于网络外部成员的竞争优势的“知识共享网络”	Dyer & Nobcoka, 2000
创新活动发生的网络，即在技术创新过程中围绕企业形成的各种正式与非正式合作关系的总体结构	王大洲, 2001
为获得创新资源、提升创新能力，通过契约关系或在反复交易的基础上以及应用互联网信息技术手段与外部组织机构建立的彼此信任、长期合作、互利互动的各种合作制度安排	霍云福等, 2002

续表

对创新网络的概念界定	代表学者
一定区域内的企业与各行为主体（大学、科研院所、地方政府、中介机构、金融机构等）在交互式的作用当中建立的相对稳定的、能够激发或促进创新的、具有本地根植性的、正式或非正式的关系总和	沈必扬，池仁勇，2005
焦点企业在开展研发活动过程中与其他行为主体形成关系的总和	Ojasalo，2008
由多个企业及相关组织组成的，以产品或工艺创新及其产业化为目标的、以知识共享为基础的、以现代信息技术为支撑的、松散耦合的动态开放新型技术创新合作组织，参与者在新产品的开发、生产和商业化过程中，共同参与创新活动，实现创新的开发与扩散	刘兰剑，2010

资料来源：本书作者根据相关文献整理。

总体来讲，国内外学者对于创新网络的内涵研究可以归纳为以下四个维度：

（1）创新网络的系统性视角

认为创新网络是包括技术创新、管理创新、组织创新、制度创新等在内的全面创新，涵盖科技与经济、哲学与政治、商业与金融、文化和艺术、思想和观念等各个领域的一系列创新活动。在创新网络的制度安排框架之内，创新活动彼此作用、相互促进（Freeman，1991）。

（2）创新网络的功能性视角

认为创新就是通过网络获得各种创新资源并由此提高创新能力的过程（Gupta，2000）。网络本身就是一种资源或者能力，是一种重要的创新推动因素，是创新者迅速获取其内部无法获得创新诀窍的有力工具。创新网络为多种创新主体提供了广阔界面和支持性环境。该视角主要从以下四个方面的功能来界定创新网络：一是减少交易成本，包括高额的市场交易成本和组织成本，以便抵消对合作伙伴进行逆向选择和机会主义行事担忧的预期，减少或避免创新过程中的监督费用和违约成本（Jarillo，1988）。二是帮助创新主体获取外部创新资源。创新主体与拥有互补性创新资源的其他行动者建立网络，为自己建立一个稳定可靠的获取创新资源的渠道，能快速有效实现创新目标。三是促进知识在组织间的流动和组织间的学习，大大提高其获取知识的质量和效率，促进创新能力的提升（McEvily，2005）。四是提高创新主体的创新产出和创新能力。在以上四个方面研究的基础上，认为网络中的创新主体相对于其他组织更容易获得中心与影响力的位置，以上四个方面的功能均对其创新产出和创新能力产生正面影响。

（3）创新网络的创新过程视角

认为创新网络中创新活动的发生与完成是一个群体活动、分散决策的过程。当某一新观念、新技术或需求的信息在网络某一节点产生之后，就会沿网络连线在整个网络中传递、反馈、交互循环、反复流动，并通过网络扩散、外溢。创新主体对不同层次的信息进行分析、处理、有效整合与配置，在此过程中，创新主体会根据网络环境的变化及时反应和协调。

（4）创新网络的关系性视角

认为创新网络由网络内各节点和节点间的关系链条组成，是各创新主体结成的正式与非正式关系的总和。这一网络既是信息、知识传递扩散的关键渠道，又是知识、信息、技术等在扩散过程中创造价值或知识增值的价值链。每一个节点都有可能与网络中的其他节点直接或间接地发生联系。关系性视角主要关注显性关系和隐性关系，其中显性关系通常涵盖可观察到的物质关系，如物品、服务、资金、劳动力等在网络中的流动；隐性关系通常是指非正式交流活动中知识、信息等资源的流动。关系性视角通常把创新网络划分为四类：内部创新网络、纵向创新网络、多目标创新网络和随机创新网络。内部创新网络是指创新主体内部相关创新职能部门之间的协作关系；纵向创新网络是由多个创新主体在价值链上组成的由一个核心组织联结在一起的关系，并由这个核心组织将创新资源进行集中配置；多目标创新网络代表了不同创新目标的一系列组织之间的联系；随机创新网络则表示不同的组织为了实现一个共同的创新目标暂时组成一个联合体，一旦创新目标实现，这种网络关系也就解体了（张钢，2005）。

2.2.2 创新网络资源理论

资源理论最早起源于对企业成长的关注。Penrose 在其 1959 年出版的《企业成长理论》一书中率先认识到资源对于企业的重要作用，把企业看成生产性资源的集合，认为企业的成长源于其内部资源的多少及其配置途径。资源是在给定时间里所能运用的各种有形和无形资产（Wernerfelt，1984），拥有了有价值的、稀缺的、难以模仿的和难以替代的资源，才能实施竞争对手无法同时跟进的战略，确保竞争优势（Barney，1991）。随着资源理论的发展，科学技术、人力资源、隐性知识等成为学者研究的重点。如 Dierickx & Cool（1989）指出，技术很难在市场上交易且具有稀缺性和非流动性，将带来明显的组织异质性。持续竞争优势在相当程度上来源于所控制的技术资源（Barney，1991）。Hitt 等（2001）提出具有丰富技能和经验的员工是一种优良的人力资源，强化高质量人力资源有助于创新绩效的改善。Berman 等（2002）指出隐性知识同样具有 Barney 描述的高价值性、稀缺性、难以模仿和替代性，其实证研究结果表明，团队成员之间的隐性知识与团队绩效之间存在显著的相关关系，但这一关系是倒U形的，即隐性知识对绩效的正向影响从某一点开始变弱，最后变成负向影响。由此可见，资源的应用背景和情境会对资源的作用产生重大影响，特别是当资源的获取成本高于资源所能创造的价值时，资源对于绩效往往会产生不利的影响。因此，单纯地将资源依附在经济主体上，仅仅在企业的边界以内研究其拥有或控制的资源无法满足创新实践和创新理论的研究需要。必须将资源理论和创新网络理论有机结合，才能更深入地揭示创新网络对创新行为的作用机理。

遵循这一脉络，有的学者开始提出资源不仅仅存在于单一组织中，也存在于组织间的联结中。网络理论借鉴了资源观的分析方法和框架衍生出了网络资源理论。Dyer & Singh（1998）认为跨组织的网络关系自身就是一种资源，具体表现为关系专用资产、知识共享惯例、互补资源以及有效的治理。Gulati（1999）则明确提出了“网络资源”的概念，资源维度包括为网络结构、联结形态、联盟能力等。进而指出，网络是一种“社会资本”，能给组织带来信息优势，为其进一步利用各种外部资源提供更多机会，也能够通过网络而控制资源（Gulati，2009）。那些拥有联结资源的组织能获得额外的联结优势（Kogut，2000）。Lavie（2006）将网络资源界定为由合作伙伴所拥有的、行动者通过合作关系可以使用的资产。他指出，在传统的资源观体系下，资源的所有权是一个重要的边界条件，资源的拥有和控制是资源观的最基本假设。组织内外部资源之间更多的是一种竞争的关系，新生资源和组织内部已有资源也是竞争关系。但在网络环境下，组织需要关注的是资源可接触性（Accessibility），拥有资源并不是形成竞争优势的必要条件。因此，他提出了“共享资源–专有资源”的分析框架，指出每个组织的资源体系可以分为共享资源和专有资源两个部分，将资源理论扩展到网络之中，并将网络中的资源与组织内部资源纳入统一的分析框架。他进一步指出，在合作关系形成时，中心组织和合作伙伴都会将自身资源的一部分贡献到合作关系中一起获得收益。通过合作关系可以使用合作伙伴拥有的资源，包括人力资源、财务资源、技术资源等，这些网络资源能够促进组织绩效的提升。这一理论观点的提出为本书提供了重要的研究框架，本书正是探讨国家重点实验室的内部创新网络和外部创新网络中各类创新资源的流动、共享和利用是如何影响协同创新能力的。

随着网络资源理论研究的发展，学者们开始关注网络资源的影响因素和作用机制，并与网络结构理论横向联系，研究网络资源和网络结构的相互关系。Lee（2007）研究总结出网络关系嵌入性、网络效率、网络配置、节点异质性和中介位置等因素共同决定了网络资源的数量、质量和多样性。Sirmon 等（2007）认为网络资源的作用机制包括三个过程：构建资源组合、整合资源以塑造能力、提升能力来为客户创造价值。Sirmon 等（2008）进一步指出，在动态变化的情境中，快速变化的经济环境、制度环境、政治环境和产业竞争环境中的不确定性、与不同的环境感知所引发的竞争互动和导致上述环境变化的众多关联因素有关的复杂性、各种决策因素的冲突而引发的不确定性等，都可能会对上述三个资源作用过程造成系统性的影响。有效的管理者能够通过可靠的内源和外源来获取资源并高效地应用到创新流程中（Sirmon et al，2011）。曹亚冬（2011）认为，网络资源要转换为竞争优势有三大途径：组织学习、知识管理和建立合作网络。方刚（2008）提出，网络资源可以分为网络关系资源、网络位置资源和网络结构资源三种类型。网络关系资源表征着主体的网络关系嵌入特性，网络结构资源和网络位置资源对应着主体的结构嵌入特性。显然，随着网络资源理论研究的深入，创新资源如何嵌入网络结构中并发挥积极作用，提高创新主体的创新能力和竞争优势是亟待解决的问题。

2.2.3 创新网络嵌入理论

"嵌入性"（Embeddedness）理论认为，任何经济组织或个体都与外界存在一定的"社会关系"，总是嵌在一个由多种关系交织而成的经济、社会网络之中（Granovetter，1985）。"嵌入性"的概念最早是由美籍匈牙利学者 Polanyi（1944）在"The Great Transformation"一书中提出的。他认为，经济过程仅在一个特定的、具体的或是"制度化"的社会形式中才拥有"真正的实体"。经济过程可以被"置于和陷入"大多数形形色色的制度中，如亲属关系、政治或宗教等。在 Polanyi 关于"嵌入性"理论的基础上，Granovetter 又进一步发展了"嵌入性"理论，认为社会中的行动者总是被嵌入其所在的关系网络中。行动者的行为深受其他成员的影响，是一种关系性嵌入（Relational Embeddedness），用关系的强度、联系程度、持续性、方向等表征；同时其所在的关系网络又嵌于社会文化传统、价值规范等结构之中，并受其影响和塑造，是一种结构性嵌入（Structural Embeddedness），表现为行为者在网络中的结构、位置、联系数量等因素对其行为及结果的影响。

Granovetter（1985）指出，企业嵌入网络中的特性制约与影响着企业对资源的获取和利用，进而影响着企业的行为。Gulati（1998）也认为，直接影响网络中行动者绩效的因素包括两个方面：一是网络特征；二是个体嵌入网络中的位置。诸多研究表明，创新主体对外部网络的嵌入性，通过作用于创新主体的各种资源和能力的获取行为，影响其创新能力（Cohen，1990；Dyer，1998；Rowley et al，2000）。其中，网络关系性嵌入通过信息、共享、利益均沾以及共同解决问题等机制促进双方合作水平与关系品质的提升，如同心协力、风险共担等，进而推动创新效率的提高（Uzzi，1997；Presutti，2014）。而网络结构性嵌入也将对创新绩效产生显著的影响。结构性嵌入程度越高，意味着企业在网络中占据的优势地位越显著，从而越容易获得稀缺性网络资源，相对于竞争对手而言就具备了独特的竞争优势，而竞争优势的获得对创新绩效有极大的促进作用（Granovetter，1992）。例如，处于“结构洞”位置的企业更容易获取及时信息和先进技术等稀缺性的资源（Salman，2002；Wincent et al，2010）。

在网络嵌入性研究中，形成了“强联系优势理论”和“弱联系的力量理论”两派理论观点。Granovetter（1973）首次使用“强联系”（Strong Ties）一词，体现在网络中联系的重要特征——“强度”上，包括联系的频率、关系的历史或长度、联系的持续时间、交流的数量（即亲密的程度）和互惠情况等。强联系理论认为，通过频繁互动、面对面访谈等方式能推动双边深入交流，从而更有利于推动组织间复杂信息的交换和高密度、高质量隐性知识的提取（Granovetter，1985；Uzzi，1996）。强联系将帮助组织应对环境的变化和各种不确定性的冲击，有利于组织辨认外部威胁的影响和评估这些威胁的潜在反应，并通过增加彼此间的交流和信息共享增强适应性的社会学习，降低外部环境的不确定性，提高组织或个人的危机处理能力（Krackhardt，1992）。随着行为主体双方交往次数增加，容易产生更有力的相互支持，产生亲密性，进而更有可能推动组织间信任和相互认同的出现，从而促进组织彼此共享有价值的信息并采取相应的行动措施（Gulati，1995；Roger，1995）。在信息的质量方面，强联系有利于组织或个人获取更多精炼的、高质量的信息和默会知识（Tacit Knowledge）（Granovetter，1973）。Granovetter 在提出强联系概念的同时也提出了弱联系（Weak Ties）的概念，采用相互接触的频数进行定义，认为强联系每周接触至少两次以上，弱联系每周接触少于两次，但每年不少于一次。他同时提出，由于在网络环境下强联系的行为主体之间彼此很了解，知识结构、经验、背景等很相似，无法带来新的知识与信息。频繁互动所增加的知识与信息大部分是同质的、冗余的。Burt（1982）也指出，网络成员们更倾向于与具有相似背景的其他成员形成强联系，因而更容易拥有相同的信息和持有相似的想法。而弱联系的行为主体由于相互之间存在着较大差异，可以传递较为新鲜和异质的知识和信息，这种信息更具有价值。

可见，"嵌入性"理论重点考察网络整体的功能和结构，个体节点在网络中的结构性特征如网络规模、密度、中心性等及其对经济活动的影响。随着"嵌入性"理论研究的进一步深入，Burt（1992）从嵌入网络的"结构"维度出发，提出了"结构洞"理论。"结构洞"即网络中的空隙，这些空隙的存在意味着网络中的行为主体之间无直接连接或出现关系中断。它为活动于其间的创新者提供了获取新的信息和资源的机会。网络中占有"结构洞"的主体拥有位置优势，这种优势可能带来两种收益：一是信息收益，行为主体在网络中拥有的"结构洞"越多，获得的信息数量越多，内容会越具体，时间会越及时，就能够创造出更多的获利机会；二是控制利益，通过主动利用信息优势使得行动主体成为第三方，可以利用第三者的身份灵活采取各种策略以及获取相关收益。成为"搭桥机构"（Bridging Organizations）的行动者，拥有横跨不同组织间的"结构洞"，能够产生更多的创意想法和新知识，从而相对于其他稠密地带的企业更具有竞争优势。网络中的行动者拥有的"结构洞"越多，机会越多，能带来的收益便越高（Burt，1992；刘东，2003）。当然，"结构洞"并不是获取多样化信息的必备条件，与具有多样化知识基础的行为主体联结，创新主体也可以独立于"结构洞"获取多样化信息（Dyer，2000；Phelps，2010）。例如，关系性嵌入能通过学习能力的中介作用对创新绩效起到显著的正向影响（谢洪明等，2014），外部关系中如果存在丰富的非冗余桥连接，则创新主体通常能够取得信息优势，从而提升创新绩效（Eggers，2012）。

网络嵌入理论的发展很好地解释了一个创新主体如何存在于一个复杂的经济社会关系网络之中。任何一个创新主体的创新活动同样会受到相关行动者的影响，同时也在影响着其他行动者的行动。一个微观的创新网络同样可以嵌入更高层次的国家创新系统（网络）中，在国家教育系统不发达、劳动力市场供给不充足、知识产权制度不完善的条件下，外部网络开展创新的交易成本相对较高，行动者难以建立较多的外部联系，创新网络呈封闭形态。当上述条件得到局部改善时，外部创新网络的交易成本有所下降，行动者将会选择建立更多外部联系，使其创新网络向开放式方向发展（范群林等，2014）。因此，网络嵌入性是研究国家重点实验室协同创新的一个重要概念，表征了国家重点实验室在创新网络中的位置、地位及其与网络中其他节点的相互关系，这些属性决定了国家重点实验室在创新网络中行为方式以及所能聚集、整合和配置的资源数量，并进而影响了国家重点实验室在创新网络中的协同创新能力。

2.2.4 创新网络结构功能理论

以上三节的文献综述最终指向一组问题：在创新网络中，创新主体和各种创新资源嵌入创新网络中，在一定的网络结构内开展创新活动，那么，究竟怎样的创新网络结构有利于协同创新能力的提升呢？这样的创新网络结构具有怎样的网络特征？这些网络特征变量是如何实现对创新活动的影响的？结构决定功能是系统科学的基本观点（许国志，2000）。因此，创新网络的结构与结构功能也是本书对国家重点实验室如何通过创新网络提升协同创新能力进行研究必须重点关注的一个方面。

20世纪50年代，在Nadel和Barnes等人类学家的发展下，社会网络的结构功能主义理论形成，即用网络结构作为分析工具来描述和分析社会结构，探讨和总结出社会体系如何影响社会群体中人的行为及其规律。Nohria是较早提出从网络结构出发研究创新能力的学者之一，认为创新网络中创新主体所在位置能够影响其创新行为，主体行为也能够影响网络的演化发展，全部创新主体的共同活动决定了创新网络整体的创新能力（Nohria & Eccles，1992）。Edquist（1997）、Cook（1998）也在对区域创新系统的主要结构特征进行总结的基础上指出了具体的结构特征对创新系统内技术的生产与扩散所产生的影响。日本学者Takeda（2008）指出网络结构和物理密度对提高集群知识流动、区域学习和资源转化效率十分重要。Dhanaraj & Parkhe（2006）指出可以从网络成员属性、网络结构和网络位置等因素来考察网络对嵌入网络中的创新主体的创新产出的影响。网络分析的重点除了联结类型之外，还有网络结构。网络结构的联结类型可以分为相近性（Similarities）、社会联系、相互作用、流（Flows）四类，网络研究可以看作规划与计算出这些不同种类联结是如何相互影响的（Borgatti，2009）。显然，众多的理论研究和实证研究已经证明，网络结构对创新能力具有重要的影响作用毋庸置疑，但是，网络对行动者的影响程度和影响机制如何，目前学界尚没有明晰的答案。

在网络结构对创新能力具体的作用机制方面，现有研究发现，网络结构能作用于网络内部成员学习机制（Yamawak，2002；Britton，2003）；网络结构的改变能够引起网络强度、互惠性、密度、中心性等变化，最终影响整个网络的创新能力（魏江，2003）。此外，网络中的每一个行动者的网络联系具有差异性（Allen，2000），这些差异使网络对不同行动者的影响不同。例如，网络中联系是非均匀分布的，行动者在网络中的位置不同，获得联系的数量也就不同，因而获得的网络支持程度也有所不同（Boase & Wellman，2004）。Schilling & Phelps（2007）也提出，网络结构直接影响网络的潜力和创造的知识，密集的网络结构提供信息传输能力强，能促进网络节点间的交流与合作，而非冗余连接的结构则能使创新主体最大限度地利用更广泛的资源。张永安等（2010）发现适当缩短创新网络主体间的平均最短路径长度、提高聚集程度、加大主体顶点度分布可以促进创新资源向收益的转化。

综上，尽管学者们研究的视角各不相同，但可以发现网络结构发挥的具体功能及其机制的研究所使用的自变量主要是网络规模、伙伴多样性、联结强度、联结久度和行动者嵌入性几个因素。但是，对这些网络结构特性究竟是如何推动创新能力提升的作用机制研究还不够深入，因此，本书在国家重点实验室外部创新网络方面，将重点研究外部创新网络的联结关系和网络结构是如何影响协同创新能力的。通过文献综述可以发现，这几个变量又是和创新资源紧密联系在一起的。创新网络规模反映了国家重点实验室获取和释放创新资源的范围；网络关系程度描述了国家重点实验室与其他网络节点的联结关系。国家重点实验室自身的内部创新网络反映了对资源的可获得性和利用性等特征，成为外部创新网络资源向实验室内部流动并被运用的“桥梁”。

2.2.5 本节讨论与研究启示

创新主体处在各种网络关系的联结之中，在特定的网络结构中获取各类创新资源，以提高自身的创新能力。对于协同创新活动而言，更是无法脱离其内外部网络联系和网络结构。内、外部创新网络对国家重点实验室协同创新能力的影响是多维度的复杂关系，目前的研究成果帮助本书确定了国家重点实验室在创新网络中开展协同创新活动的重要变量，即网络提供的资源特性、国家重点实验室在网络中的联结关系以及创新网络的结构特征。总体来看，现有研究仍存在不足之处和进一步研究的空间：

第一，从研究范式来看，将创新主体的内部创新网络和外部创新网络结合起来的研究明显缺乏，目前仅有极少量学者研究了创新主体内、外部创新网络的形成机制（任宗强等，2011；陈娟，2011；王燕妮等，2013；范群林等，2014）。现有对内部创新网络的研究同样比较匮乏。而外部创新网络的研究则是直接将创新主体视作一个“节点”，网络就是这些节点之间形成的联结总和，至于节点的性质如何，节点的特质是如何影响其在网络中的位置、联结关系、获取资源的能力的，以及内、外部创新网络间协同互动的相关研究，几乎没有发现。

第二，从研究主体来看，大量涉及创新网络的研究主体都是企业，极少涉及科研机构。其实早在创新的技术推动和市场拉动模式的研究阶段，实验室这一科研机构就已经处于十分重要的地位了，不论是技术推动的起点，还是市场拉动的终点，都和国家（重点）实验室的基础科学创新活动密不可分。在国家创新系统这一创新网络的典型形式中，国家重点实验室的地位更加明确。然而目前在创新网络的研究框架下，极少有学者将国家重点实验室作为研究的“焦点”，研究其在创新网络中的嵌入程度、关系类型，以及创新网络作用于其创新能力的作用机理。因此，研究国家重点实验室内在特质和内、外部创新网络关系与网络结构对协同创新能力的影响机理，可以在一定程度上填补目前创新网络研究的空白。

2.3 协同学与协同创新

协同并不是新生事物，它随着人类社会的出现而出现，并随着人类社会的进步而发展。《汉书·律历志上》中便有“咸得其实，靡不协同”的记录，《后汉书 桓帝纪》中亦写到“内外协同，漏刻之闲，桀逆枭夷”，显示了协调一致、和合共同的益处。1965 年，Ansoff 在 Corporate Strategy 一书中首次在经济领域正式提出了协同的概念，指出协同是相对于各独立组成部分进行简单汇总而形成的企业群整体的业务表现，是基于资源共享的基础上两个企业之间共生互长的关系，并指出“协同”不仅能够带来价值增加，而且可以带来价值创造。这一价值创造的过程，就是协同效应显现的过程，即两个或两个以上的事物在一起运行时，结构元素间协调、协作形成推动效应，导致事物间属性互相增强、向积极方向发展，产生了其独立运行所不能产生的结果。而随着“大科学”时代的到来，创新活动日趋全球化、系统化、网络化，正需要有效汇聚各类创新资源和要素，突破创新主体间的原有壁垒，充分释放人才、资本、信息、技术等创新资源，实现深度合作，在此背景下，协同创新应运而生。

2.3.1 协同与创新

在 Ansoff 的研究之后，日本战略专家 Hiroyuki Itami 把 Ansoff 的协同概念分解为“互补效应”和“协同效应”两部分，对协同的内涵进行了进一步界定。他指出，实体资产能产生互补效应，但易被竞争对手仿效，企业只有使用其独特的隐形资产，才可能产生真正的协同效应（Itami，1987）。系统地提出协同理论的是德国理论物理学家 Haken，他在 20 世纪 70 年代创立了协同学，指出协同是复杂开放系统内部的各子系统在自身独立、自发、无规则无序运动的同时，通过不间断地物质、能量和信息交换自发产生相互影响和相互作用，实现从无序到有序、从混沌到稳定并最终形成新结构的自组织过程。在复杂大系统内，各子系统的协同行为产生的超越各要素自身的单独作用，从而形成整个系统的联合作用，即“1+1>2”的协同效应。Haken 认为，就是系统内部各个子系统之间通过协同的方式促使系统向有序结构的方向发展，而且这种协同的行动中隐含着各要素之间及各子系统之间的非线性相互作用，这种非线性相互作用使得各要素及各子系统之间存在一种互为因果的关系。Haken 提出了“序参数”这一概念，强调在一定的外部能量流和物质流输入的条件下，序参数将促使不同要素结合在一起自行演化发展，并在宏观尺度上不断发展为更加有序的结构和整体功能。1972 年在联邦德国埃尔姆召开了第一届国际协同学会议，出版相应的国际会议论文集《协同学》，协同学随之诞生。

协同学研究协同系统在外参量的驱动下和在子系统之间的相互作用下，以自组织的方式在宏观尺度上形成空间、时间或功能有序结构的条件、特点及其演化规律。其核心研究主要包括以下几个方面：

（1）序参量

协同学理论接受一般系统理论的基本观点，把一切研究对象看成由组元、部分或子系统构成的系统。将每一个系统都看成由三个层次所构成的一个复杂体系：一是要素层；二是子系统层；三是整体系统层。每一类要素组合内部、要素之间产生非线性相互作用，在这种作用下要素的组合便构成了子系统，多个子系统之间又会产生非线性相互作用，最后形成了动态发展的宏观层次整体系统（Jochen，2008）。协同学通过一组控制变量和状态变量来描述系统特征。其中，控制变量是系统达到阈值并实现协同的条件变量，是系统外部的可控要素；状态变量在宏观上描述系统行为，由多个子系统共同作用形成。系统通过改变控制变量达到阈值，此时某个状态变量作为役使系统演化的主要作用力而成为序参量，系统实现从无序向有序的转变。因此，序参量是协同学理论当中一个最基础、最重要的概念。序参量支配着系统的有序发展进程，对于系统的动态发展与演化而言，序参量起到“主心骨”的作用。序参量并不是指系统中的某一个子系统或某几个子系统的联合，它是各子系统之间通过非线性相互作用产生合作效应的表征，属于一种宏观上的参量。序参量由各子系统通过既竞争又协作的相互作用关系而产生，产生之后又支配着各子系统的发展，使得整个系统最终朝着一个新的有序的结构迈进。需要特别指出的是，一个系统往往不止一个序参量，而是有多个序参量。这些序参量之间也会存在竞争或合作关系。序参量之间关系的差异性就决定了系统动态运行特征及其演化的差异性。

（2）支配原理

在一个系统中，参量会随着时间的变化呈现出快慢程度不同的变化。当系统在演化中靠近临界点时，有一种联系着的阻尼作用相当小的变量随时间的变化速度非常慢，而且它在靠近临界点时经历着一个缓慢增长的过程，我们称这种变量为慢变量。另外一种变量是快变量，它所表现出来的特征和慢变量几乎相反。当系统在演化中靠近临界点时，这类联系着的阻尼作用相当大的变量随时间的变化速度非常快，而且它们在靠近临界点时经历着一个迅速衰退的过程，我们称这类变量为快变量。协同学利用线性稳定性分析方法确定系统演化的临界点，在临界点附近忽略快变量对系统演化的影响，使系统起决定性作用的慢变量成为序参量，决定系统的宏观有序行为和发展方向，并且支配着数量较多的变化快的状态参量，这种简化系统维度的处理就是绝热消去原理，消去对系统发展演变不起决定性作用的快变量。这一结论称为支配原理，可以运用序参量随时间变化所遵从的非线性方程即序参量的演化方程进行有效的表征。

（3）自组织原理

自组织是相对于他组织而言的，他组织是指在一个系统的运行过程中存在来自系统外部的指令直接干预系统的运作；而自组织则是系统的运行完全依靠系统内部各构成子系统之间的相互作用，没有系统之外的直接指令性干预。但是，自组织并不意味着系统不和外部产生联系。事实上，系统处于一种开放的状态，并且时刻保持着和系统外部的环境之间进行物质、能量和信息的交流。在这种开放状态下，系统通过各子系统间的非线性相互作用产生协同运作的效果，使系统走向有序发展的结构。在系统的自组织原理中，慢变量和快变量对自组织作用产生了重要的影响。慢变量在稳定系统向不稳定系统演化过程中起到根本性作用；而快变量能使系统从不稳定态演化到新的稳定态。慢变量与快变量的相互作用最终使得系统向更加高级的动态的稳定有序的结构迈进。

（4）协同效应

系统整体功能与单个子系统功能之和的差，是协同效应强度的定量度量，这个差额也称为协同剩余，只要协同剩余是正数，也即系统整体功能大于各单个子系统功能之和，就代表着系统产生了协同效应。协同效应的产生会促使系统从一种原本无序的状态发展到一种有序结构状态，如果系统原本就有序，那么协同效应会使系统向更高层次的有序结构发展。

20 世纪 70 年代，美国学者 Nelson 和 Winter 在生物进化理论的启示下，创立了创新的演化经济理论，推动了技术创新和制度创新的融合，引发了从系统总体的视角剖析创新过程机理的大量研究，在创新领域中运用协同学的思想开始萌芽。20 世纪 80 年代后期，Freeman 和 Lundvall 等学者开创了以国家创新系统为代表的技术创新理论，引发了区域创新系统、产业/部门创新系统、技术系统、创新网络、集群创新等关注制度、环境、网络层面的研究，“协同”与“创新”的组合研究正是在 Freeman 提出“国家创新体系”的概念之后开始的（Freeman，1987）。创新系统是协调某一范围内各类组织（企业、大学和研究院所、公共和私有部门、政府和金融部门等）、制度（政策、市场制度、专利制度、教育和培训制度、研发制度、社会制度等）和社会环境（社会文化背景、非正式的习俗和惯例等）间相互协调、互动和反馈关系的整体机制，它能把特定范围内的多种参与主体整合成一个协调一致的整体，并使整体创新能力大于个体创新能力之和，系统生产、扩散和使用新知识的方式，决定了系统的创新能力与创新绩效（Patel & Pavitt，1994；OECD，1997）。因此，国家创新系统实际上是技术、组织以及制度的协同创新。协同创新的思想和原理逐渐在科技管理实践中得到推广和应用。

20 世纪 90 年代后，科技与经济的结合日趋紧密，创新就是众多研发者之间交流、沟通、碰撞、共享形成知识外溢的过程（Saxenian，1996）。在创新过程中，系统内部各要素间和子系统间复杂、随机的相互联系及作用具有明显的自组织特征，竞争与协同、互依、相互转化（曾国屏，1996），系统技术要素与制度要素间也在发生协同（Radosevic，1998；Tidd，2001；Shapiro，2002），各个子系统、要素之间通过相互依赖形成了联合效应（Corning，1998），协同对创新绩效有着显著的效应（Miotti，2003）。至此，协同创新的思想在创新理论中得到不断深化。基于“协同”和“创新”的概念，协同创新被普遍定义为：创新资源和要素有效汇聚，通过突破创新主体间的壁垒，充分释放彼此间人才、资本、信息、技术等创新要素活力而实现的深度合作。

2.3.2 协同创新

协同创新的理念充分体现了网络创新的思想。追溯协同创新的理论渊源和发展脉络有助于梳理协同创新概念形成的原因和过程。总结近 20 年来与协同创新相关的文献，发现在协同创新的内涵、影响因素、协同模式、协同途径方面有着丰富的研究成果。

（1）协同创新的内涵

早期关于协同创新的研究，往往借用协同学中对协同内涵的界定，将协同创新定义为共同开展创新工作，其核心观点为“各种分散的作用在联合中使总效果优于单独的效果之和”。由于这一定义过于含糊，导致国内外关于协同创新的研究关注的层面很分散。随着研究的深入，目前主要从协同要素、参与协同的主体、协同过程以及协同创新的系统整合四个角度来对其概念及内涵进行描述。“要素中心论”的学者通常将协同创新定义为：以提高协同度为核心，通过核心要素（技术与市场）和若干支撑要素（战略、文化、制度、组织、管理、资源等）的协同作用，实现整体协同效应的过程（陈光，2005）。类似地，郑刚（2006）认为协同创新是以技术要素为核心，技术、市场、组织、战略、制度、文化六要素在沟通、竞争、合作、整合和协同五阶段的全方位协同匹配。“协同主体论”通常关注参与协同创新的主体多样性，指出协同创新是为了集成研发资源、分散创新风险，企业、政府、知识生产机构（大学、研究机构）、中介机构和顾客通过附加值生产链相互联系形成的跨领域、跨部门的合作与知识创新（Johansson，2002；危怀安等，2013a）。“协同过程论”的学者对协同的理解则主要涉及“协作、协调、耦合、匹配、互动、集成、整合”等方面，认为协同创新的核心就是知识在合作组织间的转移、吸收、消化、共享、集成、利用和再创造（Koschatzky，2002）。从演化过程来看，则是在通过组织学习对专有知识、整合知识和配置知识进行整合的基础上，实现“变异→选择→传播→保持→变异”的递归演化循环（董俊武等，2004）。“系统整合论”对协同创新的界定则综合了以上几种维度，认为是全要素、全员、全时空、全面协同的创新，各创新要素在全员参与和全时空域的框架下进行全方位协同匹配，以实现各自单独所无法实现的 2+2＞5 的协同效应，通过“接触/沟通

→竞争/冲突→合作→整合→协同”五阶段过程，创新要素在运作、结构和战略三个层次实现全面协同（许庆瑞，2007）。在这一过程中存在整合和互动两个维度，在整合维度上，主要包括知识、资源、行动和绩效，而互动维度主要是指各个创新主体之间的知识分享，资源优化配置，行动最优同步，系统匹配度（Serrano & Fischer，2007）。

（2）协同创新的影响因素

在协同创新的影响因素研究方面成果较多，学者多是从创新运行过程涉及的要素、创新主体特质、创新环境要素等方面或知识管理、社会资本理论等视角来进行研究。目前，为大多数学者所认可的协同创新影响因素有：价值观和文化的认同感（Geisler，1995）；信任、承诺和互动（Plewa，2007）；政府制度、公共计划、财政与税收、法律政策等政府的各类创新政策工具（Shyu，2001；Davies，2004）；合作者来源的多样性（Bercovitz，2008）；中介组织、金融及风险投资机构（Shohet，1992）；合作中的知识特性、各方知识结构、知识共享意愿和知识转移渠道（Bonaccorsi，1994；Carayannis，2000）；社会资本（Drejer，2005；Numprasertchai，2005）；交易费用（张米尔，2001）；利益分配机制（佟晶石，2003）；知识网络（郭斌，2007）。这些要素被各类学者逐一罗列，并采用案例研究或实证研究验证了这些影响因素和协同创新间的相关关系。

（3）协同创新的模式

在协同创新的模式研究方面，早期学者认为“链接模式”是一种有效的协同互动形式（Rosenberg，1996；Sarmento，2000）。随着“三螺旋理论”的提出，交互模式一度成为协同创新模式研究的重点。该理论认为，协同创新主体的企业与政府，以经济发展的需求为纽带连接起来，形成三种理论交叉影响、抱成一团而又螺旋上升的三重螺旋的关系（Etzkowitz，1997），其核心是把市场、科技、公众的创新动力有机叠加整合，形成创新的强大合力，积极推进创新活动。在具体的协同形式方面，有联合研发、研发外包、技术许可、合资公司等正式形式和技术援助、人员交流、成果互引、信息沟通、研讨会等非正式合作形式（Inzelt，2004；Shinn，2006；D'Este，2007），此外还有虚拟组织这一新型的协同创新形式（李慧芬，2011）以及“本地化网络”（Local Network）和“全球性管道”（Global Pipe Line）等创新主体与环境协同互动的渠道（Schmitz，1999）。

（4）协同创新的途径

协同创新的途径也就是协同效应的产生过程。目前，此类研究多从协同创新的动力、过程两个方面展开。推动协同创新产生的动力主要有创新预期收益驱动力、内部利益激励、文化影响、创新保障等内部动力，技术推动、市场需求拉动、政府政策支持、竞争压力等外部动力，信息人才扩散、专业平台推动、创新引进吸收等技术创新扩散动力和涨落力，协同力、复制力、循环力、催化力和结构力等自组织动力组成（张哲，2009）。在动力作用下，协同创新过程主要是搜寻、合作、分享、结网（姜启军，2007），从网络外部资源的角度则可以归纳为信息获取、学习吸收和应用的过程（高伟等，2012），即将现存的思想和技术组合起来的结构重组过程（Arthur，2007）。总体来说，以往的研究方法要么是随机赋予一组创新要素，探讨该要素对协同创新的推动作用，要么把协同创新当成一个简单的随机结网过程，仅仅说明了结成协同创新网络后对创新的作用，但是对于理解协同创新过程的本质还有待深入。

2.3.3 创新网络与协同创新

创新网络中的协同既不同于市场机制作用下的随机结合，又不同于行政机制下的“捏合”协同，而是具有自组织特征的“多元互补”(孙国强，2003)，各创新主体的互动既非通过市场交易完成，也非通过组织内部一体化实现，而是通过网络节点间的双向协调完成（Gittell & Weiss，2004）。特别是当价格失效且市场的自发性调节困难时，网络中的主体之间相互的调整与对环境的适应，就能实现网络整体价值的最大化（Thorelli，1986）。在网络运行过程中，保护和维持节点间关系的手段多样，例如协商对话、中介调停、声誉制衡等（孙元欣等，2010)，能有效降低搜寻成本、信息成本、议价成本（Williamson，1979）。较多研究表明，创新网络与协同创新之间有明显的正向影响作用。创新网络可分为组织内部创新网络和组织外部创新网络（组织间网络），创新网络与协同创新关系的研究也主要从这两个层面展开。

（1）组织内部网络与协同创新

在创新主体组织内部形成的创新网络中发生的协同同样值得重视。组织内部结构是人与人之间、职能间和组织间协调、沟通和联系的方式以及组织责任和义务的分布形式（李维安等，2007)。随着信息系统和办公自动化技术在组织内部的广泛使用，组织日趋扁平化、团队化、网络化、柔性化（邹志勇等，2008)，这极大地刺激了组织中信息的载体——组织内部网络的发展（李培林等，2003）。实际上，组织本身就可以被定义为一个网络，在这个网络中组织单元是彼此相互影响的节点，建立了正式和非正式的关系（Brass，2004）。这个网络能使组织成员积极参与到探索、交流中，并将交流的成果转化为价值创造，这正是组织内部网络化的本质。在这样的组织内部网络中，共同的追求和竞合理念作为指导，组织契约和信任作为保障，依托现代信息技术实现网络沟通与知识共享，通过分工合作，实现优势协同(李维安，2003)，部门内和跨部门的知识转移则有助于创新绩效的提高（Cohen & Levinthal，1990）。内部网络能影响创新的产生和传播（Powell & Koput，1996)，提高知识转移和交换速度

(Nahapiet & Ghoshal，1998)，并为信息和知识的扩散提供渠道(Tsai，2001)，使各部门通过内部网络连接获得新知识、发现新机会、创造新知识（Hansen，2002；Tsai，2000)。在组织内部网络结构方面，具有高密度网络联系的组织比稀疏网络的组织生产率更高（Reagans，2001)，而跨职能团队的网络结构组织形式更有助于促进创新要素协同（许庆瑞等，2005)。

然而，目前与组织内部网络相关的研究多集中于内部网络的结构或组织中部门间、人员间社会关系对组织的影响，落脚点仍然是组织结构研究而非创新网络研究。仅有的组织内部网络与创新相关的研究，也只是关注了内部网络对组织整体创新绩效的影响，研究组织内部网络结构和特征对协同创新能力的影响的文章极其少见。这恰恰是本书关注的重点。

(2）组织外部网络与协同创新

组织外部网络可以从四个维度来界定：一是经济维度——组织外部网络的出现及演化是出于降低交易费用的需要；二是历史维度——组织外部网络是各种行为者基于信任、相互认同、互惠和优先权形式等所组成的长期关系系统，并且处于不断演变之中；三是认知维度——组织外部网络是大于个别行为者诀窍综合的集体诀窍的储存器，这种组织方法的优势是允许集体学习过程得以在更广阔的范围内展开；四是规范维度——所有组织外部网络都是由旨在确定每个成员的义务与责任的一套规范所定义的，这些规则划定了集体活动的领域，并确保与其外部环境相比，组织间网络受到始终如一的规制（Maillat et al，1993)。相比组织内部网络与协同创新相互作用研究的数量，研究组织外部网络与协同创新及协同效应的文献要更多一些。现有研究主要从网络组成结构视角分析了外部网络的效率及协同机制、外部网络中影响协同效应的主要因素几个方面展开，研究的“焦点”组织仍然是企业。

从网络组成结构视角分析了外部网络的效率及协同机制的研究主要强调网络合作者竞争位置差异与协同效应的相互关系（Sorys & Jemison，1989；Surtrs，1992）。开展协同创新的组织外部网络通常由企业和客户、供应商、研究机构、中介机构等通过形成垂直或水平的关联节点所构成（Hadjmanolis，1999），从网络结构与组建模式来看，战略联盟、产业技术联盟、虚拟网络组织、协同创新中心是主要的模式（王玉梅，2010；全利平，2011；危怀安等，2014a）。不同的外部网络联结对协同创新绩效的影响程度也不一样。其中，“企业-企业”、“企业-中介”和“企业-研究组织”等创新网络下的协同对企业创新绩效有显著的正向效应，而“企业-政府”协同创新网络对企业创新绩效没有直接效应，却存在显著的间接效应（解学梅，2010），并进一步发现协同创新模式的三个维度（战略联盟模式、研发外包模式、要素转移模式）与协同创新效应之间均呈现显著的正相关关系；协同机制的两个维度（成本利益分配机制、技术互补机制）在协同创新模式与协同创新效应关系中均起到正向调节作用；协同环境的两个维度（市场环境、宏观环境）在协同创新模式与协同创新效应关系中均起到正向调节作用（解学梅，徐茂元，2014）。在外部网络影响协同效应的因素方面，Dastk & Teng（1998，2000，2001）从网络互动关系视角研究了信任和控制等对联盟信心、联盟的稳固性的影响，构建了信任、控制及风险预测的模型，杨燕等（2011）也通过词频搜索发现影响网络治理的核心词汇包括核心企业、知识流、节点联结、结网；影响协同效率的因素主要是信任、控制和关系。

2.3.4 本节讨论与研究启示

从实践来看，所谓协同创新，就是围绕创新的目标，多主体、多因素共同协助、相互补充、配合协作的创新行为。通过打破单元、组织、区域或国别的界限，实现创新要素最大限度的整合，通过相互协作，共同开发，实现单独要素无法实现的整体协同效应（许庆瑞，2007）。以上研究为本书确定国家重点实验室嵌入创新网络中可接触的网络节点、获得的网络资源提供了丰富的参考资料，也为研究在创新网络中实现协同创新的影响因素及其作用机制、实现途径提供了可资借鉴的思路。总体来看，现有研究仍存在进一步深化的空间：

第一，对协同创新影响因素的研究并不系统，研究成果十分零散，结合创新网络的关系与结构特征、创新网络推动协同产生和发展过程来较为全面地梳理影响因素、系统性地探讨这些影响因素的作用的文献还相当稀少，这正是本书分别从国家重点实验室内部创新网络和外部创新网络两个层面开展系统性研究的必要之处。

第二，现有创新网络与协同创新相互关系的研究文献主要集中于组织外部网络，研究外部网络中哪些要素或哪种协同模式对协同创新和协同效应有着怎样的影响，但结合国家重点实验室的创新特性、在网络中的关系水平以及网络整体结构对协同创新能力的影响的文献还非常少见。网络理论已经充分证明，不同的创新网络结构将决定合作创新主体在网络中的空间位置、彼此关系以及相互间合作的基本路径与形式，因此，研究创新网络中国家重点实验室如何提升协同创新能力，就不得不考虑实验室内、外部创新网络的网络关系和网络结构对协同创新的影响问题。

第三，现有创新网络中的协同创新研究往往局限在组织内部或外部单一层次上，研究组织内外网络之间交互作用的很少，也较少有文献明确提出“协同创新能力”这一研究对象。因此，随着研究领域的创新主体逐步走向创新协同，急需填补上述研究空白。

2.4 国家重点实验室协同创新能力

“大科学”时代创新活动的系统化、网络化背景对于国家重点实验室创新而言，意味着一项挑战：国家重点实验室需要通过提升协同创新能力来适应快速变化的创新环境。当前，对能力的理论研究比较丰富和深入，研究对象从行动者能力到创新能力再到自主创新能力、协同创新能力，也反映了创新实践的演化变迁。

2.4.1 能力、创新能力、自主创新能力、协同创新能力理论

经济学家 Richardson 最先提出企业能力的概念，他在 1972 年发表的“The Organisation of Industry”一文中用“能力”来指代企业的知识、经验和技能。随后，资源基础理论逐步演进，形成了较为完备的企业能力理论体系。该理论将企业视作“独特能力的集合体”，其竞争优势不再是具体的资源，而是抽象的能力，即开发、利用和保护资源的能力。只有具有这样的能力，才能通过动态过程来最大限度实现资源的潜在价值（Prahalad & Hamel，1994）。能力的研究发展经历了核心能力观、动态能力观和知识学习观三个阶段。

“核心能力”是指“组织的积累性学识，特别是学习如何协调多种多样的生产技能并整合多重技术流的知识”（Prahalad & Hamel，1994），是组织内部的知识集合，包括员工的知识和技能、技术系统、管理系统和价值规范，主要发挥协调各种生产技能和整合不同技术的作用（Barton，1995）。显然，核心能力观已从单纯的对资源的掌握和控制角度跳出来，强调与知识的配置和使用以及多方面的协同配合。然而，核心能力在实践中往往难

以识别，还很容易造成“核心僵化”等刚性障碍，无法对竞争力产生持续的推动效益。在对核心能力理论进行反思的过程中，动态能力的概念被提了出来。动态能力是整合、构建和重置行动者内外部能力以应对快速变化的环境的本领，组织过程、位置和发展路径是构建动态能力战略框架的关键要素（Teece et al，1997）。动态能力理论对能力研究从一次性获取转化为持续取得、持续培育、改进和重构的能力研究，体现了能力应随外部环境变化而做出调整的本质。知识学习观则认为能力的基础是蕴含在组织惯例和程序中的知识。将知识获取、消化、转化和利用，能产生动态的组织能力（Zahra & Georgeas，2002），此时，学习和获取知识是管理活动的核心，创新过程就是学习过程，知识以及与知识密切相关的认知学习是隐藏在能力背后的决定因素（魏江等，2006）。

综观能力理论的发展，我们发现对能力的理解主要有三个维度：一是要素维度，认为能力是一种要素组合（Dierickx & Cool，1989）；二是过程维度，认为能力是将资源转化为产出的活动过程，一个动态发展、不断学习提高的过程；三是动态维度，认为能力是资源、绩效、技能之间的多重反馈机制，是一种动态能力。从总体上看，以上有关能力的概念在逻辑上具有一个指向，那就是都暗含着能力与创新密不可分的关系。许多研究都认为创新过程就是能力建立、提高和应用的动态过程。

创新能力研究是协同创新能力研究的起点。技术创新能力是组织能力、适应能力、创新能力和信息与技术的获取能力的综合（Westphal et al，1981），包括发展新产品满足市场需求的能力、运用相应的流程技术来生产产品的能力、发展和引入新的产品和新的生产过程来满足未来需求的能力以及应对由对手和未知的环境带来的没有预见的技术活动的能力（Adler & Shenbar，1990）。从企业整体组织角度看，创新能力是“支持企业创新战略实现的产品创新能力和工艺创新能力的耦合及由此决定的系统的整体功能”（魏江等，1998）。

自主创新是我国最先提出的一个组合名词，是具有中国特色的概念。国外虽有相似的研究，但没有类似凝练丰富的概念和直接的基础理论。20 世纪 90 年代初，在技术创新研究的基础上，我国展开了关于自主创新的研究。早期“自主创新”的概念是与学习——研发路径密切关联的，认为研究开发中的学习是自主创新过程中的主导模式（陈劲，1994），自主创新是一种相对于技术引进的“他技术创新”（谢燮正，1995）。随后，自主创新的概念倾向于从“自主”二字展开研究，认为自主创新是指依靠自身力量独自研究开发、进行技术创新的活动（杨德林等，1997），是企业通过自身的努力或联合攻关探索技术的突破，并在此基础上推动创新的后续环节，完成技术的商品化，获得商业利润，以达到预期目标的一种创新活动（傅家骥，1998）。随后，自主创新的概念逐步从企业层面上升到国家层面，被理解为通过提高科技原始性创新能力、集成创新能力和引进消化吸收能力，因而拥有一批自主知识产权，进而提高国家竞争力的一种创新活动（周寄中等，2005），“通过本国自身的学习与活动，探索技术前沿，突破技术难关，研究开发具有自主知识产权的技术，形成自主开发的能力”（万君康，2000）。相应地，企业自主创新能力的概念也发展为“企业在市场竞争中，为了增强企业的自我发展能力，获得持续竞争优势，积极整合和运用国内外各种创新资源，在自主创新过程中所表现出来的各种能力的有机综合”（温瑞珺，2005），其中包括六个构成要素：创新投入能力、创新管理能力、生产制造能力、价值实现能力、创新核心能力和创新环境影响（胡翼琼，2006）。基于以上梳理，我们将自主创新能力定义为：创新主体在一定的创新环境下，通过自主性努力，积极利用整合各种创新资源和创新载体，在引进、消化、吸收和再创新—

集成创新—原始创新等一系列的创新过程中获得自主核心技术与自主知识产权的原始创新成果和创新收益，并能形成长期持续竞争优势的能力。

随着全球化与创新网络化的发展，创新过程不再仅仅是创新主体内部各阶段相互衔接构成的行为过程，而是与其他创新主体与创新环境交互作用共同研究的过程。因此，创新能力系统也在发展过程中不断学习并对其层次结构与功能结构进行重组及完善（王毅，2004）。创新能力在组织内部与外部互动交互基础上实现整合与互补（Lavie，2006），逐步衍生出了协同创新能力。协同创新能力的关键就在于创新主体如何获取、整合、配置组织内外部的资源、知识与技能来完成相应的协同创新活动。在“协同创新能力”被明确提出以前，有学者用“整合能力”“网络能力”“开放式创新过程中的能力”“联盟能力”“国家/区域创新能力”的概念来表达协同创新的需要。“整合能力”指组织外部整合能力与内部整合能力两个部分，其关键在于对相关资源的协调和配置（Tripsas，1997）；“网络能力”即指创新主体改善其网络位置的能力和处理某单个关系的能力（Hansson et al，2005）；Lichtenthaler（2009）提出的“开放式创新过程中的能力”基础框架则包含了创新主体在内部知识探索、知识保留和知识利用过程中的发明能力、转化能力和创新能力，以及在外部知识探索、知识保留和知识利用过程中的吸收能力、链接能力和解析能力；“联盟能力”通常是指组建联盟的企业能够促成、驾驭和管理各项联盟从而获得联盟收益的能力，强调关系治理和内部协调（Kale et al，2002）；而“国家/区域创新能力”则是指在一定的经济行政区域范围内，创新主体（主要是指企业、高校、科研机构）及相关创新主体（科技中介机构、金融机构及政府部门）运用区域范围内乃至来自区域之外的各种创新资源（主要有技术、信息、资金、人才等）从事知识创新、知识配置和共享、知识应用等活动中体现出来的整体能力（Riddel，2003）。由此可以看出，创新能力提升过程是在创新主体内部和外部的交互中实现的。然而，目前明确提出并界定“协同创新能力”这一概念的文献较少，且研究的时间较短，结合“协同创新”的投入产出观，协同创新能力被界定为在协同创新模式之上产生的协同创新行为导致出的协同产出结果或成果，这些成果是由不同创新主体通过协作产生的价值增长，既可体现为原有成果项目上价值的增加，也体现在新生成果项目价值的创造上（贺玲，2013）。结合“协同创新”的过程观，协同创新能力则被界定为识别合作企业、交流沟通和内部协调的不断互动过程中所表现出来的组织能力，体现在从合作关系建立、执行到产生创新绩效的过程管理中，包括三个基本要素：一是为了创新开展合作的主动性，即是否比其他类似机构更先于发现合作伙伴并积极建立合作关系；二是关系治理，即采取各项措施与自身价值取向不同但目标一致的企业建立融洽关系；三是内部协调，即在创新目标的引导下组织内部的资源知识整合等活动（温珂等，2014）。

梳理了各种能力观的发展历程，可以总结出关于协同创新能力的几个要素：第一，协同创新能力的目标仍然是提高创新绩效，在动态环境中保持创新主体可持续的竞争优势；第二，协同创新能力的本质是对嵌于创新网络中的各类创新要素互动过程中的资源的掌控能力，如在创新网络中搜寻和选择创新资源、获取创新资源并集成、创造、利用创新资源的过程；第三，虽然创新能力理论起源于资源观，但协同创新能力并不等同于资源，而是和创新网络内部与外部获得的各类资源一起组成了创新主体协同创新绩效的决定因素，其中资源是绩效的线性决定因素，而能力是绩效的隐性决定因素（Forsman，2011）。在对各类创新能力进行梳理的基础上，接下来本书将深入地对国家重点实验室创新研究进行总结分析，并明确国家重点实验室协同创新能力的概念内涵。

2.4.2 创新能力与协同创新能力的影响因素

目前，对创新能力的影响因素研究同样是围绕宏观和微观两个层面展开的。

对于宏观层面的国家和区域创新能力而言，一个具有丰富的制度和分享技术知识的机制以及各机构与组织之间能保持合作对该经济体保持创新能力具有重要的意义（Nelson，1993）。Furman et al（2002）利用 17 个 OECD 国家 1973—1996 年的统计数据对一国的技术创新能力的主要影响因素进行了研究，认为国家创新能力主要受该国研发投入（包括人力资本在内）、制度和政策选择集合、知识存量、特定产业集群的程度和大学的研发投入的影响。Mei-Chih Hu & Mathews（2005）对亚洲四小龙（韩国、中国台湾、中国香港和新加坡）技术赶超国进行了实证研究，得出了基本类似的结论，此外还发现了政府和公共研发机构对创新能力的重要影响。除了制度影响因素以外，许多学者将各种创新资源的投入视作创新能力的重要影响因素。Riddel & Schwer（2003）通过对美国 52 个州和地区的实证分析研究发现，知识存量、工业研发投入、高技术和高学历人力资本数量是影响美国技术创新能力的主要因素。Patrick & Caroline（2004）对法国 1997—2000 年的数据进行回归分析的结果则表明，随着全球性知识流动与扩散，投入要素对产出的影响力在减弱。柳卸林（2001）对我国 30 个省、市、自治区的创新能力及其影响因素进行了定量测度，与 Furman et al（2002）一样采用了发明专利作为区域创新能力的测度指标，利用创新人力资源和财力资源作为创新投入要素，定量分析了不同投入要素对创新能力的影响。郭国峰等（2007）对中部 6 省的实证分析表明，科研机构、企业和制度因素对技术创新能力有明显的正向作用。孙斐等

（2010）以我国 31 个省、市、自治区自主创新投入和产出的面板数据为研究样本，证实了 R&D 人员全时当量、当地政府科技活动经费投入和科技活动经费支出与我国自主创新能力存在显著的正相关。对于微观的创新个体的创新能力而言，影响因素的研究多集中于组织规模、组织要素、技术特征、要素投入、技术学习、外部环境、政府宏观管理等方面。王一鸣（2004）总结了企业自主创新能力的外部影响因素（产业发展阶段、市场环境、技术链和创新链、国家创新体系、知识产权保护）和内部影响因素（盈利水平、投入能力、创新收益、创新人才、企业家精神等）。徐大可（2006）实证论证了影响企业自主创新能力的因素有知识积累、技术学习、R&D 活动等。危怀安等（2013b）通过实证研究得出了国家重点实验室自主创新能力的主要影响因素包括：实验室内部的自主创新模式和科研团队负责人把握学科前沿的能力；实验室运行管理层面的科研队伍的科学管理、科研团队负责人的遴选、中央财政的专项拨款、科研成果的学术水平和应用价值、崇尚创新的氛围和国家战略需求；实验室管理体制层面的与外部交流与合作、自主创新发展战略、主管部门与依托单位的政策倾斜与经费支持、科技部的发展方针与规划和实验室所在地的科研院所与高校质量。

总体来看，国内外有关国家和区域创新能力影响因素的文献主要关注创新环境、制度和具体的投入要素，而企业、科研机构创新能力的影响因素研究则重点关注这些创新主体自身的内部运行要素和外部管理要素。这为本书提取国家重点实验室协同创新能力的影响因素提供了理论参考。关于创新能力的影响要素，现已有了较多的实证研究，但针对协同创新能力开展的研究还非常稀少，协同创新能力影响因素的实证研究文献还未见到。与之相关的有协同创新过程和协同创新绩效的影响因素研究，主要的影响因素集中在组织内部要素、社会网络关系以及协同伙伴性质等方面，其中，关注的重点是各创新主体间的协同关系，这也从侧面证明了协同创新活动的网络化发展趋势。

在组织内部要素方面，陈劲等（2006）分别考察了组织的协同战略、内部要素和内部支撑环境三个层面对协同创新水平的影响。其中，内部要素包括灵活的组织结构、鼓励合作共享的组织文化、重视协同及协调能力强的组织成员；内部支撑环境主要由激励机制和协调机制构成；万幼清等（2007）研究发现知识基础存量、知识转移能力和知识的复杂性等因素是协同创新的主要影响因素。在社会网络关系方面，Persaud（2005）基于对 79 个单位的调查，实证分析了 R&D 单位的社会化和沟通对协同创新的影响；Daskalakis（2007）从创新网络入手，认为网络关系强度越大，企业越容易获取对自身有益的、高质量的信息和知识，其创新能力也就越强；水常青等（2004）对我国大中型工业企业进行实证研究发现，成员间的相互信任度、跨职能团队的组织和地理位置上的相互接近等是影响协同创新的主要因素；范太胜（2008）提出了影响产业集群协同创新的四个核心要素：信任合作、创新共生、协同氛围、价值联盟；吴青熹（2011）通过采集江苏省高科技企业数据实证研究发现，企业协同创新的实现建立在变革型领导、企业家社会资本和组织学习三个关键影响因素协同作用的基础上。实际上，协同伙伴性质的研究同样属于社会网络关系研究的一个分支，合作伙伴恰恰是各类网络关系连接的具体行动者，是网络关系的载体。Tsai & Wang（2009）证实了企业与竞争对手、供应商和客户、大学和科研机构之间的合作都对促进企业的协同创新有正面作用。危怀安（2014b）研究发现了协同伙伴存在异质性和互补性较强的特征。虽然这些研究成果指向的是协同创新过程或绩效的影响因素，但协同创新能力本身就是创新主体组织开展协同创新活动、获得协同效应、最大化协同绩效的一种能力，因此，以上研究对本书测量协同创新能力并研究其影响因素有重要的借鉴价值。

2.4.3 国家重点实验室协同创新能力

我国国家重点实验室自 1984 年组建以来取得了丰硕的创新成果，经过多年建设发展，已经成为我国开展基础研究和新技术研究的骨干基地，在科学前沿和解决国家重大需求问题方面做出了突出贡献，为推进知识创新体系、技术创新体系、国防科技创新体系、区域创新体系等国家创新体系建设发挥了重要作用。作为政府与依托单位协同共建的产物，其主管部门为政府部门，依托单位主要是高校、科研院所和企业，在多年的建设发展过程中已经形成了一套良好的与主管部门、依托单位的互动机制，有着较为丰富的合作经验，因而，国家重点实验室天然地具有嵌入创新网络中开展协同创新的优势。通过国内外文献检索发现，以国家重点实验室为研究“焦点”，直接研究其协同创新和协同创新能力的文献几乎没有，现有研究多集中于国家重点实验室的管理创新、科技创新方面。

早期对国家重点实验室的研究多集中于管理体制或机制创新。其管理体制公有化向私有化转变的问题是关注的重点。从政府所有、政府管理（GOGO）到政府所有、委托管理（GOCO）就被看成国家实验室私有化过程中的一种形式（David George，1993）。虽然政府管理和扶持实验室的作用受到关注（Dacey，1995），但政府委托大型公司管理联邦实验室的模式也被认为十分重要（Gover，1995）。由此可见，虽然在 20 世纪 90 年代并未有学者明确提出国家重点实验室协同创新的思想，但将完全由政府管理的国家重点实验室逐步推向市场、企业或专门机构的管理模式创新已经为后期的协同创新奠定了重要基础。更有学者指出，由不同部门管理的国家重点实验室应按照不同的管理机制运行。在美国，由政府直接管理的联邦实验室其人事管理完全按《政府机构与雇员法》的规定进行，委托其他机构管理的联邦实验室则接受其管理机构的人事管理办法。政府通过制定与国家实验室直接相关的机构法、授权法和各种专项法来保护其知识产权，维持其良好运作（Joseph，1996），甚至可以直接由最有实力的机构来对国家实验室进行管理，这意味着，国家实验室有可能由私人公司来管理（David Malakoff，2003），政府所有的国家实验室在管理权上可以私有化（Rainey et al，2004），甚至国家实验室和政府之间可以存在多种形式的竞合与管控关系（Westwick，2003）。

国家重点实验室的创新研究早期集中于对其创新特征和表现形式的总结与梳理（谢桂红等，2000），或是对其科技创新绩效进行客观评价（危怀安等，2005）。国家重点实验室创新能力则被界定为能够科学、客观地反映国家重点实验室在科学研究、创新人才培养、知识创新、技术开发过程等活动中所体现出的蕴含知识创新能力、人才创新能力及创新管理能力等多方位能力的综合创新能力，主要由知识创新能力、人才创新能力、创新管理能力构成（张琦等，2005）。这一创新能力的界定体现了国家重点实验室在创新过程中对知识、人才、管理等要素的综合运用，但局限于国家重点实验室组织内部的单一层面。危怀安等（2009）是国内较早关注国家重点实验室自主创新能力形成与演化问题的学者，提出了国家重点实验室自主创新能力形成与提升的分析框架，并分别从国家重点实验室科研团队管理、宏观管理等方面深入分析了国家重点实验室自主创新能力的形成与演化机理（危怀安，2012，2013c）。这些研究探明了提升国家重点实验室自主创新能力的方法和路径，为本书的研究奠定了基础，但是此类研究始终都是以单一国家重点实验室为研究对象，没有涉及实验室的合作创新问题。国家重点实验室协同创新的相关研究，散见于产学研合作研究中作为“科研机构”的一种代表形式被提及，如国家重点实验室与大学间的研发协同（Soderstrom et al，1985）、实验室与企业间的技术转移（Walsh，2002），专门研究国家重点实验室协同创新的文献尚未见到，国家重点实验室协同创新能力这一概念尚未被提及。

2.4.4 本节讨论与研究启示

能力的研究发源于资源理论，经历了最初的核心能力观、动态能力观和知识学习观，发展出了吸收观、整合观、集成观的创新能力和自主创新能力理论，再到近年研究的热门——基于网络观、系统观的协同创新能力理论，逐步体现出创新范式的开放化和网络化。因此，重点研究国家重点实验室的协同创新能力，更能体现国家重点实验室能力演变的战略主动性和对外部环境的动态适应性。虽然基于创新网络开展多主体、多维度、多层次的国家重点实验室协同创新研究还未开始，但以企业为主体开展的创新网络和协同创新的相关研究成果已比较丰富，这启发了本书的研究思路。更重要的是，从关于创新能力和协同创新能力文献的回顾中，可以判断出创新网络与协同创新能力之间存在着相关关系，这也为本书的研究提供了理论基础。

2.5 本章小结

不论是创新网络理论还是协同创新理论，都强调了创新要素间的互动和创新主体间的协同对创新能力提升的重要作用。其中，创新网络可以促进异质性资源的整合与流动，能更有效协同不同性质个体之间的关系，对协同创新活动的开展具有重要影响。然而，从研究范式来看，将组织内部创新网络和组织外部创新网络联结起来的研究明显不足，对组织内部创新网络的研究也明显偏少，这显然是不够的。正如 Parkhe（2006）呼吁的那样，应更多地对组织现象开展多层面的研究，而不是像目前组织内部创新与外部创新网络研究这样泾渭分明。具体而言，需要从以下几个方面进行深入研究。

（1）在创新网络的研究框架下，需要增加对创新主体特质的考虑

在现有关于创新网络与创新能力互动关系的研究中，鲜有对创新主体特质的讨论。研究企业的，都将企业视作一个“黑箱”，而不考虑其行业特性、战略目标、利益诉求等影响。同样，研究产、学、研三方合作的，也是将各方统一视作“黑箱”，只笼统地分析各方的主要外在表现，而不细究其内在特质。然而，创新主体在创新网络中开展协同创新，必定会因为个体特质的不同而造成资源条件的限制，从而影响其所属创新网络中的关系和结构，而这些网络关系与结构特征又将显著地影响协同创新能力的形成与提升。因此，需要将创新主体的“黑箱”打开，研究其内部特质以及组织内部创新网络的运行情况。

（2）在协同创新研究中，缺乏对协同创新能力的前因变量及其作用机理的研究

从创新网络理论和协同创新理论的解释来看，协同创新能力是在网络环境的客观推动和各创新主体的主动追求的共同作用下，自组织产生、自发形成并演进的。其形成过程仿佛与生态系统一样，是由一只看不见的手轻轻一挥，突然就自发地实现了进化、跃迁，产生了协同创新能力。但本书关心的是，在创新主体的内部网络和外部网络层面，是否有一些显著的影响因素是推动创新主体形成和提升协同创新能力的重要前因变量，这些影响因素究竟是如何作用才使协同创新能力得以提升。因此，本书将重点甄别国家重点实验室协同创新能力的前因变量是由哪些重要因素构成的。

（3）在创新网络中，需要认识组织内外部网络交互对协同创新能力的作用机理

首先，需要弄清楚的是，组织内外部网络是否存在，以及存在何种程度的交互作用。其次，这种交互作用对协同创新能力有何种影响。目前，这两个研究问题都罕有深入的回答，现有关于网络对能力的影响研究多是定性分析、案例分析，其影响程度和影响机理尚未得到清晰的阐述和验证，值得深入研究。

因此，本书将国家重点实验室内部创新网络与外部创新网络结合起来，构成了一个跨越组织边界的跨层次多维度创新网络研究范式，并更加深入地分析内部与外部之间的网络互动机制及其影响国家重点实验室协同创新能力的作用机理。

3 创新网络演化与协同创新能力提升的探索性案例研究

通过文献梳理和理论分析可知，创新主体组织内、外部创新网络对其协同创新能力有多维度、跨层次的影响。然而，内外创新网络对于协同创新能力的关键影响因素、作用机理还缺少系统性研究。本章将在上一章的理论基础上，针对此问题选择具有典型意义的案例，开展深入的探索性案例研究，梳理国家重点实验室创新网络在不同发展阶段的关系与结构特征，归纳各阶段协同创新的典型模式，总结协同创新能力随着创新网络的演化而逐步形成与提升的过程，为后文进一步提出研究的概念模型和假设提供基础框架。

3.1 案例研究方法与步骤

3.1.1 案例研究方法

案例研究是社会科学研究中一种重要的研究方法，与试验、问卷调查等其他社会科学研究方法相比，更有利于摆脱现有文献和过去经验的束缚，更适合应用于全新的社会研究领域以及构建新的理论框架（Eisenhardt，1989）。本书采用探索性案例研究主要基于以下考虑：一是本研究关注国家重点实验室的内、外部创新网络如何影响并推动国家重点实验室协同创新能力的形成与提升问题，是关于 How 和 Why 的问题，这正是案例研究法适合回答的问题（Yin，2003）；二是研究的问题不仅涉及现有研究成果比较丰富的组织外部创新网络，还涉及组织内部创新网络、网络节点（众多利益相关者）、创新资源要素的互动以及内外网络层次的互动，影响因素多、关系复杂、层次结构多维，而案例研究能够帮助本书获得丰富、详细和深入的信息，适合于对这种复杂、具体而又不太成熟的问题进行深入考察，既可以对已有的理论进行重新验证，也可能通过案例分析产生新的理论（Yin，2003）；三是学界有关协同创新能力的研究尚处在描述性阶段，鉴于文献中组织内外部网络交互作用以及跨层次研究的欠缺，也需要通过案例研究发现研究的主题和构建研究的基本理论框架。

根据研究目的不同，案例研究可以分为探索性、描述性、解释性和评价性四类，其中探索性案例研究的主要目的是寻找对事物的新洞察，或尝试用新的观点去评价现象，侧重于提出假设（Eisenhardt，1989；Yin，2003；孙海法等，2004），本书要探究的是国家重点实验室内、外部创新网络对国家重点实验室协同创新能力的影响机理，因而适用探索性案例研究。案例研究法既可以基于单案例研究，也可以基于多案例研究，单案例研究的主要目的是证实或证伪已有理论假设，并且用来分析一个管理情境中的独特现象。因此，单案例研究不适用于构建具有普遍意义的新理论框架。多案例研究能通过案例的重复支持研究的结论，从而提高研究的效度（Eisenhardt，1989）。在进行探索性案例研究时，应该基于多案例开展研究。在通过单个案例总结研究结论时，还要分析各个案例间的相同点和不同点，并在各个案例之间进行逻辑重复来验证从其他案例得出的结论（Yin，2003），从而提高研究结论的准确性和可靠性。

3.1.2 资料收集与分析

Eisenhardt（1989）指出案例研究有八个步骤：界定问题—选择案例—确定数据收集方法、设计测量工具—收集数据和即时分析—分析案例内及案例间数据—形成研究假设—与已有文献比较—形成报告。为提高案例研究的效率，本书前两章根据文献分析提出了理论基础，寻找了命题初始点——创新网络，并对问题进行了科学界定。同时，案例分析还需要提出初步的理论框架，从特定的视角和理论基础进行研究，而不是全面描述和概括（Yin，2003）。因此，本书在详细综述创新网络与协同创新理论的背景下，提出了案例研究的基本假设框架，然后进行案例选择、资料与数据收集、分析，意图理清创新网络与协同创新及协同创新能力之间关系与作用机制。进一步围绕这一假设进行分析探索，重点探讨各案例中的国家重点实验室的创新网络如何在不断扩展的创新视野和情景下实现扩张和演化，以及创新网络的演化对协同创新能力形成与提升的作用机制，并形成初始研究假设，为第 4 章提出正式的概念模型和理论假设做好前期研究的准备。

同时，案例研究的有效性很大程度上依赖于在理论指导下对资料的分析，因为案例研究通常采用“分析性概括”，而非“统计性概括”的方法（Yin，2003）。资料分析是案例研究的核心，也是最为复杂的部分。因此，本书首先选取内容分析法对案例进行逐个分析。案例揭示的内容主要包括：国家重点实验室的基本信息、其内部网络和外部网络的起源、发展和演化过程、各个过程的内外部网络特征、协同创新模式以及协同创新能力等主要研究构念。其次，通过审查案例资料与初步假设的匹配状况，作为接受或拒绝假设的依据（Eisenhardt & Graebner，2007）。最后，描绘案例的深层次结构，整合案例资料及理论命题来构建理论框架，为进一步研究提出理论假设所需要的经验证据提供支持。总体来看，本书探索性案例研究分析的方法、内容与目的见表3-1。

表3-1　**本书探索性案例研究分析的方法、内容与目的**

方法	内容	目的
时间序列	实验室内、外部创新网络按时间发展的各阶段脉络	理清实验室创新网络起源与发展的过程
环境分析	创新网络演化各阶段的主要外部环境	寻找外部环境调节变量的存在
典型分析	各个阶段的典型协同创新活动及成就	寻找创新网络与协同创新能力的关联性
过程分析	各阶段实验室的组织、行为、目标等调整过程	分析各变量间的关系
模式分析	各个阶段开展协同创新采用的主要模式	梳理协同模式、网络与能力的作用关系
特征分析	各阶段内、外部创新网络的主要特征	寻找协同创新能力主要的影响因子
对比分析	案例间横向对比	归纳共同点、总结不同点产生的本质原因
假设研究	结合案例的本质要素提出基本研究假设	为提出进一步研究假设提供依据和支持

3.1.3 典型案例选择与简介

本书的研究目标是揭示创新网络对国家重点实验室协同创新能力的影响机理。从网络嵌入理论的视角来看，国家重点实验室在创新网络中的行为无外乎受两类嵌入性的影响：一是关系性嵌入——网络节点间关系的强度、持续性、方向等对行动者的影响；二是结构性嵌入——创新网络中的结构、联系数量、异质性等因素对其行为及结果的影响（Granovetter，1985）。因此，在国家重点实验室创新网络的网络关系和网络结构交错影响下，本书主要从协同创新能力从无到有或从低到高的发展过程方面甄选重点目标案例。案例的选取并不是随机的，而是根据研究的目的仔细挑选的（Eisenhardt，1989）。选取了3个代表性的国内外国家（重点）实验室作为案例分析的对象，在研究领域上涉及物理、综合性科学、工程，协同对象涉及科研机构、高等院校、企业、政府、中介机构等。3个案例实验室的基本情况见表3-2。

表3-2　**选取案例实验室的基本情况**

案例编号	A	B	C
名称	卡文迪什实验室	布鲁克海文国家实验室	内燃机燃烧学国家重点实验室
成立时间	1871年	1947年	1987年
所属国家	英国	美国	中国
研究领域	物理	综合性科学	工程
主管部门	剑桥大学	美国能源部	教育部
依托单位	剑桥大学	石溪大学、布鲁克海文科学会	天津大学

案例A：卡文迪什实验室（Cavendish Laboratory）。19世纪

的欧洲，法国、德国和美国在应用科学、实验物理方面发展迅速，使得曾经是理论物理“领头羊”的英国相形见绌，甚至出现了“英国研究、美国应用”的笑谈。为了摆脱落后局面，英国政府确立了实验物理在英国科学研究中的地位。1871 年卡文迪什实验室的筹建，正是这一变革的产物。在卡文迪什实验室剑桥新址大门的石碑上写着“The works of the Lord are great，sought out of all them that have pleasure therein”，其意为“主的作为，精深博大，凡乐求者，皆有掘发”（阎康年，2000），显示出卡文迪什实验室有着广博的研究范围和充分的研究自由度。

卡文迪什实验室是近代科学史上第一个社会化和专业化的科学实验室。它是 20 世纪举世闻名的物理研究中心和剑桥学派的主力军，被誉为“世界物理学家圣地”、“培养人才的苗圃”和“诺贝尔奖摇篮”，其创新成果不胜枚举，代表性成就主要有：汤姆逊发现电子、卢瑟福发现元素人工嬗变、阿斯顿发明分离同位素的质谱仪、查德威克发现中子、布莱克特证实正电子存在、阿普尔顿发现电离层、布拉格父子发现 X 射线晶体干涉现象、沃森和克里克发现 DNA 双螺旋结构、约瑟夫森发现超导体隧道效应、赖尔发现射电天体和类星体以及休伊什发现脉冲星等（危怀安等，2013d）。该实验室平均每年发表在 Nature、Science 等国际顶尖级刊物上的物理类论文在 30 篇左右。到目前为止，已有 29 位实验室研究人员获得诺贝尔奖①。

案例 B：布鲁克海文国家实验室（Brookhaven National Laboratory，BNL）。布鲁克海文国家实验室是由大学联合会于 1946 年创立的一个多学科和多用途的实验室，用以向全国科学家提供大型而复杂的基础研究设施，进行核科学及有关科学的研究工作，是世界著名的大型多学科综合性科学研究基地。实验室

① ANON. Department of physics cavendish laboratory [EB/OL]. [2016-09-12]. http：//www.phy.cam.ac.uk/.

以基础研究和应用研究为主，研究领域涉及物理学、生物医学、环境科学和能源技术等多个方面。在物理学方面，其研究与开发能力在美国和世界科技领域都占有重要地位，被科学界誉为“诺贝尔物理学奖的摇篮”。

自成立以来，布鲁克海文国家实验室先后建造并运行了宇宙线级质子同步加速器（Cosmotron）、交变梯度同步加速器（AGS）、国家同步光源（NSLS）、相对论重离子对撞机（RHIC）等大型科学装置，拥有3台开展研究用的反应堆以及多种其他先进的研究装置。目前，布鲁克海文国家实验室共有近3 000名科学家、工程师和支持人员，他们同每年4 000多名来自世界各地的客座研究员一起，利用实验室拥有的大型前沿研究设施开展粒子物理、核物理、化学、生物学、医学、应用科学和先进技术等领域的研究，取得多项重大成果。[①]它开创了核技术、高能物理、化学和生命科学、纳米技术等多个研究领域，取得多项令世界瞩目的重大成果，先后约有10位相关的科学家获得诺贝尔奖（于彬，2005）。华裔学者杨振宁、李政道、丁肇中曾在该实验室工作。

案例C：内燃机燃烧学国家重点实验室（State Key Laboratory of engine combustion）。内燃机燃烧学国家重点实验室由原国家计委于1986年4月批准建立，并于1989年10月6日通过国家验收，是我国内燃机燃烧学科唯一的国家重点实验室。实验室研究方向瞄准内燃机燃烧过程及其优化控制、内燃机有害排放物的生成、对大气环境的影响及后处理技术、内燃机节能新技术及低碳动力装置、动力机械结构强度、振动、噪声及润滑技术、燃料与燃料燃烧基础理论。

实验室已成为国内公认的内燃机学科基础及应用基础研究、

① 现代物理知识编辑部.布鲁克海文国家实验室［J］. 现代物理知识，2013（3）：70.

高新技术研究的重要基地之一。以 2013 年为例，实验室承担了国家重大基础研究计划项目（973）11 项，863 计划项目 16 项，国家自然科学基金项目 33 项，国家级其他类项目 13 项，省部委课题 23 项，国际合作课题 6 项。仅 2013 年一年，实验室在国内外刊物上就发表了高水平论文 146 篇。其中，国内核心期刊 54 篇，国外期刊 92 篇，SCI 检索 91 篇，其中一区论文 18 篇，占 SCI 论文总数的 18.8%，EI 检索 138 篇。授权国家发明专利 28 项，获国家科技进步二等奖 1 项，天津市技术发明一等奖 1 项。20 多年来，实验室研发了数以百计的原始创新技术，创造了数以亿计的经济效益。例如，成功开发了我国首套具有自主知识产权的高压共轨电控喷油系统；开发的节能、清洁、智能化内燃机新技术为我国内燃机行业实现跨越式发展提供了技术支持。[①]实验室与多所国外著名高校和科研机构建立了紧密的科研合作关系，并通过人才流动、举办研讨会、共同完成科研项目、组建创新联盟、成立技术中心、创办联合实验室等多种形式开展协同创新。

3.2 创新网络演化与协同创新能力的提升过程

3.2.1 案例 A：创新网络“单中心-辐射式”演化与实验室协同创新能力提升

卡文迪什实验室自 1871 年成立至今，在 9 任实验室主任的领导下（见表 3-3），在现代科学发展中发挥了重要作用。实验室的重大发现不但打破了经典原子论的框架，改变了人类 2 000 多年的物质观，而且将观念的变革扩大到生命物质的遗传机理，奠定了电磁理论、气体导电理论、物质结构理论、X 射线晶体物

① 佚名．内燃机燃烧学国家重点实验室［EB/OL］．［2016-09-12］．http://tdjxxy.tju.edu.cn/maincn/nrjsys/nrj_nrjsysse.

理学、原子物理学、核物理学、分子生物学、射电天文学、表面物理学和凝聚态物理学的基础。140 多年来，卡文迪什实验室从内部协同到嵌入世界创新网络开展大规模的协同创新，取得了重要的创新成果，协同创新能力大幅提升。

表 3-3　　**1871 年至今卡文迪什实验室主任任职表**

任职阶段	实验室主任	任职阶段	实验室主任
1871—1879 年	麦克斯韦（James Clerk Maxell）	1954—1971 年	莫特（Nevill Francis Mott）
1879—1884 年	瑞利男爵（Lord Rayleigh）	1971—1982 年	派帕德（Alfred Brian Pippard）
1885—1919 年	汤姆逊（Joseph John Thomson）	1983—1995 年	爱德华兹（Sam Frederick Edwards）
1919—1937 年	卢瑟福（Ernest Rutherford）	1995 年至今	弗伦德（Richard Henry Friend）
1938—1953 年	布拉格（William Lawrence Bragg）		

资料来源：本书作者根据卡文迪什实验室网站内容（http：//www.phy.cam.ac.uk）整理。

卡文迪什实验室创新网络的“单中心-辐射式”演化描绘的是实验室最初以科学家的个人创新活动为中心，从个人社会关系出发实现辐射式演化，形成了实验室内部创新网络，网络逐渐向外扩张并进而发展为实验室内、外部创新网络交互的过程。在这一过程中，实验室的协同创新能力逐步增强。

（1）“单中心”的个人社会网络推动协同创新能力产生

建立之初，第一任实验室主任麦克斯韦就主张形成一个团结奋进的研究集体。他认为应该把卡文迪什实验室建成“将数学能力、实验方法和操作技巧结合起来，以指导和帮助一群热情观察者的劳动场所"[①]。而这一最初的"指导和帮助"关系，就是在父子等亲缘关系和师徒、同事等业缘关系构成的个人社会网络中展开的。

依托亲缘关系构成个人社会网络是创新网络最早期、最基础的形式，也是最容易自然而然产生协同创新的形式。以第五任实验室主任 W.L. 布拉格为例，他父亲亨利·布拉格（William Henry Bragg）是名物理学教授，很早就开始自制 X 射线管重复伦琴（W. C. Rontgen）实验。幼年的 W.L. 布拉格在一次骑车时左肘严重受伤，他的父亲就自己动手给儿子拍 X 光片检查伤势，这也正是 W.L. 布拉格与 X 射线的第一次结缘。1912 年至 1914 年，W.L. 布拉格和他的父亲一起完成了对一系列无机晶体结构的测定，研究成果在 1915 年以摘要的形式发表。利用 X 射线对晶体结构的研究使时年 25 岁的 W.L. 布拉格与父亲共同获得了 1915 年的诺贝尔物理学奖，成为历史上最年轻的诺贝尔奖得主（Phillips & Bragg，1979）。可见，基于亲缘关系形成的个人网络联结对协同创新能力的形成有巨大的推动作用。

如果说基于亲缘关系产生协同创新能力具有偶然性和不可复制性，那么以师徒、同事关系构成的业缘关系网络则起到了"批量生产"协同创新能力的典型作用。汤姆逊（J. J. Thomson）与卢瑟福（E. Rutherford），以及卢瑟福与他的学生间的创新关系网造就了众多诺贝尔奖获得者，就是具有代表意义的证明。汤姆逊本人于 1906 年获得诺贝尔物理学奖，在担任卡文迪什实验室主任后，在他的个人社会网络中诞生了 7 个诺贝尔奖获得者，其中有他的学生、同事和儿子：卢瑟福 1908 年获诺贝尔化学奖，W.L. 布拉格 1915 年获诺贝尔物理学奖，巴尔克拉（C.G. Barkla）因发现元素的受激 X 射线特征辐射而获 1917 年诺贝尔物

① 阎康年 . 卡文迪什实验室的发展 [J]. 科学技术与辩证法，1990（4）：33.

理学奖，阿斯顿（F.W.Aston）因发明质谱仪而荣获 1922 年诺贝尔化学奖，威尔逊（C.T.R.Wilson）因研究云室获 1927 年诺贝尔物理学奖，理查森（S.O.Richardson）因提出热离子辐射的理查森定理而荣获 1928 年诺贝尔物理学奖，J.J. 汤姆逊的儿子 G.P. 汤姆逊因发现电子衍射而荣获 1937 年诺贝尔物理学奖。

卢瑟福作为研究生进入卡文迪什实验室学习之前，就在研究无线电通信基础上自制发射器和电磁接收器，实现过障碍物收发距离 18.3 米的成绩，并发表过有独创性的论文。汤姆逊为他进一步实验创造便利条件，使卢瑟福在 1986 年取得了从剑桥中心的实验室至剑桥天文台之间 3.2 千米收发讯号的成功，随后汤姆逊又推荐他到皇家学会和大英科学促进年会上做报告（阎康年，2004）。这种基于业缘关系形成的个人社会网络关系是一种强关系，节点之间非常熟悉。汤姆逊对每个骨干研究人员的专长、兴趣、创造性、能力及品格都非常了解，才能将每个节点安排在合适的研究岗位上并为其充分发挥专长提供便利。

卢瑟福 1919 年接任卡文迪什实验室主任以后，以卢瑟福为“焦点”的个人社会网络逐渐扩大。许多年轻的研究生和来自各地的研究人员从卢瑟福本人及其社会网络之中，获得了大量有益的启发。有关原子核中存在中子的第一个假设就是卢瑟福最先提出来的。正是受卢瑟福中子假说的影响，卢瑟福的学生查德威克（J.Chadwick）经过了 12 年的反复试验才发现了中子。卢瑟福将其个人关系网络中的科研人员进行了合理配置：他让考克饶夫特（J.D.Cockeroft）和沃尔顿（E.T.S. Walton）共同研制加速器，最后两人合作发明了世界上第一台直流加速器而获得了 1951 年的诺贝尔奖；他支持阿普尔顿（E.V.Appleton）研究无线电通信而发现了电离层；推动布莱克特（P.M.S.Blackett）观测到核反应而获得 1948 年诺贝尔奖。布莱克特回顾自己在卡文迪什 30 年研究生涯时说道，“要感激卢瑟福使我开始了这样多产的研究，以及他持续给予的鼓励”（Blackett，1972）。

随着研究人员的流动，新的社会关系的加入使围绕卢瑟福个人形成的创新网络不断扩大，实验室的研究视角更加多元化，网络的弹性和稳健性增强。苏联人卡皮查（Пётр Леонидович Капица）研究低温工作，虽然跟卢瑟福时期实验室的研究方向迥异，但仍得到了卢瑟福高度重视，卡皮查因发现超流动性而获得了 1978 年诺贝尔奖。在卡皮查培养的学生中有一位中国人，即中国科学院院士张文裕教授，后来担任中国高能所所长，为中国高能物理事业的开辟发挥了重要作用（冯端，2008）。卢瑟福直接培养了 11 位诺贝尔奖获得者（包括离开卡文迪什后获得诺贝尔奖者），其中理论物理大师玻尔（N.H.D.Bohr）回到哥本哈根后创建了闻名于世的哥本哈根学派，为现代物理学做出了极为突出的贡献。

卢瑟福的继任者 W.L. 布拉格担任卡文迪什实验室主任以后，进一步扩大了个人社会网络的联系范围和强度。与前人不同的是，布拉格在任时期（1938—1953）发生了二战。二战是“小科学”时代向“大科学”时代转变的重要契机，整个科学研究的格局因战争的需要而发生了重要改变。此时，以布拉格个人社会关系为基础的创新网络开始向外衍生和扩张。他主动邀请研究专长符合实验室研究方向的学者来到实验室，并广泛利用自己的社会关系为研究者申请基金、撰写论文推荐信、提供研究助手等，为实验室引入了新的创新资源，进一步推动了实验室协同创新能力的提高，产生了大量的协同创新成果。

赖尔（M.Ryle）是物理学出身，战后被布拉格请到实验室研究微波，后来发明了“孔径综合”技术，获得了 1974 年的诺贝尔奖。从奥地利来的博士生皮鲁兹（M.F.Perutz）将 X 射线用于细胞大分子分析，布拉格利用自己的关系网络帮助他在很短的时间内申请到了洛克菲勒基金，并和皮鲁兹合作共同研究生物大分子结构，推动皮鲁兹获得了 1962 年的诺贝尔奖。布拉格又邀请善于使用计算机进行研究的肯德鲁（J.C.Kendrew）来到卡文迪什，并把他推荐给皮鲁兹。皮鲁兹与肯德鲁共同创立了把重原子引入蛋白质分子的分析方法和应用电子计算机处理衍射数据的方法[①]，他们因此获得了1962年的诺贝尔化学奖。克里克（F.H.C.Crick）在战后来到卡文迪什，布拉格安排他和沃森（J.D.Waston）合作研究DNA大分子的双螺旋结构，还帮他们绘制结构图形和申请经费，二人在1953年撰写《核酸的分子结构——脱氧核糖核酸的结构》一文向《自然》杂志投稿时，布拉格还专门写了一封有力的推荐信，这一切最终推动了划时代的发现——DNA双螺旋结构的建立（阎康年，1996）。以实验室主任为中心，在其个人社会网络之中产生的协同研究的辉煌成果，充分说明了实验室内部创新网络的发展对协同创新能力形成存在正向影响作用。创新能力强、有较高威望的科学家的个人社会网络吸纳了不同研究方向的创新个体，促进了研究领域的交叉、融合，产生了协同学的“共生效应”，将协同创新推向深入。同时，节点的不断增加、网络的不断扩张也造就了协同创新势如破竹的发展形势，使得实验室显现出人才辈出、硕果累累的代际传承局面。

这种亲缘、师徒和同事关系形成了以创新能力特别突出、关系资源特别丰富的实验室主任个人为中心的“单中心”内部创新网络（如图3-1所示）。其中，个人能力和社会关系影响整个网络运行的人物占据网络中心位置，用大的实心圆点表示，其他依托亲缘、师徒、同事关系而被吸纳到网络中来形成网络节点的个体的创新能力和对网络的控制能力相对网络中心而言稍弱，用小的实心圆点表示，创新网络中的关系主要是“强联系”，用网络图谱中的实线表示。“强联系”的关系主体之间具有相似的社会特征，有利于复杂信息的传递。与后期卡文迪什实验室外部创新

① 中国科学院自然科学史研究所近现代科学史研究室.二十世纪科学技术简史［M］.北京：科学出版社，1985：168-169.

网络中存在的弱联系不同，在早期基础物理、实验物理的创新研究过程中，高难度的、精炼的（fine-grained）、高质量的信息和默会知识（tacit knowledge）非强联系则不能获得。正是这种强联系促进了信任与合作，降低了隐性知识的学习风险，使单个研究者在这一创新网络中形成嵌入性联结。图 3-1 中的圆圈表示该阶段“单中心”网络影响的辐射范围。以实验室主任为中心的“单中心”创新网络通过信息共享、信任与共同解决问题等机制推动非独立知识和隐性知识的转化与传递，同时推动了每个节点自主创新和协同创新能力的成长。这种信息互动程度高、资源互惠情况好的高质量个人社会网络是实验室协同创新能力形成与发展的良好培养基，可以为实验室提供内部深化发展所需的创新资源，也为创新网络的外向衍生奠定了坚实基础，推动了卡文迪什实验室一百多年来的持续性创新。

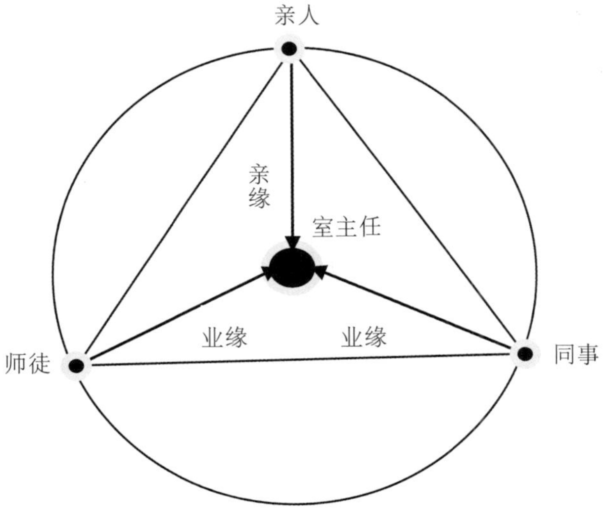

图 3-1 以实验室主任个人为中心的“单中心”创新网络

（2）内部创新网络促使协同创新能力提升

在早期，卡文迪什实验室的内部网络关系以围绕实验室主任形成的个人社会关系为主，网络结构十分简单——实验室主任是网络唯一的中心，其学生、助手和众多科学家依托师徒、同事等业缘关系紧紧地嵌入这些科研能力强、知人善任、社会资源丰富的实验室主任的个人社会网络之中，形成了高密度、高互惠性、低流动性、以“强联系”联结为主的小规模内部创新网络。此时，实验室主任的才能、威望是维持这种网络结构稳定的主要因素，这对实验室主任对网络和资源的控制能力提出了极高要求，此类网络一旦离开“焦点”人物就容易失效。这种关系强度和持久度高、网络规模和范围小的“强联系”创新网络，在提供默会知识的同时，也可能降低创新者的灵活性，产生一定的“锁入”效应，无法应对迅速变化的创新环境。卡文迪什的创新能力之所以能长盛不衰，还在于随着外部环境的变化而建立了多种类型的创新网络和协同关系。实验室内部不同研究部门、不同学科间亦构建了更大范围的内部创新网络，促使协同创新能力深入发展。实验室主要从以下两个方面积极推动了内部创新网络的构建。

第一，建立了大组分权研究体制。二战后，理论物理衍生出许多新的研究方向，研究人员也急剧增加。布拉格洞察这种趋势，及时在科研管理上进行了战略调整——采取大组分权管理，建立了六个研究组，分别是核物理组、射电天文学组、低温物理组、金属物理组、晶体物理组、分子生物学组，每个组由该研究方向上的学科带头人担任组长。这些大组自成体系，大组组长相当于小卡文迪什教授（室主任），他们有自己的辅助人员、设备、车间、管理制度等，还可根据情况在大组下再设几个小组。在分权的基础上，辅以适当的集中，各组共用一个大的公共仪器车间，财务和大组组长由室主任任命并统一管理。这样，不同学科分工的研究大组构建了实验室内部新的创新网络，这些大组本身就是围绕某个领域内最优秀的专家形成的创新子网，子网内部同样具有协同创新能力。大组间的合作机制则在实验室内部实现了知识和资源的快速无障碍流动，促进了学科的交叉创新。在由大组组成的内部创新网络中，量子力学、分子遗传学、晶体物理学、有机化学和X射线衍射技术等研究领域相互交叉与渗透，进而催生出了分子物理学。发现DNA双螺旋结构的沃森曾回忆说："布拉格让多纳休（化学家）、克里克（物理学家）、彼得（化学家鲍林之子）和我共同使用一个办公室，竟然带来预想不到的好处，这点是非常明显的，我们彼此心照不宣"（詹姆斯·沃森，2001）。

第二，为不同研究领域的科学人员创建了自由沟通的非正式交流渠道。一个领域的创新往往与相邻领域的发展有着千丝万缕的联系，各学科边缘的交叉领域是滋生新思想、新观念、新方法、新发现的沃土。诺贝尔奖史上获奖项目中有1/3以上属于学科交叉领域，并且呈现上升趋势（宋琳等，2012）。汤姆逊首创了每天下午进行的"茶时漫谈会"（Tea Time），漫谈的内容从科学研究到文化地理、风土人情、新闻趣事，无所不包，不同观点与见解互相碰撞，智慧的火花时常迸发，合作的愿望在共同志趣的基础上得以建立，诱发出创造性的萌芽，许多重要的学术思想和观念由此产生。此外，汤姆逊于1893年将研讨班制（Seminar）发展成固定的形式——卡文迪什物理学会，介绍与讨论国内外的新发现和新动态，对活跃实验室的学术气氛及其迅速发展起到了很大作用（夏代云等，2010）。正是在卡文迪什物理学会上，汤姆逊及时向全体成员宣读并解释了伦琴的论文，推动了X射线用于气体放电的研究，开辟了原子物理学的黄金领域。卡皮查发动并组织了"科学俱乐部"，每周二定期聚会交流和分享工作中的问题和体会，为实验室内部创新网络搭建了信息和知识流动的平台。查德威克做了有关铍辐射的实验，但对中子的存在还没有完全把握，他在"科学俱乐部"把实验的情况和自己的想法向大家说出来，一群思想活跃的同事七嘴八舌地议论了一个多小时，使查德威克的结论迅速由"中子可能存在"转变为"中子肯定存在"（黄炳线，2005）；核势垒隧道效应理论在"科学俱乐部”学术讨论会上经介绍和讨论后，就形成了发明加速器的初步想法，促成了第一台 60 万伏高倍压加速器的发明（阎康年，1996）。此外，元旦聚餐会、晚餐谈心等同样是促进思想碰撞的非正式交流渠道，如“质子”这个词就是在晚餐谈心中讨论出来的。这些沟通与交流的平台自然地营造了跨学科的内部创新网络，协同创新变得更加自然、频繁和深入。由此可见，除了实验室内部各部门、各组织间的正式合作以外，非正式关系同样能促进协同创新能力的提升。

与围绕实验室主任形成的个人社会网络不同的是，实验室内部创新网络不再仅以某个具有特殊科研或管理才能的人（室主任）为核心，而是形成了按照学科领域（大组）划分的众多节点（如图 3-2 所示）。实验室主任的中心度较之“单中心”网络有所弱化，各个节点对网络的控制能力、获得及应用网络资源的能力得以增强。

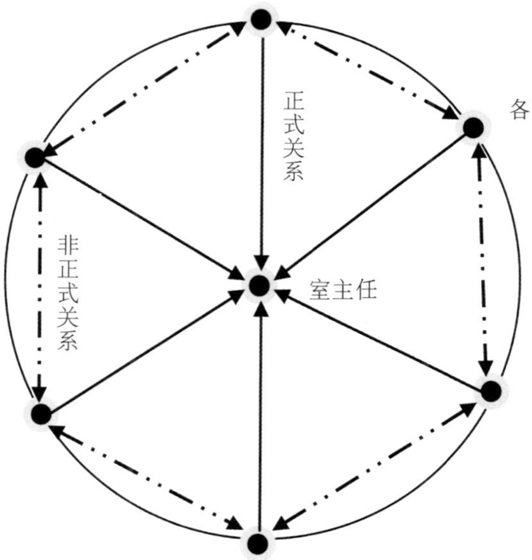

图 3-2 “单中心”个人社会网络向实验室内部创新网络演化

在这一内部创新网络中，节点间科研能力相当而又彼此联系、相互促进。网络的联结不再仅仅是基于个人社会关系的“强联系”，而是以非正式关系为主的“弱联系”，用网络图谱中的虚线表示。正如 Granovetter（1973）在其发表的著名论文《弱联系的力量》中提出的，强联系每周接触至少两次以上，弱联系每周接触少于两次，但每年不少于一次。在传递信息、知识等资源的过程中，网络中的弱联系更起作用。以实验室主任为“焦点”，基于亲缘或业缘关系形成的创新网络中的行为主体彼此之间已经非常了解，知识结构、经验、背景等很相似，因而网络交流过程中难以带来新的知识与信息。而弱联系的行为主体（各研究大组）由于研究领域迥异，各领域之间存在着较大差异，可以传递较为新鲜和异质的知识和信息，这对处在网络环境中的活动主体更具有价值，能将看似孤立却又有内在联系的学科、人员进行重新整合，形成合力，使每个学者的智慧和创造力在知识快速流动和滋生的网络环境中最大化地发挥。各个节点之间形成的创新因果链是双向的网络回路，表现出交替因果性：一个节点的信息会刺激其他所有节点成员的联想相继发生，一个联想在网络中交叉传递后常常可以变成几个或十几个思想，这些思想又会返回影响初始节点的研究，从而实现不同思想，不同创意的相互启发，超越单个节点成员知识和思路的局限，达到敞开联想、增殖信息、放大智能的目的，形成了协同创新的乘数效应，实验室协同创新能力较个人创新网络时期大大增强。

（3）内部网络向外部网络辐射引导协同创新能力扩张

内部创新网络在实验室各个研究大组、研究人员之间提供了各种正式与非正式交流的机会，保障了重要的隐性知识或火花般闪现的创意的自由流动，搭起了协同创新的桥梁。然而，实验室内部流动的创新资源与外部不同组织拥有的创新资源相比，同质性仍然太高，如果完全故步自封地局限于内部创新网络的运作，必然无法适应迅速变化的国际创新环境。同时，在经济全球化的背景下，创新机构间的竞争压力加大，科学研发费用日益增加，实验室从内部创新网络向外部创新网络扩张，也是应对内部创新资源趋紧的必然选择。内部网络不断向外辐射、扩张，吸收新的节点，推动了外部创新网络的建立，使得卡文迪什这样一个以基础研究见长的学术机构，在保持基础研究优势的同时，适应了市场变化的需要，拓展了应用性、开发性的研究工作，实现了科研创新与技术创新的良好衔接。

首先，实验室继续加大与外部的人员交流力度。除了精干得力的科研骨干班子始终保持在 10 ~ 50 人以外，实验室吸收几倍至几十倍的流动研究队伍。流动研究人员往往是根据工作需要短期聘任或者带着基金来参加研究（陈艾华等，2012）。莫特则是卡文迪什历史上第一个请外国科研机构的专家来做客座研究教授的实验室主任。1967 年，为深入开展非晶型半导体研究，他邀请在这方面已著先鞭的美国贝尔实验室著名凝聚态理论物理学家安德森（P.W.Anderson）来卡文迪什做了 1 年的合作研究，并给研究生讲学。自 1967 年之后的 8 年，安德森每年有 6 个月留在卡文迪什实验室。莫特和安德森的合作研究揭开了非晶型半导体的神秘面纱，他们也因此一同获得了诺贝尔奖。安德森的讲学则启发了研究生约瑟夫森（B.D.Joshson）提出了半导体隧道效应的猜想，并获得了 1973 年诺贝尔奖。

保持内部创新网络的人员交流、实现内外部人才流动、鼓励学科交叉研究已经成为卡文迪什实验室的优良传统。随着实验室内部协同创新能力的增强，内部网络开始向实验室外部最邻近的剑桥大学辐射。卡文迪什在 20 世纪 80 年代后期成立的超导研究中心到 20 世纪末已建设成为了专门的交叉学科研究中心供剑桥大学研究人员使用；同时，实验室广泛开展与剑桥其他院系的合作研究，与化学部、材料科学与冶金部、天文学院、生物科学学院、临床医学部和能源部保持了长期合作研发的良好关系。二战后，随着产学研合作在世界范围内广泛开展，卡文迪什敏锐地意识到，实验室的科学创新能否拥有较长的生命力，与实验室是否同各类高科技企业及研究机构开展合作有着密切关系。同时他们也意识到，高科技产业界将是他们获得研究经费的一个重要来源。基于以上原因，卡文迪什实验室对待外部创新伙伴的态度更加积极，其代表性事件就是“莫特报告”的发表。根据莫特的提议，剑桥大学决定创立大学科学园。1973 年剑桥大学科学园正式建成，第一个入驻的就是由卡文迪什实验室的研究员建立的激光扫描公司。在 1970—1979 短短 10 年时间里，剑桥周围就出现了 100 多家高技术企业，这一数字在 1980—1984 的 5 年间又翻了一倍。到 1999 年年末，创新型企业的数量已经达到了 959 个，到 2008 年，创新型企业的数量达到了 1 400 多家（范硕，2010），科学园平均每年的国民生产总值增长率达 6.3%（马兰等，2004），形成了举世瞩目的“剑桥现象”（如图 3-3 所示）。

卡文迪什的外部创新网络中，还首次增加了金融机构这一重要节点，为其提供了资金援助，拓展了新的交流渠道。1979 年，巴克莱银行组织成立了“剑桥技术协会”，在协会上邀请顶尖专家就与高技术公司相关的重大问题做报告，同时使大学、实验室与企业之间获得了交往的机会，促进了各方加强合作和互助支援。

在“莫特报告”发表之前的卡文迪什实验室虽然有外部合作，但是这些合作是零星开展的，以购买仪器设备、项目合作研究为主要模式，而“莫特报告”的发表则标志着卡文迪什实验室真正嵌入外部创新网络，正式与高校、研究机构、高科技企业、金融机构等开展协同创新，协同创新能力显著提高，这使其随后在识别并开发新的合作伙伴、开创新的研究领域和协同创新研究成果的转化方面取得了巨大的成功。到爱德华兹时期，日本日立

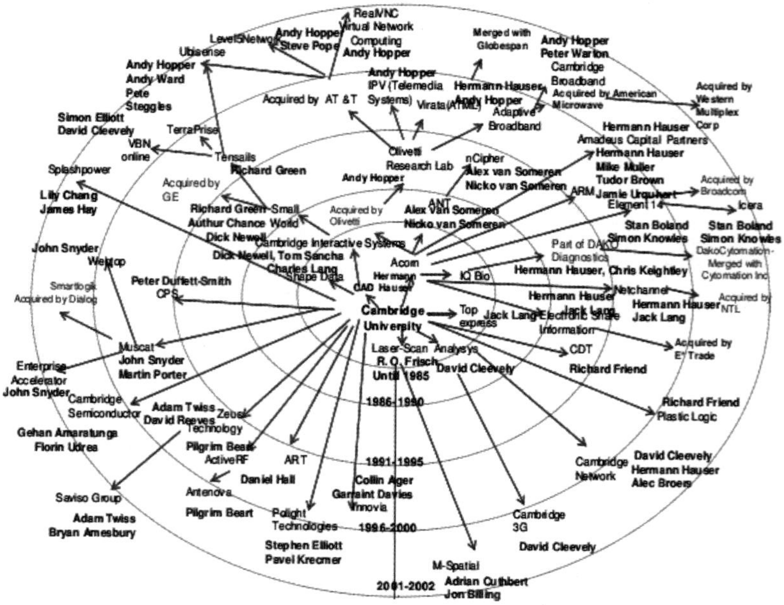

图 3-3 剑桥大学的衍生企业

资料来源：MYINT Y M，VYAKARNAM S，NEW M J. The effect of social capital in new venture creation：the cambridge high- technology cluster [J]. Journal of Strategic Change，2005，14（3）：165-177.

公司和卡文迪什实验室合资建设了微电子中心大楼，开创了卡文迪什实验室历史上外国公司投资合建的先例，协同创新的重点在微电子领域，造就了 1993 年第一个单电子存储的论证以及 1995 年第一个单电子逻辑的论证，其科研成果通过三家学术成果转化公司实现了商业化（范旭等，2014）。1991 年，在卡文迪什实验室半导体物理研究组前组长派帕教授的指导下，与日本东芝公司创建的合作研究实验室建立，实验室研究人员发表了超过 200 篇合作论文，其中很大一部分论文发表于《科学》、《自然》和《物理评论快报》中。

除企业外，卡文迪什实验室同样重视与科研机构的合作关系。与韩国科学技术院合作，在剑桥大学建立了卡文迪什-韩国科学研究院研究合作办公室，同时在韩国成立了卡文迪什-韩国科学技术院研究合作中心。双方保持着长期稳定的合作关系，在生物物理学、毫微电子学、光电子学以及自旋电子学领域展开了深入合作，并通过交流访问、开展讲座、研讨会等实现合作形式的多样化。

与内部创新网络的“强联系”不同，实验室外部创新网络之间关系以“弱联系”为主，这些“弱联系”的行动者与卡文迪什实验室存在较大差异，可以传递较为新鲜、异质的信息和知识，而这种新鲜、异质信息和知识对处在网络环境中的活动主体更具有价值（Granovetter，1973），能够提高创新网络中互动内容的广度，保持网络关系动态演进的弹性，增加组织的灵活性（Kraatz，1998）。

由此可见，在创新市场剧烈变动、知识技术环境快速发展的影响下，卡文迪什实验室实现了内部创新网络向外部创新网络的辐射，网络规模不断扩大，节点成员异质性增加，并最终成功构建了“室-校-研-企-金”内外部交互的创新网络（如图 3-4 所示）。在这一创新网络中，实验室与协同伙伴间的资源投入和共享程度高，合作历时持久、程度深入、关系稳定，学习氛围浓厚，知识获取效率高。这一创新网络推动了理论物理知识与应用物理技术的有效转移及商品化。卡文迪什实验室经历了由内部自主创新、小范围合作向外部协同创新、深度合作的发展路径，协同创新能力显著提高，协同创新产出不断增加。

在这一过程中，各类创新者（研究机构、企业、金融机构）都成了创新网络的节点，而创意、风险资金、人力资源，以及创新所需的各种信息、知识、技术和实验条件都被集中在这一网络之中，可以借助各种正式或非正式的网络联系自由地碰撞和相互选择，为协同创新的出现、发展和扩散创造了得天独厚的土壤。在这种创新网络中，既有实验室自身科研人员业缘关系维持的合

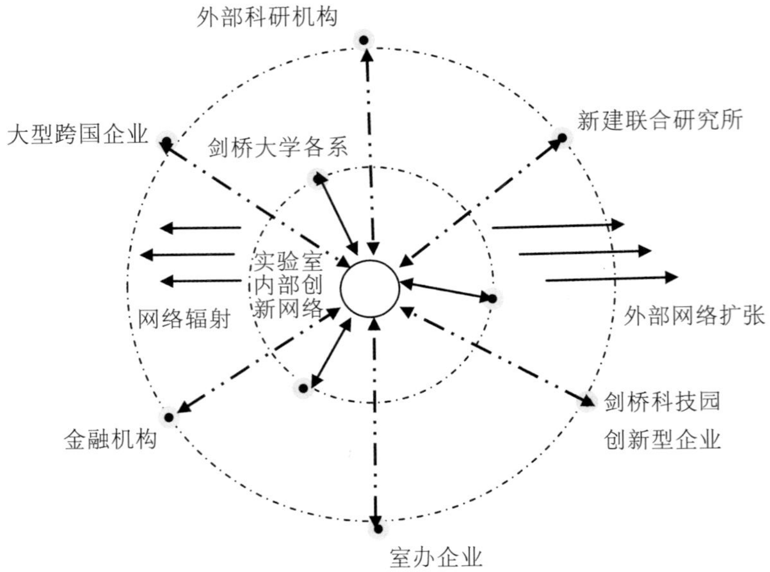

图 3-4 实验室内部创新网络向外部创新网络演化

作研究，也有内部创新网络推动的不同研究领域、不同学科间的交叉合作研究，还有在外部创新网络中发生的与外来学者、大学的不同院系、企业、其他研究机构和金融机构的合作。从创新网络载体的形式上看，既有非正式的“交流会”“俱乐部”，也有大学科技园、企业（科研机构）共建实验室等。内、外部创新网络的互动和衍生促进了各类创新资源的聚集和利用，实现了各类创新主体与创新要素的优势互补，形成了互利共赢的协同效应，提升了卡文迪什实验室的协同创新能力。正如诺贝尔物理奖获得者P.W.安德森所说，“尽管科学中心从英国转向德国，又由德国转到美国，但是英国的科学却一直处于世界中心地位”（阎康年，1999）。卡文迪什实验室不断创造物理“奇迹”的发展历史，正是创新网络由内而外，由个人到组织，由简单到复杂，由单纯的“强联系”的内部网络到“强联系”和“弱联系”并存的外部创新网络的发展历史，也是在内、外部创新网络中协同创新能力形成与不断提升的历史。

3.2.2 案例B：创新网络“多极化-渗透式”演化与实验室协同创新能力提升

布鲁克海文实验室隶属于美国能源部，最初由“大学联合会”创办成立，目前由纽约州立石溪大学和Battelle成立的公司——布鲁克海文科学学会负责管理，实验室年度研究经费超过4亿美元。经过60余年的发展，布鲁克海文实验室拥有高通量中子束反应堆（High Flux Beam Reactor，HFBR），交变梯度同步加速器（Alternating Gradient Synchrotron，AGS），质子同步加速器（Cosmotron），相对论重离子对撞机（Relativistic Heavy Ion Collider，RHIC），同步辐射光源（National Synchrotron Light Source，NSLS）Ⅰ、Ⅱ，深紫外自由电子激光（Deep Ultra-violet Free Electron Laser，DUV-FEL），扫描透射电镜（Scanning Transmission Electron Microscope，STEM）等大批大型仪器和设备；开创了核技术、高能物理、纳米技术、生物、化学、医学、材料科学、环境科学、能源科学和技术等多个领域的研究。大科学装置群的强大支撑能力和多学科交叉的环境，使布鲁克海文实验室在发展新型、边缘科学和突破重大新技术研究方面具有强大的能力，成为著名的大型综合性科学研究基地。

与依托于剑桥大学建立的卡文迪什实验室不同，二战后由九所大学组成的“大学联合会”发起创立的布鲁克海文实验室本身就是协同的产物。实验室在成立之初就不是孤立的封闭式创新个体，它肩负着战后美国能源部的政治使命和开创“大科学”时代开放式创新模式的历史使命。在成立伊始，布鲁克海文实验室就已经嵌入创新网络之中，与组成“大学联合会”的著名大学现成的创新网络相互联合、相互渗透。凭借其原生优势，布鲁克海文实验室创新网络迅速建立并扩张，形成了资源共享、风险共担、利益分摊的外部创新网络。实验室与多个创新组织形成了各种形式的合作关系，并向这些网络节点提供大科学装置供其研究使用，在创新网络逐步向其他创新主体渗透的过程中，协同创新能力快速提高。随后，在美国联邦政府对世界创新格局必将向集成性、协同性创新发展的预判下，由能源部主导干预，将布鲁克海文实验室和其他重要的国家实验室进行联结，将能源部科学办公室下属的各实验室纳入更高层次的国家创新网络，使各个实验室自身原有创新网络彼此联结，创新资源和创新要素在更宏观层面的创新网络中渗透、流动，扩大了布鲁克海文实验室以及其他国家实验室的影响范围，提升了各实验室的协同创新能力，并为未来协同创新能力的进一步提升预留了足够的资源和空间。

（1）“多极化”创新网络推动协同创新能力的形成

布鲁克海文实验室虽然隶属于美国能源部，但最初并不是由美国能源部发起组建，而是由九所大学组成的非营利性的大学联合会联合创办的。这九所大学分别是哥伦比亚大学、康奈尔大学、哈佛大学、约翰·霍普金斯大学、麻省理工学院、宾夕法尼亚大学、普林斯顿大学、罗切斯特大学和耶鲁大学，这些赫赫有名的大学历史悠久，创新能力极强，彼此间已经形成了较为成熟的创新网络。实验室的研究人员可到大学任教，大学教授也可到实验室临时任职，进行联合项目研究；或者由大学教授任实验室研究项目的顾问（封长俊等，1991）。因此，布鲁克海文实验室甚至可以看成著名大学创新网络中新增的一个节点。这使布鲁克海文实验室融合了这九所大学在相关领域内顶尖的研究力量，与各大学研究精英保持密切联系和无阻交换，同时又凝聚了九所大学和美国能源部的宏观管理资源，能充分运用九所大学和联邦政府能源部各方的经费、设备等资源进行科学研究。其协同创新能力的形成基础是任何单个的大学、实验室或其他研究机构无法企及的。由于实验室本身就是大学联合会创新网络的产物，在与

"政产学研用"各界协同合作、资源共享的问题上，布鲁克海文实验室也有着其他实验室没有的高度开放性。例如，在与产业界合作方面，实验室的所有用户设施均对产业界的研究人员开放。为解决产业界在技术上存在的问题，布鲁克海文实验室还派其研究人员到工业部门的实验室工作，传授知识和经验。此外，布鲁克海文实验室还专门成立了技术转让办公室，与大学联合会一道帮助商业实体从布鲁克海文取得技术转让许可证（封长俊等，1991）。

由此可见，与卡文迪什实验室成立之初"单打独斗"的自主创新不同，在布鲁克海文开展创新活动之初，就显现出强烈的"多极化"特征（如图 3-5 所示），享有丰富的人、财、物力资源，与网络中其他主体保持着利益关联和信息互通，使多学科知识迅速流动、融合，并逐步推动原有创新网络的扩大。也正因为如此，布鲁克海文实验室的协同创新能力在其成立之初便处在较高水平。

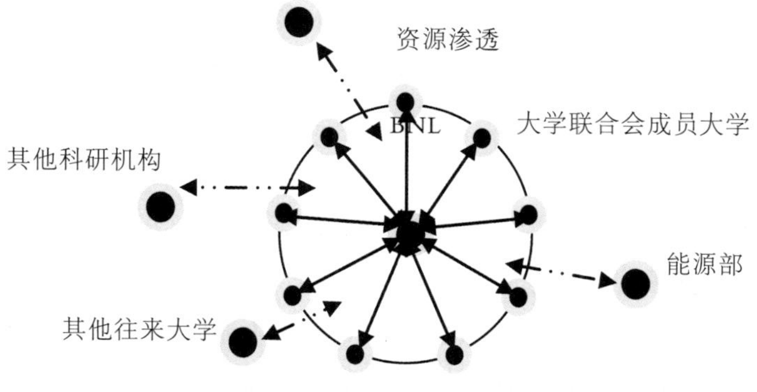

图 3-5 布鲁克海文实验室的"多极化"创新网络

（2）"渗透式"创新网络促成协同创新能力的飞跃

在联合会与联邦政府能源部联合管理下，在众多创新资源形成的协同合力的推动下，布鲁克海文实验室获得了高额经费，建立了一流的大科学装置群。大科学装置群的开放共享在 20 世纪

90 年代就吸引了世界各地著名的科学家以及每年大约 2 800 名来自各大学、工业和其他实验室的科研人员和大学生前来进行各种实验，随之产生了重要的创新成果（赵淑权等，1998）。仅利用 AGS 开展的物理实验中就有四项实验结果获得了诺贝尔物理学奖；美国国家航空航天局空间辐射研究实验室（NSRL）利用 AGS 引出的重离子束流开展了放射性生物学的研究，为美国航空航天技术创新做出了重要贡献；依托于 NSLS-Ⅰ的各种研究项目每年大约产出 650 篇论文；由能源部投入 1.84 亿美元资金建造、于 2012 年正式运行的 NSLS-Ⅱ所提供的各种能力的组合将在未来几十年内对美国主要的科学研究项目产生重大影响，这些研究项目涵盖了生命科学、材料科学、化学科学、纳米科学、地球科学等广泛的学科和研究领域。[①]

大科学装置群的共享使得布鲁克海文实验室的创新网络向世界各国的顶尖研究机构逐渐渗透，实现创新资源和信息的交换，此过程为实验室不断带来创新的新鲜血液。华裔学者李政道和杨振宁正是 1956 年在布鲁克海文工作期间成功地解释了在 Cosmotron 加速器上所做粒子衰变实验的结果，发现宇称守恒破坏而获得了 1957 年诺贝尔物理学奖；丁肇中则是 1974 年利用 AGS 加速器开展物理实验，与在 SLAC 加速器上开展实验的里克特同时发现粲夸克，获 1976 年诺贝尔物理学奖。美国伊利诺伊州芝加哥大学的克罗宁（James Cronin）和美国新泽西州普林斯顿大学的菲奇（Val Fitch）在 AGS 上开展物理实验，结果发现 CP 破缺，获得了 1980 年诺贝尔物理学奖。美国费米国家加速器实验室的莱德曼（Leon M.Lederman）、美国加利福尼亚州数字通路公司（Digital Pathways Inc）的施瓦茨（Melvin Schwartz）和瑞士日内瓦欧洲核子研究中心的斯坦博格（Jack Steinberger）

① ANON. Brookhaven National Laboratory [EB/OL]. [2016-09-12]. http://en.wikipedia.org/wiki/Brookhaven_National_Laboratory.

在布鲁克海文的 AGS 上开展物理实验中发现了 μ 子-中微子，获得了 1988 年诺贝尔物理学奖。由此可见，与卡文迪什实验室产生的诺贝尔奖完全不同的是，布鲁克海文实验室产生的诺贝尔奖并不完全是实验室自身的固定研究人员获得的奖励，而是世界各国、各研究机构的专家学者利用布鲁克海文实验室的大科学装置开展长期的物理实验获得的，这正是“大科学”时代创新所必须依赖的协同创新活动产生的巨大效应。

在大学联合会的联合建设支持作用下，布鲁克海文实验室在成立之初就成为创新网络的重要节点，而在能源部和各相关部门高额经费支持下建设的多个大科学装置群又成功地使布鲁克海文实验室的创新网络渗透入其他创新主体的自有网络，形成彼此交织的复杂网络。布鲁克海文实验室的网络位置则处在关系稠密地带，为网络中的其他实验室和研究机构提供信息和资源，并从网络中获取新的信息和资源。在这种渗透式创新网络中，布鲁克海文实验室掌握了信息优势和控制优势。其信息优势表现为：实验室能够获取来自多方面的非重复性信息，成为信息的集散中心，其获得的信息数量更多，内容更具体，时间更及时，可以创造出更多的获利机会。其控制优势表现为：实验室能主动利用信息优势将原来没有任何联系的各方联结在一起，在创新网络中占据了关键路径，可以决定各种资源的流动方向，从而获得对资源的配置与收益权，成为创新活动中的“第三人”——在无须投入大量的研发资源的情况下就能利用“第三人”的身份获得第三方额外收益，这为布鲁克海文实验室带来了大多数实验室无法涵盖的极广的学科范围和极大的研究体量，大幅提高了其协同创新能力。

在这种广泛渗透的创新网络中，实验室与创新能力特别强的创新节点组建了协同研究中心，包括功能性纳米材料、RIKEN、计算科学、成像与神经科学、辐射化学、分子科学光谱学、环境废物处理技术、国家核数据、加速器物理学等 9 大研究中心。这些研究中心是多学科或跨学科的，而“大科学”时代的研究正是需要从交叉学科中发现新的创新增长点，因此，在 20 世纪后期到 21 世纪初，布鲁克海文实验室获得诺贝尔奖的成就甚至超过了卡文迪什实验室。实验室从内部创新网络向外部创新网络的渗透，进而实现与国际化、全球化创新网络的接入与集成，为其注入了宝贵的创新资源；利用创新网络的多条链路向世界各国创新网络的渗透拓展了布鲁克海文实验室所获得的创新知识和资源的广度与深度，使其一直处于科学发现的前沿，成为新思想、新发展和新技术繁荣的源头，使其在发展新型、边缘科学和突破重大新技术方面具有强大的协同创新能力（如图 3-6 所示）。

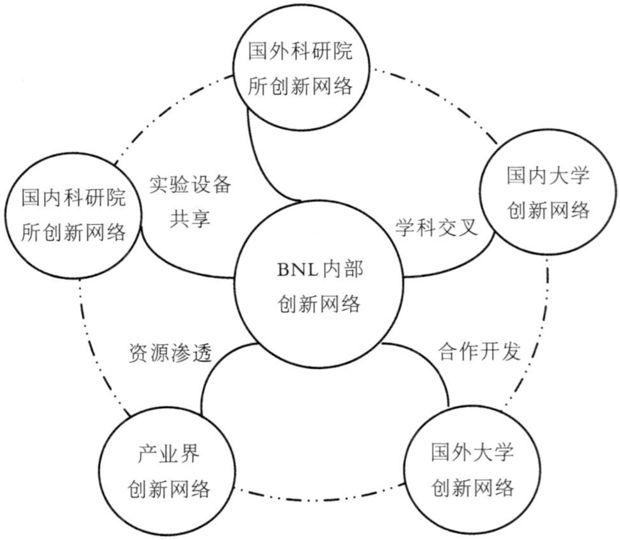

图 3-6 布鲁克海文实验室的“渗透式”创新网络

（3）“多极化-渗透式”网络的扩张与协同创新能力的拓展

20 世纪末至 21 世纪初，美国政府和能源部自上而下地介入，通过国家计划组织了协同目标更精确、网络规模更大、网络关系更密切的创新网络，进一步推动了实验室协同创新能力的发展。

随着“大科学”时代协同创新的深化，世界各国都开始对国家实验室进行新一轮的整合，美国政府更是走在了世界前列。一方面，美国政府建立了相关专项基金，努力改善各国家实验室的科研设施，如布鲁克海文实验室超过4亿美元的年度研究经费就主要来自能源部的项目经费（张明龙，2009）。另一方面，通过建立科技中心，加强国家实验室的协同创新力度。美国政府架构了一种新的国家实验室建设理念——“科技中心计划（STC）”，把具有共同研发目标、共同科研特色和伙伴关系的一系列或一组大学、科研机构、实验室共同组建成研究中心，重新整合相关科技资源，形成更大的跨部门、跨机构的研究中心。科技中心在更多具有创新实力的实验室等科研机构间实现了横向或纵向联结，形成高层次的创新网络，推动了宝贵的科技资源共享并消除了资源重复和冗余。

首先，能源部成立了以摩托罗拉公司前总裁盖尔文为首由工业界、学术界和公众代表共23人组成的民间独立调查组，对能源部国家实验室进行系统评审。经过一年的深入调查，调查组提出了著名的《盖尔文报告》，报告建议利用电子网络技术让能源部国家实验室实现电子联网，形成一个协调统一的实验室体系。各实验室仍在各州分头工作，但在计算机网络中却可形成虚拟的一体化，即通过计算机网络加强能源部和实验室以及实验室之间的沟通和交流，发挥各实验室的比较优势和力量，协同解决科研开发难题，避免课题重复（金炬，1996）。

布鲁克海文实验室纳入了能源部协调统一的实验室体系，其创新网络与其他国家实验室的创新网络发生了接触或联结，构成了更高层次和更广范围的协同创新网络。能源部共有28个下属实验室，其中规模最大、实力最强、在世界最负盛名的有阿贡国家实验室（AL）、布鲁克海文实验室（BNL）、洛斯阿拉莫斯国家实验室（LANL）、劳伦斯伯克利实验室（LBNL）、橡树岭国家实验室（ORNL）、杰弗逊国家加速器实验室（JNAF）。6所实验室的核心研究主要聚集在粒子物理、核物理学、加速器科学、凝聚态物理与材料科学等方面（王鹏等，2011）。由于这些实验室研究领域涉及的原子能、节能、可再生能源的理论和应用等学科存在横向或纵向联系，天然地具有跨学科协同作战的特点和优势，能够组建成一个协调统一的实验室体系。这一实验室体系在协同创新方面最典型的工作便是散裂中子源（Spallation Neutron Source，SNS）这一大科学装置的建造。

1999年，美国能源部在田纳西州橡树岭发起散裂中子源的建造，耗资14亿美元，建成后可为科学研究和工业发展提供世界上最强的脉冲中子束。在这一协同建造过程中，劳伦斯伯克利实验室负责设计和建造SNS的前端系统；洛斯阿拉莫斯实验室负责直线加速器；杰弗逊国家加速器实验室负责建造超导铌腔；布鲁克海文实验室负责建造累积环结构；橡树岭国家实验室负责设计和建造液体水银靶；阿贡实验室主要负责为SNS开发中子散射仪器，并与橡树岭实验室密切合作开发实验设备。经费方面，除了美国能源部的巨资投入，田纳西州也为橡树岭国家实验室和田纳西大学建立中子科学联合研究所（JINS）提供800万美元的经费，它将作为外部使用SNS和橡树岭实验室设备的接口和通道，为在此工作的学者和他们的国际同事们提供数据获取和分析能力。①

显然，凭借任何一所国家实验室自发产生的创新网络是无法形成这样大规模的协同关系的，只有政府自上而下地推动才能实现这种宏观层次的协同创新联结，充分利用能源部所属各大实验室最佳的技术诀窍和最新技术，充分发挥各实验室的人力和各种资源效度。同时，这一宏观层次的创新网络也具有高度开放性，

① 佚名 . ORNL的散裂中子源SNS［EB/OL］.［2016-09-12］http：//www.ihep.ac.cn/kejiyuandi/qianyan/040909-ORNL/ornl5-sanlie.htm.

这又将为各大实验室带来创新活动不可或缺的知识和智慧资源。在这一国家层面的大规模创新网络中，实验室、联邦政府和州政府、依托高校、相关企业分别提供资金、技术、信息、市场、知识等各种创新资源，同时为网络外部的其他研究机构和个人提供开放式的网络支持，使得网络具有极强的扩展性和兼容性，覆盖范围不断加大。在这种宏观创新网络中，不同的实验室可共享各自的网络节点，从而增大了彼此原有网络的节点数和资源流动的频率，各个实验室和其他创新主体的核心资源可以通过交错的宏观网络链路实现彼此间的渗透（如图 3-7 所示）。

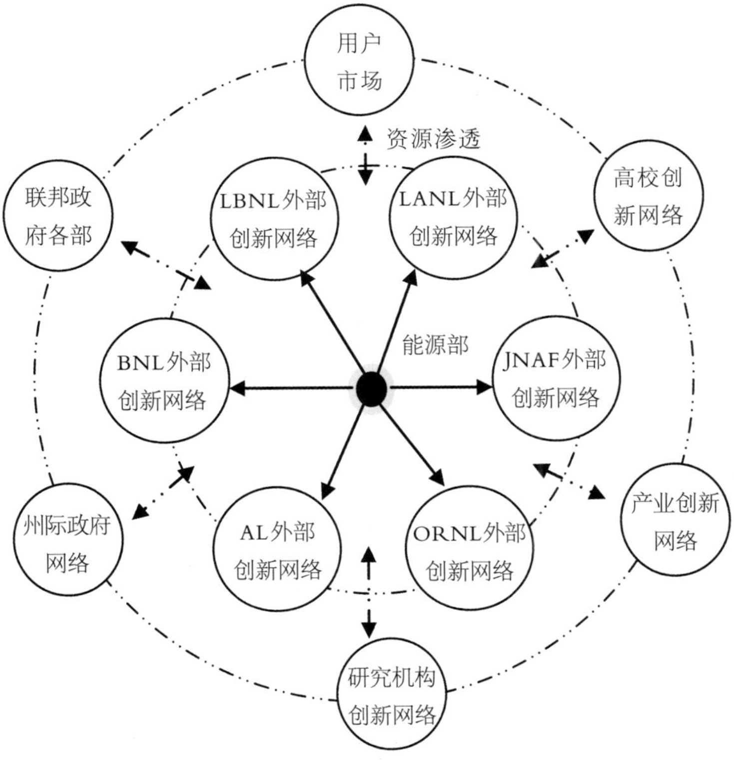

图 3-7　布鲁克海文实验室创新网络的扩张

在这种新的节点交互关系联结完成后，实验室可以根据自身需要对新的节点选择适当的维护方式，从而保证网络的动态稳定。国家层面的宏观创新网络增加了实验室的协同伙伴数目，加深了彼此间的熟悉和信任程度，从而增强了协同创新的合作内聚力，减小了协同创新的阻力，使协同创新能力有了质的飞跃。美国成为世界上 SCI 收录期刊和论文最多的国家、世界上拥有最多诺贝尔奖获得者的国家、世界上拥有最多发明专利的国家、世界上科技研发最活跃、世界上科技产出最丰富、世界上成果最先进的国家（曹镇东，2013）就绝非偶然。从布鲁克海文实验室的发展历程来看，美国各类国家实验室的深度协同合作正是实现美国国家战略能力和全球霸主地位的重要手段。

3.2.3 案例 C：创新网络“点线面-嵌入式”演化与实验室协同创新能力的提升

作为“基础研究的国家队”，我国的国家重点实验室起步较晚，是在仿效和学习美国国家实验室的基础上建立和发展起来的。20 世纪后期，在世界科技高速发展、国内经济的加快增长的背景下，我国急需打破基础研究整体实力弱、力量散、投入少的僵局。1984 年，由原国家计委牵头，科技部、教育部和中科院等部门共同开启了这一前瞻性的国家重点实验室建设战略计划。我国国家重点实验室的建设发展大致可分为三个阶段：1984—1993 年，国家利用科技三项经费投资 9.1 亿元，重点在基础理论研究方面进行布局；1991—1995 年，国家利用世界银行贷款，重点在应用基础研究领域进行布局；1998—2003 年，国务院机构改革，由科技部主管实验室的建设和管理工作。内燃机燃烧学国家重点实验就是我国建造的第一批国家重点实验室中的一员。同时，由于高校拥有深厚的文化底蕴、高水平的多学科设置和丰富的人才资源等独特优势，依托高校建设的国家重点实验室在整个实验室体系中一直居于关键地位。内燃机燃烧学国家重点实验室正是在天津大学已有的研究所和优势学科的基础上建立起来的。1952 年，天津大学在中国科学院学部委员史绍熙院士的领导下，在全国率先创办内燃机专业；1958 年，建立了内燃机研究室，后在 1964 年扩建为天津内燃研究所。研究所从 1980 年起，在柴油机燃用甲醇代用燃料的研究方面就取得了进展，其柴油机“复合式”燃烧系统 1982 年就获得过国家发明二等奖，在我国大量生产的 X105 系列柴油机上得到了应用。[①]因此，内燃机燃烧学国家重点实验室在 1986 年组织筹建时便集合了天津大学原有院、系、所的人员为基本力量，将科学研究与人才培养紧密结合。建设完成后实行科技部指导、教育部主管、天津大学共建的三方“共建共管”机制，具有良好的创新基础。

至今，内燃机燃烧学国家重点实验室的协同创新活动已经历了三个发展阶段。建立之初，实验室仅围绕某些创新需求所承载的项目开展协同研究，建立“点–线”式的协同创新模式。这一阶段协同创新的发生存在一定的偶然性，随着某些项目的产生而产生，又随着项目的完成而结束。随着协同项目的增多、长期合作项目的协同关系日趋成熟，实验室逐步面向领域类的创新需求建立相对稳定的产学研合作关系，实现“线–面”式协同创新发展。协同形式也从最初的开展小型项目合作、人才引进和输出交流、参与或举办研讨会等初级形式演变为开展大型的项目合作、与企业或研究单位组建小型的创新联盟等形式，与各类协同伙伴保持较为稳定的协同创新关系。在这一发展过程中，实验室的协同创新能力进一步增强，出现了更多异质性的合作伙伴，协同强度、久度和协同规模都进一步扩大，实验室逐步嵌入了国家战略层面的内燃机行业创新网络，以响应国家内燃机产业“节能减排”和“低碳排放”的战略需求、保证整个行业的健康发展为目标，逐步建立和发展了各种工程研究协同创新中心、联合实验室、产业内大型创新战略联盟，为协同创

① 佚名．天津大学内燃机燃烧学国家重点实验室简介［J］．自然科学进展，1991（2）：186–189.

新提供了稳定的载体和机制保障，使协同创新关系趋于稳定，协同创新能力实现高水平提升。

（1）“点–线”式创新网络与协同创新能力的出现

在内燃机燃烧学国家重点实验室成立之初，创新活动和创新成果的辐射区域较小，影响力不强，为产、学、研等其他创新主体提供创新资源的能力较弱。既无法像卡文迪什实验室那样以自身为中心向外辐射形成创新网络，也无法向布鲁克海文实验室那样成为原生创新网络的重要节点。因此，实验室主要以现有的设施设备和研究成果为基础，以人才引进和输出、参加研讨会议、与大学等研究机构和企业共同研发项目为主要形式开展协同活动，协同关系以由点及线的简单链接关系为主，完整意义上的创新网络尚未形成。

自 1986 筹建至 1990 年，实验室配备了在当时具有世界先进水平的仪器设备，如 AVL646 数字分析系统、DATAC–3 数据处理系统、BOSCH 和 HARTUIDGE 喷油泵试验台等。这些当时在国内内燃机研究领域内最为先进的仪器设备和良好的工作条件吸引来了一批高层次的科技专家和优秀的青年科技人员，其中还包括少数新西兰、美国和苏联的学者和从日本学成归国的博士。外部人才的引进为实验室带来了新的思想和研究方法。1986—1990 年，实验室共批准开放基金课题 31 项，其中有 11 个课题就是由客座人员独立研究或客座人员与固定人员共同研究并获得成果的。在人才输出方面，实验室同样实现了由点到线的协同。到 1990 年，实验室派出了 5 名中青年科技人员去英国、联邦德国、美国、挪威、日本深造，分别向 Texas 大学、Leeds 大学和巴黎第六大学派出了联合培养博士研究生，合作开展科研工作，[①]经中、美两国国家基金委员会批准，实验室与美国 Drexel

① 佚名．天津大学内燃机燃烧学国家重点实验室简介［J］．内燃机学报，1992（4）：386.

大学合作进行了题为“燃料性质及物理因素对发动机燃烧过程影响”的研究。

实验室对开展学术交流、研讨活动也极为重视。实验室每年邀请 3～4 名国外学术造诣深的教授和专家来实验室讲学和座谈；在 1987 年至 1988 年间组织了三次国内学术会议，并于 1989 年 6 月作为主办方在天津成功举办了第 18 届国际内燃机会议，有来自 22 个国家的 500 多位代表参会，其中外籍专家人数达 264 位。虽然这种形式仅能带来短期的、临时的交流伙伴，但在我国科研创新氛围还相对封闭保守的年代，已经使内燃机燃烧学国家重点实验室获得了更多的外部资源，实现了实验室与国内外内燃机研究领域内最顶尖学者的交流、最前沿知识的碰撞，促进了新知识的产生，也为后期开展长期稳定的协同创新提供了伙伴选择的基础，使协同关系“从无到有”，进而“由疏到密”。

除此之外，实验室还与国内一些工厂以项目共同研发的形式开展了协同合作，完成了许多与国民经济建设密切相关的研究课题。例如，与天津动力机厂合作进行 6130 型柴油机燃烧系统改进的研究，与中国第一汽车制造厂合作进行解放牌汽车汽油机燃烧系统改进的研究，与辽宁朝阳柴油机厂合作进行 6102 型柴油机性能提升的研究等。虽然与英美国家历史悠久、成果卓著的实验室相比，内燃机燃烧学国家重点实验室显得太年轻，但实验室积极开展协同创新，同样获得了较为丰富的成果。仅 1986—1990 年 5 年间，实验室就承担了国家基金委重大科研项目 2 项，国家“七五”攻关项目 4 项，国家自科基金项目 19 项，省市部委项目 18 项，发表论文 100 余篇，获得国家科技攻关奖 1 项，国家教委科技进步二等奖 1 项。

可见，在内燃机燃烧学国家重点实验室成立之初，协同创新主要是以联合开展项目研究和研讨会议交流为载体的，这能打开实验室研究的国际视野、快速提升其自身的创新能力，在较短时间内产生较多的创新成果。更重要的是，在实验室的创新实力还不足以构建创新网络或嵌入现有创新网络时，这是快速提升实验室的影响力、知名度和辐射范围的有效方式，为后期实验室加快协同创新进程，嵌入更大的协同创新网络奠定坚实基础。实验室与国内外的著名高校、研究机构和企业等创新节点逐一构建单线联系的合作关系，在这一协同关系的形成过程中，实验室与各个节点的关系是独立的，即分别与不同的节点形成联结关系，但尚没有足够的能力使不同的节点之间因为实验室的存在而产生新的联结（如图 3-8 所示），因而其创新网络呈现出“由点及线”的构建特点。在这一过程中，协同创新能力初步形成。

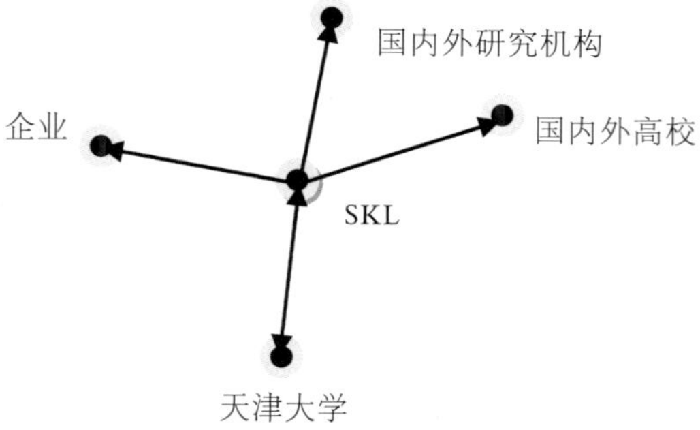

图 3-8 内燃机燃烧学国家重点实验室创新网络的“点-线”式起源

（2）创新网络的“线-面”式发展与协同创新能力的提高

与卡文迪什实验室瞄准的基础理论物理领域和布鲁克海文实验室瞄准的应用核能领域不同，内燃机燃烧学国家重点实验室的重点研究领域是寻求能源新的利用模式和提高能源利用率的方法，这既需要实验室拥有能源领域研究的前瞻性和开放性，也需要实验室拥有工程领域研究的实用性和经济性。其研究成果需要紧贴实际、切中要害，能转化成现实生产力，带来较大的社会效益和科技价值。因此，实验室将与内燃机相关企业的协同合作放在重要位置。

20 世纪 90 年代，我国摩托车的市场需求量不断增长，摩托车市场的竞争日益激烈，各生产企业都意识到只有技术领先的产品才能占领市场。但是，大多数摩托车生产企业并不具有自主研发的能力，非常需要技术支持。内燃机燃烧学国家重点实验室认识到这一点，于1995年建立了天津摩托车技术中心，利用实验室在创新研发上的优势为企业提供服务。天津摩托车技术中心在当时开发了小型内燃机自动测控系统，达到了自动控制、数字显示、计算机数据处理的较高水平，广泛应用于摩托车等小型动力生产企业，甚至销往中国台湾和东南亚等地区。国家有关摩托车的行业标准也是由天津摩托车技术中心组织专家制定的。实验室成立的天津摩托车技术中心一方面满足了企业在技术上的需求，另一方面又能把实验室的理论研究成果转化成为实际应用的资本，实现了应用技术的市场化。

2004年，实验室与德国英飞凌科技有限公司签署了“英飞凌-天津汽车电子联合实验室”建设的框架协议。英飞凌科技公司（以下简称“英飞凌”）于1999年在德国慕尼黑成立，其前身是西门子公司半导体事业部，它在汽车电子领域上保持着欧洲第一、世界第二的领先地位。根据该协议，英飞凌分别于2004年和2005年提供基本建设经费用于试验用房、办公设备、研发设备以及资料的购买。2005年，双方签订了“双缸摩托车电控管理系统ECU”的联合研究项目合同，英飞凌负责为该项目提供研究经费，仅一年时间就研发出具有国际先进水平的电喷摩托车ECU，随后开展了产业化推广。2006年，联合实验室正式挂牌宣布成立，英飞凌组建了一个由国内外知名专家学者组成的专家委员会，对联合实验室的应用研究提供咨询和指导等技术支持。通过共同建设，实验室建立了从系统仿真到整车匹配的电控系统完整研发平台。在这一阶段，以英飞凌投入资金、人才、产业技术，内燃机燃烧学国家重点实验室投入人才、平台和创新技术为主，双方以项目共同开发为主要的协同创新形式，虽有创新产出，但成果数量有限。另外，“英飞凌-天津汽车电子联合实验室”自身也尚未嵌入外部创新网络中形成创新节点，与外部其他创新组织开展协同合作的能力尚未形成。

2006 年，实验室成功申报成立了“教育部轻型动力工程研究中心”，重点开展燃烧控制、排放控制及代用燃料燃烧技术的开发研究。例如，与玉柴集团进行联合攻关，使其产品实现了从满足国Ⅰ到欧Ⅳ排放标准的持续跃升。实验室还建设了轻型动力产品先进设计技术平台、专项关键技术研究平台、高水平轻型动力检验与测试平台、先进测试仪器设备开发平台和标准技术研究平台，先后承担了 53 项国家及省部级科研课题，430 多项企业委托课题和大量行业检验测试项目，经费总额超过 1.6 亿元，获得省部级科技奖励 2 项，授权各类专利 102 件，牵头编制发布各类轻型动力标准 12 项。由此可见，轻型动力工程研究中心较天津摩托车技术中心在合作伙伴和协同创新内容方面又更进了一步，在研究领域上紧跟国家战略需求和行业标准，在更广的内燃机应用领域与更多的企业开展合作，获得的协同创新成果也更加显著，“点-线”式的协同创新模式随着“线段”链路的增多，逐渐形成了“由线到面”的小型创新网络。

2008 年，由内燃机燃烧学国家重点实验室发起申请的“内燃动力工程学科创新引智基地”获准立项。这是由实验室和英国拉夫堡大学、瑞典隆德大学、瑞典林学平大学、美国休斯敦高级研究中心、德国英飞凌科技公司共同参与建设的先进发动机控制合作研究基地。引智基地的建成使实验室与英国伦敦城市大学、英国 Brunel 大学、英国拉夫堡大学、英国伦敦大学、英国帝国理工学院、德国卡尔斯鲁厄大学、美国 Wisconsin-Madison 大学、美国加州大学伯克利分校、美国麻省理工学院（MIT）、美国密歇根大学、加拿大滑铁卢大学和韩国高等科技学院（KAIST）等建立了长期合作关系。引智基地每年还邀请 10 余位国际知名专家来实验室讲学，承办每两年一次的内燃机高效清洁燃烧国际会议。引智基地搭建了与国外著名高校及研究机构协同创新的平台，引进国际级大师，推动了实验室学科发展，极大地扩大了实验室的合作伙伴选择面。

随着合作伙伴数量不断增加，与合作伙伴的协同关系不断加深，创新成果给各方带来的收益也愈来愈显著，围绕着实验室逐步形成了由“线”到“面”的创新网络。在这一阶段，创新网络的载体主要是围绕特定类型企业成立的技术中心、研究中心、联合实验室，或围绕著名高校、科研机构建立创新平台等。创新网络的异质性较小——要么是与部分企业合作形成的产品应用研发网络，要么是与高校或研究机构形成的人才交流网络；创新网络的规模比较小——与其合作的企业数量和规模都还有成长的空间；实验室对创新网络还不具备足够的控制能力和影响能力，创新网络覆盖的创新节点还比较有限，尚不能使与之发生联系的各小型网络之间形成交集，没有推动不同类型网络的节点间形成协同关系，创新网络仍然处在形成期（如图 3-9 所示）。

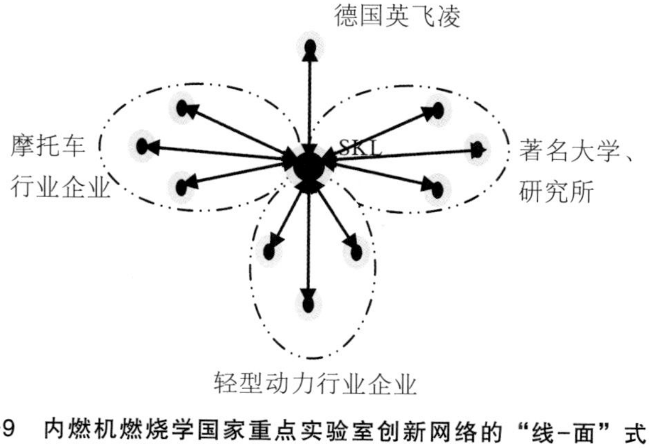

图 3-9 内燃机燃烧学国家重点实验室创新网络的“线-面”式发展

（3）外向嵌入高层级创新网络与协同创新能力的强化

在实验室前期建立的摩托车技术中心、英飞凌-天津汽车电子联合实验室、轻型动力工程研究中心、内燃动力工程学科创新引智基地的基础上，实验室形成了一批稳定合作的协同伙伴，协同创新能力在一个又一个项目开发、研讨会交流、科技成果转化的过程中不断提高。在协同效应作用下，实验室创新网络涵盖的节点愈来愈多，各网络节点间的互动愈加频繁，创新资源流动性和互惠性愈来愈好。战略联盟和协同创新中心的建立则标志着实验室嵌入了更大范围的创新网络之中，并在网络中占有重要地位，拥有资源的控制能力和协调能力。

类似英飞凌–天津汽车电子联合实验室这样前期组建的小型创新网络逐步成熟，实现了外部扩张，有了作为独立创新实体的生命力。2008—2012 年，该联合实验室与英、美、德和瑞典的 5 所知名大学、研究所和公司共同建立“先进发动机控制技术合作研究中心”，进一步增强了联合实验室的国际化水平和科研能力。联合实验室为国内一汽、奇瑞、福田等知名企业举办先进单片机技术培训，对国内企业的 ECU 控制技术的发展提供了有力的技术支持。2013 年，联合实验室开创了“先进发动机控制技术国际课程”，与 6 名海外专家合作，面向国内 150 多名研究生和工程师，讲授先进发动机控制理念，实现了知识在创新网络内的流动。同时，联合日本上智大学和韩国高等科技研究院，围绕人、车、路协同控制，启动中日韩国际合作研究。2013 年年底，基于英飞凌 32 位多核微处理器 Aurix 开发的 6 缸高压共轨柴油机电子控制单元（ECU）在实验室首次点火成功，标志着联合实验室开发的柴油发动机 ECU 已经由单核平台阶段成功切换到多核平台阶段，这也是英飞凌 Aurix 产品在亚太地区首次与本土合作伙伴成功应用的体现。由此可见，实验室的协同创新能力较上一阶段显著增强。

随着小规模创新网络向外部更高层次创新网络的扩展和嵌入，实验室在行业领域内“领头羊”的地位愈加凸显，创新战略联盟和协同创新中心在实验室的带领下组建起来。2010 年 5 月 8 日，内燃机燃烧学国家重点实验室牵头，组织上汽、东风、长安、奇瑞、吉利、天津一汽、潍柴、玉柴、中国一拖集团等 9 个汽车及发动机的优势企业，天津大学、清华大学、吉林大学、上海交通大学、同济大学、湖南大学和北京理工大学等 7 所大学，中国汽车研究院、中国汽车研究中心、兵器工业集团 70 所、天津内燃机研究所等 4 个研究所以及中国内燃机工业协会共 21 个单位组建了“节能环保内燃机产业技术创新战略联盟”，目标直指节能环保内燃机产业关键共性技术。[①]战略联盟针对我国内燃机产业节能减排的战略需求，整合了内燃机优势产业资源以及领先的大学和研究所等创新资源，通过联合开发、优势互补、利益共享、风险共担，开展关键共性技术攻关，突破产业发展技术瓶颈。例如，其成功开发了机动车尾气净化催化剂的关键材料及系统集成匹配技术，能降低由汽车尾气排放引起的 PM2.5 污染，已在无锡威孚力达催化净化器公司年产 300 万升的催化剂生产线上顺利实施，所生产的尾气净化催化剂已在奇瑞、吉利、华晨、福田等 12 个生产厂家的 115 个车型中得到配套应用。同时，实验室还提出了柴油机混合率与化学反应率协同控制理论与技术，与国际同步研制成功了满足欧 VI 排放商用柴油机样机，在新一代高效清洁柴油机燃烧技术上达到了国际先进水平。该技术在潍柴动力、广西玉柴以及天津雷沃动力的 25 种型号、40 万台重型车用柴油机上得到应用，新增利润数十亿元。战略联盟围绕产业技术创新链，实现企业、大学和科研机构等在战略层面有效结合，在网络中实现资源的高效流动与交互。这种成熟的创新网络能够不断向外生长，吸收更多的创新节点。创新网络将实验室的外部交易成本内部化，形成了一个协同合作的利益共同体，这种

① 祁晓玲 . 实现共性关键技术与核心技术的突破［N］. 中国工业报，2010-05-14（B03）.

利益共同体能更有效地嵌入国家创新系统这一宏观创新网络，促进科研成果及时转化为生产力。至此，内燃机燃烧学国家重点实验室已经成为我国内燃机领域研究方向最全、产学研结合最紧密的内燃机科研机构，其协同创新能力在我国发动机新技术领域发挥了不可替代的“牵引作用”。

为了进一步贯通技术链和产业链，促进新技术创新与应用，在创新战略联盟合作机制的基础上，实验室积极响应国家“2011 计划”建设协同创新中心的战略部署。2013 年 9 月，实验室召集了来自上海交通大学、北京理工大学、中国内燃机工业协会、中国汽车技术研究中心、北方发动机研究所、天津内燃机研究所、无锡油泵油嘴研究所、潍柴动力、玉柴机器、长安汽车、长城汽车、山东龙口油泵油嘴公司、辽宁新风燃油系统公司、寿光康跃增压器有限公司、湖南天雁增压器有限公司、四川中自尾气净化环保有限公司、无锡威孚力达环保有限公司的代表共同研讨内燃动力协同创新中心的培育与组建事宜。①实验室联合了陆军动力研究所、中德联合实验室等科研机构，依托天津大学、上海交通大学和北京理工大学这三所在协同内燃动力研究领域的著名高校的优势学科资源，凝聚了内燃机产业骨干发动机企业、骨干零部件企业研究院所、整机及零部件骨干企业的技术资源和市场需求，组建成立了“高效环保内燃动力协同创新中心”。该协同创新中心将高校、科研院所在基础共性技术问题方面的研发优势与企业在应用科学方面的特点有机结合，对保障我国的能源安全、打破国外厂商的技术垄断、提高整个国家创新体系的创新能力起到重要作用。显然，该协同创新中心作为一个完整、独立的创新网络，规模更大、开放性更高、节点成员异质性更强。在这一网络中，实验

① 佚名.天津大学召集专家研讨组建内燃动力协同创新中心［EB/OL］.［2016-09-12］. http://www.tju.edu.cn/2011/xtzxzy/xwgg/tpxw/201309/t20130929_177401.htm.

室获得了世界顶级内燃机研究机构的前沿科技资源，通过“学科融合”和“资源融合”，对科技成果的转化以及国家重大战略需求的满足起到直接作用。

在以战略联盟和协同创新中心为主要模式的创新网络中，内燃机燃烧学国家重点实验室2010—2014年累计投入协同科研经费超过5亿元，成功研发了10余款车用、军用和航空内燃机新技术产品，获国家自然科学奖1项、国家技术发明奖1项和科技进步奖2项，在我国内燃动力关键技术创新领域发挥了引领作用①，协同创新能力已趋成熟。创新战略联盟和协同创新中心的建立标志着内燃机燃烧学国家重点实验室真正嵌入了宏观层面上的内燃机行业创新网络。通过这个创新网络，实验室、高校、企业及其他相关科研机构真正联合在一起，实验室捏合和促进了其他产、学、研行动者之间联结的形成，从而实现了整个创新网络内资源在不同主体间的自由共享。其特点是：网络规模更大、结构更稳定、关系更紧密（如图3-10所示）。

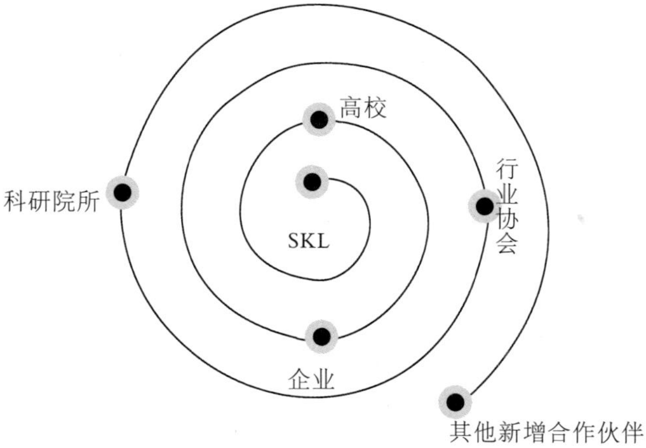

图3-10 实验室创新网络的“点线面-嵌入式”演化

① 佚名.内燃动力协同创新中心第一届理事会第二次会议在天津大学召开[EB/OL].[2016-09-12]. http://edu.ifeng.com/gaoxiao/detail_2014_01/20/33179142_0.shtml.

3.3 案例综合分析与讨论命题的提出

由以上案例可以看出，在“大科学”时代，国家重点实验室构建创新网络能实现各类创新资源的生产、传播、交换、增殖，推动不同创新主体间协同合作。这已经越来越成为推动科研创新、社会科技与经济发展的核心力量。受实验室创建初期所拥有的创新资源、社会关系、社会网络规模、学科建设需求以及实验室所处国家的科技管理体制和政府宏观管理机制等条件的约束，实验室借以开展协同创新的创新网络可能出现“单中心-辐射式”“多极化-渗透式”“点线面-嵌入式”等不同的演化途径；各类型、各阶段的创新网络在开展科研协同、创新协同和技术转化协同方面存在不同的模式；各种创新网络对实验室协同创新能力的影响程度和作用机理不尽相同，但这些实验室协同创新能力的形成和提升过程却揭示了一个共同的主题：实验室通过嵌入创新网络中，建立或广泛（横向）或深入（纵向）的协同关系，能提升其对创新要素的整合能力，实现实验室自主创新能力和协同创新能力的倍增。各案例不同之处的实质在于，在实验室嵌入的创新网络由原生网络向衍生网络演化过程中，内外部网络的节点数目、节点间关系强度、久度与质量、节点间异质性、网络规模、网络开放程度和覆盖范围等创新网络的关系与结构特征各不相同。这正是本书研究的重点：不同特征的实验室内部和外部创新网络究竟是如何影响实验室的协同创新能力的？哪些网络特征是影响实验室协同创新能力的关键影响因素？这些影响因素的作用机理是如何的？透过案例的现象挖掘这一本质问题，才能真正厘清创新网络对国家重点实验室协同创新能力的影响机理。

3.3.1 案例实验室内、外部创新网络特征的对比分析

内、外部创新网络中的协同关系既不同于内部科层关系，也不同于外部市场关系。在创新网络的形成与发展过程中，内、外部网络的关系和结构都在不断发展变化。卡文迪什实验室早期注重内部资源的积累和整合，通过个人社会网络的“强联系”和“茶时漫谈会”“科学俱乐部”的“弱联系”推动了内部各研究者和研究大组间的协同，历任实验室主任则凭借自己超强的组织能力和管理能力有效协调了不同学科领域的各种创新活动。后期依托于剑桥大学及剑桥产业园既有的创新网络与外部创新网络中的“校、研、企、金”等主体开展协同，外部创新网络虽然规模不大，但协同强度很高、协同程度深入、协同时间持久。布鲁克海文实验室起源于 9 所大学构建的创新网络，注重内部创新网络体系建设和外部创新网络扩张，通过不断建设并开放各种大科学装置吸引了全世界的研究精英及其前沿思想，其内部创新网络流动性强、弹性大、兼容性高，其外部创新网络规模庞大、合作范围广、伙伴所处的地理范围跨度大，且获得了美国联邦政府和州政府的外部支持。内燃机燃烧学国家重点实验室成立时间晚，初期内部协同仅限于实验室内部学者间的交流，外部协同规模、强度都很小，主要依靠研讨会、临时性项目合作研究等方式实现协同，尚未形成创新网络。后期随着项目研究的数量增多、程度深入，主要合作伙伴间协同关系逐渐稳定，通过与国外企业开办联合实验室、建立研究中心，实现了基础理论、实验设备、开发技术、合作管理的有机结合，通过成立创新联盟、协同创新中心及建立配套的组织机构和管理体制实现了协同创新能力的持续发展。因此，在网络演化的不同阶段，不同的实验室的内、外部创新网络特征是各具特色的（见表 3-4）。

表 3-4　　不同阶段的内、外部创新网络特征

网络特征 / 案例	内部网络特征		外部网络特征	
	形成期	发展成熟期	形成期	发展成熟期
A	亲缘、业缘等关系形成单中心社会网络，网络间关系融洽	扁平化职能结构网络，大组间互动频率稳定、参与度高	主要与牛津大学其他系部合作，数量少，类型单一	与少数极优秀机构合作，类型、数量少但程度深，关系紧密
B	大学联合会多极化管理模式，沟通渠道畅通，网络资源丰富	联邦政府领导、科学会运作，多层次开放式管理，资源集中	从各类外部机构获取资源，网络基础雄厚，合作范围广	向网络中提供并吸取各类创新资源，合作类型多、数量大
C	直线职能结构，分工明确，决策集中，部门间沟通快捷简单	多层级跨学科整合，内部管理规范，科研团队间合作频繁	与少量企业、高校进行短期合作，程度浅、频率低、关系松散	与业内重点产学研机构深化合作，程度深、频率高、关系紧密

3.3.2 创新网络中协同创新模式对协同创新能力的影响

实验室在协同创新过程中，不同的网络特征影响了协同创新模式的选择，推动了协同创新能力的形成与提升。随着创新网络以各种形式成长、发展和扩张，不同实验室在创新网络中开展协同创新的模式也在不断调整、升级、创新。这一模式的选择主要受到实验室的产生背景、所处的行业、发展目标、自身的原始创

新能力、开展协同创新的规模、其他创新主体的意愿与需求、国家宏观战略需求等因素的影响。通过以上案例可以发现，常见的协同创新模式主要包括项目研讨会信息交流、人才引进、研究人员交换、项目联合研发、签订研究合同、技术转让、技术援助、技术平台、联合实验室、科技中心、战略联盟、协同创新中心等。在不同的创新网络中，实验室会选择不同的内外部协同模式，在网络的不同发展阶段，协同模式也会随之进行适应性调整。这一协同创新模式的选择和调整过程是随着创新网络的演化而发生的，同时伴随着实验室协同创新能力的形成与提升（见表3-5）。

表 3-5 **创新网络中内外部协同创新模式及创新网络对协同创新能力的影响**

案例编号	创新网络中内外部协同创新模式	创新网络对协同创新能力的影响
A	研讨会信息交流；人才引进；创办显像技术公司；与剑桥科技园众多科技型企业开展技术转化；与国内外著名企业或科研机构成立联合实验室或研发中心；与国内外著名大学或实验室的顶尖学者联合开展项目研究	“单中心”内部网络提升研究人员原始创新能力；内部非正式交流和学科交叉研发提升研究人员合作能力；网络外部“辐射”甄选重量级协同伙伴，助长协同研发能力，形成从基础理论到产业应用的创新能力
B	学科交叉研究；对产业界开放并提供技术援助；不断建设并开放大科学装置吸引全世界人才协同研究；成立研究中心和科技中心汇聚具有共同研发目标的一系列大学和研究机构；建立实验室体系促进超大规模协同	“多极化”起源奠定了良好的协同创新能力基础；网络的多元式渗透使其占据结构洞位置，强化协同创新的信息获取能力和资源控制能力；网络的外部扩张扩大协同创新能力的作用范围并提升协同创新能力的效度

续表

案例编号	创新网络中内外部协同创新模式	创新网络对协同创新能力的影响
C	项目式合作研发、研讨会式互动交流；成立技术中心、联合实验室、研究中心深化与产业界的合作；成立创新战略联盟、协同创新中心实现与产业界、著名高校、科研机构的高频率、高强度、高成果产出转化率的紧密协同	由“点”到“线”寻找外部合作伙伴形成了基本的协同创新能力；由“线”到“面”实现了协同创新能力的积累；由“面”到嵌入宏观创新体系扩大了协同创新能力的影响力度和作用范围，形成了协同动员、组织和管理能力

通过梳理实验室内、外部创新网络在不同演化阶段的特征，总结创新网络各阶段开展内、外部协同创新的协同模式可以看出，实验室内部网络的学科交叉、人员关系、合作研发、资源联结等对实验室协同创新能力的形成起到了基础建设作用；实验室外部网络的组织间联结、实验设备共享、大型项目合作、技术转化应用等对实验室协同创新能力的提升起到了重要促进作用；实验室内、外部创新网络间的密切联结与协同互动，资金、人才、知识等各类创新资源在内外部网络间的充分流动对实验室协同创新能力的进一步发展起到了稳步推进作用。

3.3.3 内、外部创新网络特征对协同创新能力的影响

网络中能起作用的除了成员特征以外，还有成员之间的关系，例如行动者间重复交易的频率和程度、行动者间相互联结的内容（Gulati，2000）。网络节点建立的正式与非正式关系促成了节点彼此的相互影响（Brass，2004）。此外，网络结构也是影响创新网络效用的重要因素（Nooteboom & Gilsing，2004；Dhanaraj & Parkhe，2006），重点包括网络的物理密度

（Yoshiyuki Takeda，2008）、合作程度（Elmquist et al，2009）、网络配置和节点异质性（Lee，2007）。从本书选取的三个典型案例中也可以直接看出，创新网络中对协同创新能力作用突出的因素主要是网络关系和网络结构两个部分。

卡文迪什实验室在早期并没有明确地开展协同创新的战略目标或意识，只是相同或相近研究方向上的研究人员联系较为紧密，实验室内部主要是基于亲缘和业缘关系形成的个人社会网络。这种小型的社会网络之所以能产生丰富的独创性创新成果，与当时的卡文迪什实验室所处的“小科学”时代有极大的关系。19世纪的物理学研究还处在基础物理理论的探索阶段，通过在实验室内部开展小范围合作进行反复实验就能够完成科研工作。在这一阶段，实验室的外部创新网络几乎没有建立，实验室整体协同创新能力仍然较低。随着内部创新网络的成熟和时代的发展，实验室外部创新网络在短时间内快速、高效地建立起来。外部创新网络中的合作伙伴主要是在国际上久负盛名的科研机构和科技型企业，合作伙伴在行业分布上并不十分广泛，研究方向也较为一致，伙伴间异质程度并不强烈。但伙伴间互动频繁、彼此信任、合作密切，共同投入和资源共享程度很高，彼此相处愉快，成员对协同关系的满意度较高，关系稳定性较好。在外部创新网络和内部创新网络共同发展、不断交互过程中，卡文迪什实验室的协同创新能力也有了显著提高，得以始终保持其在物理学界的领先地位。

布鲁克海文实验室成立之初内部创新网络就已经形成，其战略目标就是要开创一种适应“大科学”时代的协同创新模式，其内部各研究部门就设置在学科交叉的增长点上，协同参与度比卡文迪什实验室初创期更高。其外部创新网络同样在建立之初就初具规模，特别是与大学联合会成员大学较为紧密。面向美国国内有相似研究方向的科研机构和企业，实验室可以说是“没有围墙”的，开放性较好。合作伙伴的地理分布并不广泛，异质性程度并不高，互动较频繁且各方从网络中获取知识的效率较高，合作氛围宽松，成员间合作愉快。而到了网络发展的后期，特别是联邦政府参与主导高层次创新网络建立时期，网络的开放性进一步提高，各种大规模装置能供全世界有需要的人群申请使用，实验室与更多的创新组织建立了新的合作关系，人员交流频率和时长都大幅增长，合作伙伴的行业分布、地理分布非常广泛，研究方向出现了各种各样的交叉。在实验室向网络中释放的创新资源不断增多的同时，也从网络中吸取了丰富的异质性资源，极大地提高了实验室的协同创新能力，使布鲁克海文实验室在核物理相关领域的交叉研究方面获得了重大成就。

内燃机燃烧学国家重点实验室是从天津大学内燃机研究所进化而来，初期实验室并没有明确的开展协同创新的战略规划或目标，内部协同仅限于相近研究方向上的人员因某个科研项目而自发产生的短期合作，参与度和协同度都很低；外部仅限于和天津大学相关院系的交流及与摩托车企业的合作，或零星地引进人才、外派少量研究人员出国学习、举办研讨会等，创新网络尚未成型，网络联结往往是单链路的，合作往往因一个项目的开始而开始，随着一个项目的结项而结束，合作历时不长，稳定性不高。合作伙伴很少，彼此间亲密程度一般，联系不频繁。实验室能够提供给其他创新主体的资源比较有限，能从外部获取到的投资更是稀少。随着实验室实力的增强，吸引了一些著名的企业投资共同创办研究中心和联合实验室，才将与这一类合作伙伴的关系稳定下来，协同研发的频率开始提高，协同产出也开始增加。随后，在世界范围内掀起的产学研合作和建立创新战略联盟的热潮影响下，实验室从现有的关系联结出发，吸纳了更多的高校、研究机构和企业组建了创新战略联盟，网络成员的数量猛增，网络规模扩大。特别是在国家

“2011 计划”提出以后，实验室成立的协同创新中心又进一步提高了创新网络的开放性，新的合作关系被纳入网络，合作的次数和时长都有所增加，协同创新的投入和产出都急剧增加，协同创新能力也稳步提高。值得注意的是，我国国家重点实验室与美国的国家实验室相比，学科切入点非常精确和深入，这同时也导致了我国国家重点实验室的研究领域较为狭窄和专一。因此，虽然内燃机燃烧学国家重点实验室成立的协同创新中心显著提高了合作的频率和协同产出的效率，但与美国的国家实验室相比，合作伙伴仅限于内燃机应用型企业、以内燃机燃烧学为主要研究方向的高校和科研院所，因而网络的规模适中，成员异质性不高。总体来说，可以按照三级定性评价法对三个案例实验室不同阶段的创新网络特征和协同创新能力进行评价（见表 3-6）。

表 3-6　**创新网络特征与协同创新能力的定性对比**

案例	阶段	内部网络				外部网络						协同创新能力
		目标	参与度	协同度	联系	强度	久度	满意度	规模	开放性	异质性	
A	形成期	低	低	中	中	低	低	低	小	低	低	低
	成熟期	中	高	高	高	高	高	高	中	中	中	高
B	形成期	高	中	中	中	中	中	中	中	中	低	中
	成熟期	高	高	高	高	高	高	高	大	高	高	高
C	形成期	低	低	低	低	中	低	中	小	低	低	低
	成熟期	高	高	高	高	高	中	高	中	高	中	高

基于以上探索性案例分析，本书提出如下三个命题：

命题 1：实验室内部创新网络对实验室协同创新能力具有重要的正向作用。

命题 2：实验室外部创新网络对实验室协同创新能力具有重

要的正向作用。

命题 3：实验室内、外部创新网络交互对实验室协同创新能力具有重要的正向作用。

3.4 本章小结

本章节主要对英国卡文迪什实验室、美国布鲁克海文实验室和我国内燃机燃烧学国家重点实验室创新网络的演化途径及协同创新能力的发展过程进行了探索，对实验室内、外部创新网络的起源、发展和成熟过程进行了梳理，对英美两国最具代表性的国家实验室和我国内燃机研究领域最著名的国家重点实验室协同创新能力的发展过程形成了总体认识；并对处在创新网络不同发展阶段的网络特征以及实验室内部协同和外部协同过程中的伙伴选择、模式选择、协同特点进行了总结，对其协同创新能力进行了基本的定性评价，总结了创新网络的演化与协同创新能力的发展之间的基本关系，形成了本书调查研究的初始命题。案例显示，实验室协同创新能力的形成与提升是与创新网络的产生与演化高度依存的。同时，内、外部网络间的交互也对协同创新能力的发展起到了重要的推动作用：实验室内部的研究人员在不同研究方向上的探索、研发、交流促使内部创新网络的产生和协同创新能力的形成，内部创新网络在吸引外部人才、设备、资金、知识的过程中不断向外辐射、扩张，也在一定程度上促进了外部网络的形成；外部创新网络资源通过内部创新网络得以消化、吸收和创新应用。内、外部网络间相互依存，紧密互动，推动整体网络效应螺旋式上升，使得实验室的协同创新能力不断提升。

4 创新网络影响国家重点实验室协同创新能力的模型构建

在本书的研究框架中，国家重点实验室内、外部创新网络与实验室协同创新能力的关系是最重要的研究内容。对创新网络实施的主要描述构念和度量指标通常围绕网络的特征维度展开。目前国内外的相关研究多探讨创新网络的规模、网络关系强度等单一特征与创新绩效的关系，但创新网络具体有哪些主要的影响因子、通过什么方式影响协同创新能力，这一问题还缺乏实证研究与定量检验；从创新主体内部网络、外部网络和内外部网络交互三个层次研究创新网络对国家重点实验室协同创新能力的影响机理的文献更是尚未发现。

本章分别从实验室内部创新网络、外部创新网络、内外部网络间交互关系三个层面的要素、关系和结构特征入手，以国家重点实验室协同创新能力为被解释变量，考察创新网络对协同创新能力的作用机理。结合我国国家重点实验室的运行实际、文献综述及探索性案例分析的结果，在实验室内部创新网络层面，主要选取共同愿景、创新要素参与度、创新要素协同度、内部非正式关系四个解释变量，考察其对实验室协同创新能力的影响；在实验室外部创新网络层面，主要从关系维和结构维两个层次考察对协同创新能力的影响，关系维重点选取协同关系强度、协同关系久度、协同关系满意度指标作为解释变量，结构维则重点选取外部创新网络自身的网络规模、网络开放性、网络异质性指标作为解释变量；在内外部网络间交互层面，重点考察内外部网络之间的协同性对协同创新能力的影响。我们构建了国家重点实验室创新网络的网络特征与协同创新能力之间关系的概念模型，提出了相应的研究假设，并结合创新网络相关研究的成熟量表和国家重点实验室的具体特征，为每一个解释变量和被解释变量指标设计了具体的测量题项，一方面从本质上描绘了解释变量的详细特征，另一方面为收集数据对假设进行统计意义上的分析验证奠定了题项设计的基础。

4.1 研究假设与模型构建

4.1.1 内部创新网络对协同创新能力的影响作用假设

组织内部网络化是一种有机的组织结构，有较高的内外沟通交流水平和较低的垂直差异化水平，能促进跨部门的协调和资源流动（Tsai，2001），有利于在组织内部形成共同的利益和目标，使其明确内部行动的总体方向（任胜钢等，2010），对创新具有积极影响。国家重点实验室内部创新网络打破了实验室各个系部、研究小组、研究团队和科研人员原有的边界，加快了资源整合转化的效率，为创新活动提供了全方位的支撑和保障。

从实验室内部的创新资源流动角度看，国家重点实验室内部的创新资源与企业等其他创新主体有极大不同——实验室内部的非物化的创新资源多为“默会知识”“隐性知识”，是一种难以被简单描述、简单处理和方便传递的创新资源，只有在该领域内潜心研究多年的研究者才拥有对此类创新资源解释和灵活运用的能力。如果缺乏内部创新网络推动各研究者和研究部门间的深度交流，这种具有内在黏性的隐性知识和技能将始终沉淀在某个研究小组或某个科研人员手中，无法实现交互影响。通过动态互动的内部网络则能够增进内部全员对此类知识和技能的了解、感悟与运用，从而实现知识和技能的再加工与再创造。因而，实验室的内部创新网络能摆脱传统科层结构的层级式控制，建立各个研究领域和研究者之间密集的、多边的、互利的交互关系，这种正式或非正式的联系能加强内部的紧密程度，更有利于对内部现有资源的重新利用（Subramaniam & Youndt，2005）。内部创新网络促进了各研究者之间的信任与合作，更高层次的协同目标调动了内部各类创新要素的协同，加快创新要素在内部的流动与扩散，节约创新成本并减少创新的不确定性（Van Wijk et al，2008），促进协同创新能力的提高。

从实验室外部创新资源获取后应用的角度看，从外部获取的知识和技能等非物质性创新资源对原资源掌握者存在“依附性”和“黏滞性”，很难简单便捷地与实验室现有的研究方向和既有知识基础结合起来并被实验室直接应用，这就需要对这些知识进行解码和重新编码（Anderssen et al，2005），与实验室内部创新资源相结合，使其嵌入实验室内部的创新网络中来，为各科研人员所吸收和应用，才能最终创造价值，否则只是空有“引进”而不能产生任何作用。实验室外部创新网络可能带来更加前沿的科技知识，也必须通过实验室内部的组织结构才能实现此类知识的理解、吸收、转化和应用。可以说，实验室内部网络是吸收、理解和运用来自实验室外部的创新资源的重要载体，也是实验室协同创新能力形成的重要基础。由此，本书提出如下假设：

H1：实验室内部创新网络对协同创新能力有独立的显著正

向作用。

现有与组织内部网络相关的研究多关注组织结构、知识流动、管理框架、创新绩效等方面（杜国辉，2005；王清晓等，2006；张宝生等，2011；王端旭等，2009；李浩，2012）。重点考察的自变量有：战略目标、合作愿景、组织结构、组织文化、成员异质性、知识吸收能力、正式关系与非正式关系、关键创新要素、资源共享程度等，因变量则主要是知识共享能力、组织学习能力、创新能力、创新绩效等（Gupta & Govindarajan，2000；Hansen & Lovas，2004；Tsai，2001；Walter et al，2007；Natário et al，2012；Wang & Shapira，2012；傅家骥等，2003；郑刚，2004；任胜钢等，2010）。现有研究的主体多是大型企业、跨国公司或产业集群。国家重点实验室是依托于一级法人单位建设、具有相对独立的人事权和财务权的科研实体，相对于这些大型企业、跨国公司或产业集群而言，规模要小很多，横向与纵向的组织结构并不复杂。内部行动者主要是科研人员及科研团队，其认知方式较为一致，行动者之间的异质性并不大。因此，在对国家重点实验室内部创新网络与协同创新能力相互关系的研究中，本书不再考虑前人在企业创新网络中已经研究过但与实验室内部创新网络特征关联度不高的那些变量，只选取在实验室内部最具有代表性和典型性的网络特征。采用共同愿景、创新要素参与度、创新要素协同度和非正式关系四个构念来测度实验室内部网络特征与协同创新能力的关系。

（1）共同愿景

跨职能的团队之所以能有效开展创新，是因为他们具有共同的目标导向，从而实现更好的组织内部门间协同（Atuahene-Gima & Evangelista，2000）。在一个组织内部，共同的愿景和价值观能提供共同的表征、解释系统内涵的资源，促进对集体目标的共同理解与正确的行动（Nahapiet & Ghosha，1998）。国家重点实验室内部创新网络的共同愿景是指实验室内部包括科研人员和管理服务人员在内的所有成员的共同目标和愿望，描述各成员关于协同创新这一目标的一致性程度。共同的协同创新愿景会使他们形成创新共识（李燕华等，2007），从而积极主动地克服实验室内部各系部、各研究小组、各研究人员间信息（知识）和其他创新资源传递的障碍，在彼此间建立起网络式的连接，进而实现协同创新。当实验室内部创新网络中关于协同创新的共同愿景形成时，网络中成员共同的认识和追求进而会促进彼此间基本的信任感的形成（Tsai & Ghoshal，1998），从而推动各系部、各成员间的频繁交流，加快信息、知识及其他创新资源的共享及溢出，通过协同合作以达到共同目标。同时，这种一致的愿景还能够促进成员间的资源融合与学习，提高各成员在资源整合过程中的相对吸收能力（Lane，1998；谢洪明等，2007），从而使创新资源在内部流动过程中被各成员吸收与运用的效率更高，提升实验室内部的协同创新效率。由此，本书提出如下假设：

H1a：实验室内部创新网络的共同愿景对协同创新能力有独立的显著正向作用。

（2）创新要素参与度

创新要素参与度是指纳入实验室内部创新网络中的创新要素的参与程度。在实验室内部创新网络中，对协同创新有共同的愿景是开展协同创新的重要基础，各类创新要素的协调参与则是开展协同创新的必要保证。除了实验室研究人员和管理人员充当内部创新网络的重要节点以外，还要从实验室的战略目标、组织管理、组织文化、科研团队等创新要素考虑，调动各类要素的参与。对组织内部创新要素的研究经历了从单一、线性的技术要素，到涵盖制度、组织、文化在内的非技术性要素，再到涉及组织运行活动的各类相关要素全面协同的发展历程。早期的 Nelson & Winter（1982）、Freeman（1988）、Lundvall（1988）就开展了创新的技术要素和制度要素的融合研究，指出制度要素和技术要素在对创新活动的影响方面同样重要；Radosevic（1998）则研究了学习过程这一创新要素的作用机制；Cooper & Kleinschmidt（1987）、Ensign & Hebert（2009）认为组织要素在创新活动中起到了重要作用；随后，市场要素（Griffin & Hauser，1996）、文化要素（Thornherry，2003）、管理要素（Hamel，2006）、政策要素（彭纪生，2000）等要素对创新能力和创新绩效的正向作用的实证研究不断开展，极大地丰富了协同创新的要素理论，在此基础上形成了“要素整合理论”。要素整合理论认为，组织内部各种要素之间的互动联系和全面整合对创新起到了有力促进作用（Tidd et al，1997；Peters，2003）。其中，非技术要素只有和技术要素本身协调发展才能促进创新绩效的优化（许庆瑞等，2006）。可见，只有实现实验室内部各种创新要素的协同参与，促进各创新要素的互动，逐步实现全要素参与的全面协同，才能有效地促进实验室内部协同创新活动的成功开展，取得内部网络的协同效应。由此，本书提出如下假设：

H1b：实验室内部创新网络的创新要素参与度对协同创新能力有独立的显著正向作用。

（3）创新要素协同度

实验室内部创新要素的参与度对实验室的协同创新能力存在影响，而提高创新效果的关键则在于合理处理好各类创新要素间的匹配关系，使其发挥协同作用（Dosi，1982）。许多创新没有实现最佳效益的一个重要原因，正是由于忽略了系统中各要素间的相互关系（Tidd，1997）。在组织内部，只有通过跨部门的协作，实现各类创新要素的协同，知识转移才能被有效整合，运用到组织的协同创新中去（Subramaniam，2006）。彭纪生（2000）运用运筹学方法提出了求解最优协同效应的数学模型：y=f（x）。其中，x为协同程度，y为协同效应，两者之间是一种复杂的非线性关系，具有很强的正相关性。郑刚（2004）基于 TIM 视角对企业创新过程中的各要素全面协同进行了实证研究，发现技术与各非技术要素的两两协同对于要素全面协同程度均有较强的相关性。其中，技术与市场、技术与制度、技术与组织的协同对于全面协同程度的影响最大。同时，各要素全面协同程度与企业的创新效率和创新效果有较强的正相关性，即各创新要素的全面协同程度越好，创新绩效（包括创新效率和创新效果）越好。可见，实验室作为开展学科交叉研究和前沿研究的创新主体，内部各创新要素的协同对实验室的协同创新能力将存在影响。由此，本书提出如下假设：

H1c：实验室内部创新网络的创新要素协同度对协同创新能力有独立的显著正向作用。

（4）非正式关系

实验室内部能否很好地协调合作以形成有效的内部创新网络，在很大程度上取决于实验室内部成员间的关系。因为内部成员间的联系创造了知识交易的机会（Adler & Kwon，2002）。实验室内部各行动者之间的关系可以分为正式关系和非正式关系。其中，正式关系是通过正式的制度安排和规则约束各成员的行为，使之更为可靠；非正式关系则是“建立一种可以依靠的、由感情纽带联结的关系网（Redding，1993）”。正式关系是一种“人工结构”，是人们为实现某种目的有意识地设计和建立起来的。而非正式关系则是一种“自然结构”，其中有些是先赋性的，有些是作为其他交往活动的副产品于无意之中自然地形成的，而不是为了组织的目标而人工地建立的。并且，很多非正式关系是先于组织的建立或组织成员进入组织之时而存在的，或者说是“既存的”，因此建立非正式关系的成本较低（王询，2000）。正式关系是通过对组织成员施以外在的强制而发挥作用，非正式关系则通过内化了的行为准则、“共同的惯例和传统”来约束组织成员的行动，“使得人们能够和谐有效地在一起工作（Hayek，1989）”。正式关系的形成依赖于正式的组织制度中较为固定的内容、程序或形式的约定安排，往往通过正式的流程描述、规划、规则、程序、手册、标准、政策以及层次性的决策制定体系等实现（Willem et al，2006）。基于正式关系实现实验室内部协同的途径包括：通过正式的报告和文档进行信息交流、通过任务规划和进度进行整合、通过明确的角色和职责定义协调、通过正式的管理者或核心人员的例行或专题会议、组织单元间的同行评审机制、知识共享系统等（Dietrich，2006）。正式关系中协同的驱动力来自于任务导向、纵向层级整合和横向业务协作（Rank，2008）。在企业中，项目管理者、职能部门管理者、技术规划部门等基于正式系统建立的正式关系在 R&D 项目团队技术知识共享中发挥了重要作用（Aoshima，1993），然而，与企业等一般的创新主体开展的技术创新和产品创新截然不同的是，国家重点实验室必须围绕国家发展战略目标，面向国际竞争，探索科学前沿，取得具有国际影响的系统性原创成果或实现重要基础原理、重大关键技术的突破与创新。这种创新行为通常是超前的、原创性的、没有任何可资模仿或借鉴的探索行为，实验室的研究者面临的可能是一个完全未知的“黑洞”，必须依靠研究者在某一领域内长期的学习、积累、钻研才能获得创新的基础知识和实验技能，推动创新课题的一步步完成，甚至需要“火花般”闪现的“灵感”来实现关键瓶颈的突破。这种高度个人化的“隐性知识”难以整理和表达，远非仅凭规章制度、条例手册、工作说明等正式关系约束和强制规定就能轻易地为组织内部其他成员所理解和熟练运用，很难通过建立实验室内部的正式关系实现此类创新资源的共享，而需要建立一种人与人之间熟悉、信任的亲密关系——非正式关系。

非正式关系则来自于组织成员在工作中或工作时间以外的自

愿合作与人际交往（Rank，2008）。基于非正式关系形成的协同独立于组织结构和制度安排，具有共享的价值观念，实现了成员间基于私人关系的互助。例如，类似于卡文迪什实验室的组织成员间的“茶时漫谈会”“科学俱乐部”等非正式交往的兴趣小组，实现了面对面（Face-to-Face）的交流，其迅速反馈、多方面提示的特性增强了隐性知识的传递效率（Koskinen et al，2003）。构筑与互联网时代的网上论坛、电视电话多方会议、互助社区等则有助于实验室内不同研究单元间的成员跨越时空限制，共享他们的经验和思想等隐性知识（Riggins & Rhee，1999；Ruuska & Vartiainen，2005）。知识分享行为是通过人与人之间的联系与沟通，使他人获得有效性动力的过程（Senge，1997）。在这种面对面的互动过程中，实验室内部各成员之间通过分享感觉、情绪（emotion）、经验和思维模式，鼓励即兴发挥（improvisation）和人际互动来促进知识的结合（Nonaka & Konno，1998）。在这一过程中，创新资源在非正式关系形成的关系网络中被有意或无意识地传递、交换、应用。因此，在这种主要由非正式关系填充的实验室内部创新网络中，协同创新更容易产生。由此，本书提出如下假设：

H1d：实验室内部创新网络的非正式关系对协同创新能力有独立的显著正向作用。

4.1.2 外部创新网络对协同创新能力的影响作用假设

外部创新网络在促进实验室和其他创新主体之间实现知识、技能及其他创新资源的流动、吸收与运用方面具有重要作用。

首先，实验室外部创新网络能推动信息和知识在实验室、高校、企业、其他科研机构、科技中介等创新相关主体间的流动和转移。这种为合作创造便利条件的网络环境对知识创造、知识扩散、知识实现以及新知识的产生具有促进作用（Stuart，2000；

Ahuja，2000），可以说，外部网络就是创新主体获取外部知识的重要载体（Powell et al，1996），能为各创新主体提供性质显著不同于自有信息的全新知识（Podolny & Page，1998）。而知识的流动和转移又进一步促进了实验室与其他创新主体之间的学习，因为组织学习本身就是知识获取、构建和利用知识能力的函数（Powell et al，1996）。外部创新网络通过强化知识的构建技能和运行程序在创新主体中的关键地位以促进学习（Nelson & Winter，1982）；通过创造知识交易的渠道降低了学习的风险，通过推进组织间有效的技能诀窍的转移或现有信息的新颖组合促进学习（Levitt & March，1988；Uzzi，1996）。从创新网络整体看，建立制度化协作规则的创新网络促进了成员间的知识共享，进而创造了相对于网络外部成员的竞争优势（Dyer & Nobcoka，2000），各创新主体通过交互作用发现新机会和获取新知识的过程能促使其获取有助于提高市场竞争力的关键能力（Tsai，2001）。

其次，实验室外部创新网络能提高实验室的创新产出。实验室仅凭自身的能力所能获取的资源总是有限的，科学前沿领域的知识和实验技能也在不断更新，创新成果的实践应用和产业化开发更不可能靠实验室独自完成。外部创新网络就能在实验室的时间和精力都有限的情况下，帮其以一种可接受的合作方式从外部获取内部不能生产或提供的资源和技能（Gulati，1998）。一方面，实验室能整合网络内的知识、技术和各类创新资源，就更容易占据网络中心具有影响力的位置。网络中所维持的直接联结的数量通过提供资源共享、互补性（Complementary）以及范围（Scale）对创新产出产生正面影响（Ahuja，2000）。实验室在享受网络间其他创新主体知识溢出机会的同时，就获取了关于前沿科学新的突破、科研难题的新洞见、其他创新活动失败的经验等宝贵信息，弥补了自身创新能力的不足。另一方面，在实验室创新成果需要技术转化和产业化开发时，通过创新网络就能节约交易成本、降低交易不确定性（Nonaka & Takeuchi，1995），从而使实验室在并不擅长的市场和销售领域实现技术转化与应用，并换取技术转让的利润。可见，外部创新网络能促进实验室获取外部的知识、技能等各类创新资源，提高创新产出。

再次，外部创新网络能提高实验室的创新能力。外部网络能推动创新主体获取、消化、转化和利用外部知识并产生动态的组织能力（Zahra & Georgeas，2002），能协调多种多样的技能并整合多重技术流的知识（Prahalad & Hamel，1994），使创新主体获得构建和重置的能力以及应对快速变化的环境的本领（Teece et al，1997）。这些有关能力的描述恰恰都是能力理论中知识学习观、核心能力观、动态能力观的要义所在。同时，要实现这些能力的运用，也必然要在合作关系建立、执行到产生创新绩效的过程中具备识别合作伙伴、交流沟通、内部协调的组织能力，即协同创新能力。由此，本书提出如下假设：

H2：实验室外部创新网络对协同创新能力有独立的显著正向作用。

社会网络理论认为，在网络中起作用的包括网络成员的特质以及成员之间关系的模式（Gulati & Nohria，2000；Brass，2004）。同时，创新行为除了受创新者所在社会环境的影响，也受创新主体在创新网络中所处的位置的影响。社会网络分析的重点通常有两个：一是关系类型；二是网络结构（Borgatti，2009）。因此，本书从实验室外部创新网络的关系维和结构维分别探讨其对协同创新能力的影响，并提出相应的研究假设和测量设计。其中，关系维的研究视角聚焦于基于互惠互利预期而发生的双向关系，主要从关系的内容、方向、久度和强度等方面进行测量；结构维主要从关系联结在网络中的位置、规模和密度等方面进行测量（Granovetter，1985，1992）。可以说，关系维描述的是创新网络中人格化的方面（personal aspects），而结构维描述的是网络联系中的非人格化因素（impersonal aspects）（Nahapiet & Ghoshal，1998）。因此，本书从外部创新网络中的协同关系强度、协同关系久度和协同关系满意度三个方面来描述创新网络中的网络关系；从网络规模、网络开放性和网络异质性三个方面来描述创新网络结构。

（1）外部网络的关系维

第一，协同关系强度。国家重点实验室外部创新网络中的协同关系强度指国家重点实验室和其他创新伙伴间“经常的互动、亲密的好感以及持续的友谊”（Granovetter，1973）。从外部网络中知识、技能及其他创新资源流动的角度看，创新网络节点间的直接联结关系有助于默会知识的转移（Ahuja，2000），通过促进复杂知识的转移，为实验室提供了更多发现前沿知识和技术转化机会的可能性，对实验室深化或开拓创新领域、学习新知识与技能、实现资源共享等方面的创新能力有显著的正向影响。从外部网络中伙伴关系的互助作用角度看，高协同强度下的协同伙伴们相对可靠、互惠和团结，更加愿意相互帮助，资源也更容易获得共享（Flap，2004）。国家重点实验室外部创新网络中的协同关系强度越强，实验室与其他创新节点的交互作用越频繁，越有利于彼此间隐性、复杂知识的转移和共享，同时，高度的互惠意味着一方不会以对方的利益为代价来追求自身价值，抑制了网络成员产生机会主义行为。现有在产业集群、企业创新网络等方面的实证研究也证实了网络节点间的关系强度对创新能力和创新绩效有显著正向影响。如 Hsu（1997）对中国台湾新竹的高技术企业研究发现，紧密且频繁的互动网络关系不仅可以使企业获得所需要的技术，而且会对企业的技术创新能力产生有益的影响；Bengtsson et al（2004）通过对瑞典 144 家不同规模的制造类企业的实证分析发现，紧密而稳定的供应商关系和客户关系均与企业创新绩效正相关；Eraydin et al（2005）对土耳其产业集群实证研究发现，网络关系强度与创新绩效呈正向关系；池仁勇（2007）通过实证方法研究发现了中小企业创新网络的联结强度对企业销售增长、利润增长和新产品开发都有显著的正向影响；罗志恒等（2009）基于中国中小企业网络进行实证分析指出网络强度与资源获取能力之间有显著正相关关系；谢洪明等（2012）以申报“广东省高新技术企业和民营科技型企业”的企业为调查对象进行了实证检验，发现网络关系强度对技术创新存在着显著的正向影响。由此，本书提出如下假设：

H2a：实验室外部创新网络的协同关系强度对协同创新能力有独立的显著正向作用。

第二，协同关系久度。协同关系久度是指国家重点实验室与其他主要合作伙伴协同合作的时间跨度。从知识、技能等创新资源的流动角度看，在实验室与其他创新主体维持长期关系的动机下，网络各节点会投入专项资本以增强其关系能力，培育高度的信任和共享的系统，这都会促进知识共享（Dhanaraj & Parkhe，2006；党兴华等，2012）。从实验室外部伙伴间合作功能角度看，持久的合作关系能共享有价值的信息，降低合作各方预期的不确定性，更好地面对复杂多变的外部环境（Anderson & Narus，1990；Morgan & Hunt，1999），有利于提升互动质量，减少相互之间机会主义行为的发生（Johnson & Sohi，2001）。长期的协同互动过程还能降低外部监督成本和交易成本，提高行动的一致性，特别是在复杂变动的环境下，持久的关系有助于消解合作过程中的消极行为，减少各方的协同风险。以企业为研究对象开展的实证研究也证实了网络节点间的关系久度对创新能力和创新绩效有显著正向影响。Powell et al（1996）对美国的部分制药企业开展了纵向研究，证实持续时期较长的网络关系有利于实现产品的创新；Uzzi（1997）对纽约服装产业进行的实证研究发现，长期的合作关系能够建立互信互惠的互动模式，使经营策略、边际利润和市场需求等深度信息发生转移，有利于更快地实现产品创新。张方华（2005）通过对我国 210 家知识型企业的实证研究发现，企业与外部组织间的持久关系有利于提高创新绩效。由此，本书提出如下假设：

H2b：实验室外部创新网络的协同关系久度对协同创新能力有独立的显著正向作用。

第三，协同关系满意度。研究表明，很多协同创新活动之所以失败，是因为不成熟的人际关系（Kale et al，2000；Luo，2006）。因此，除了要关注国家重点实验室外部创新网络中各创新主体间关系的强度、久度，还要关注关系的质量，这同样是测度网络关系特征的一个重要指标（Dorseh et al，1998）。关系质量是一个包括信任和满足的高阶变量（Crosby et al，1990），Walter et al（2003）也指出关系质量包括信任、承诺和满意三个维度。由于信任指标同样是反映关系强度的重要维度，已经体现在关系强度题项设计中，因此，抽取关系质量中的满意度作为反映实验室外部创新网络关系有效性的指标。关系满意度是合作伙伴对合作关系主观情感上的反应，它主要源于在协同合作过程当中对自身竞争优势强化、竞争力提升幅度，以及对合作过程愉快程度的感知（Mohr et al，1994）。在协同创新过程中，各创新主体对协同关系的满意度越高，就越可能在合作中避免摩擦，其协同创新能力也就越强。关系满意度是关系各方进行深层次合作的前提。创新网络中良好的关系还有助于创新主体发现新的潜在合作伙伴、及时获得可靠真实的技术信息（Hakansson，1987）、获取创新点子、共享创新设施或设备等（Kaufman et al，2000）。特别是开发一些高风险、高投入和研发周期长的技术项目需要更多的各种信息、资源输入时，与其他合作者良好的合作关系非常重要（Gulati & Gargiulo，1999）。由此，本书提出如下假设：

H2c：实验室外部创新网络的协同关系满意度对协同创新能力有独立的显著正向作用。

（2）外部网络的结构维

第一，网络规模。国家重点实验室外部创新网络的网络规模（network size）可以理解为国家重点实验室在协同创新过程中形成的网络关系数量的总和。在多数探讨创新网络与创新能力或绩效相关性的研究中，都将网络规模作为网络特征的一个重要衡量指标。从知识流动和资源获取角度看，网络规模越大，能够为国家重点实验室提供的潜在合作伙伴数量就越多（Hislop，2005）；实验室与其他创新主体之间的联系越广泛，各创新主体能提供到网络中来的知识资源也就越广泛（Schiiling & Phelps，2007）。这就提高了实验室在网络中可以获取的创新资源的丰裕程度（Allen，2000），加速了知识在网络内部的流动性并提高了对网络的外部性（Kaufnan et al，2000）。从外部网络关系获取角度看，网络规模越大意味着创新主体能获得的关系资源也越丰富，越有可能实现创新的规模效应，跨越创新活动的阈值限制（Lorenzoni & Lipparini，1999；Hoang & Antoncic，2003）。在企业创新研究领域的实证检验同样证实了网络规模对创新能力或创新绩效的正向作用。Uzzi（1999）对美国一些产业集群的研究发现，网络规模的增大能扩大信息获取的存量，带来网络关系的多样性，更有助于产业集群企业对异质性信息的获取。任胜钢等（2011）结合相关统计年鉴数据，运用回归分析方法，实证验证了网络规模与创新能力的正相关关系；解学梅、左蕾蕾（2013）基于长三角地区 379 家电子信息企业的问卷调查数据，运用多元回归分析方法，验证了协同创新网络规模与企业创新绩效之间呈正相关关系；魏江等（2014）通过对一个医药企业 20 年的纵向研究同样证实了创新网络规模与创新绩效间的正相关关系。由此，本书提出如下假设：

H2d：实验室外部创新网络的网络规模对协同创新能力有独立的显著正向作用。

第二，网络开放性。国家重点实验室外部创新网络的开放性可以从创新网络微观层面的节点间的开放性和整体层面的创新网络向网络外部环境的开放性两个方面来理解。微观层面，各创新节点间的相互开放，便于创新主体在网络内部获取知识、信息、技术和其他创新资源；整体层面，创新网络对网络以外的其他创新网络环境的开放程度，开放程度越高，越容易从外界接触新的合作伙伴，获取新鲜的创新资源，增强创新的活力，推动创新网络的发展和演化。蔡玮等（2010）也指出，网络开放性主要表现为行为主体对网络联系的自主控制，即网络联结的建立与中断、加强与减弱，它一方面使网络组织内部参与主体间相互开放，从网络中获取关键的价值资源，反应比其他竞争对手更快；另一方面能够获得远距离知识和互补性资源，并不断向外部开辟新网络。随着网络开放性的增强，参与者的数量及相互间的互补性不断扩大，这有利于实现更好的创新表现（Soh，2010）。特别是在创新主体所处的外部环境越不确定的情况下，网络开放性对创新绩效的作用越显著（Eisingerich et al，2010）。显然，在“大科学”时代，随着创新活动的系统性和复杂性日益增高，在高开放性的国家重点实验室外部创新网络中，实验室从网络中和网络外部环境中获取创新资源的机会和动力也就越强。针对企业和区域创新网络的实证研究同样证实了网络开放性对创新的正向作用。Ferrary（2011）比较了朗讯科技和思科过去 20 年间的发展历程后指出，开放的创新体系是其成功的关键因素之一；于明洁等（2013）以中国大陆省际区域创新效率为研究对象，运用随机前沿分析方法证实了区域创新网络开放性对区域创新效率有正向影响；解学梅（2013）结合电子信息产业集群制造业企业的实证调研数据证实了网络开放性对企业创新绩效有显著的正向影响。由此，本书提出如下假设：

H2e：实验室外部创新网络的网络开放性对协同创新能力有独立的显著正向作用。

第三，网络异质性。在社会网络的研究中，网络异质性是指一个社会网络中的全体成员在某种社会特征方面的分布情况（张文宏，2005）。简言之，国家重点实验室外部创新网络的网络异质性就是网络各节点的多样化程度。网络异质性可以通过网络中行动者某些方面特性的差别程度来反映（Harrison et al，2002）。与网络规模、网络开放性等表征创新网络结构特征的指标类似，网络多样性同样被认为是影响创新绩效的属性之一（林润辉等，2013）。从网络微观节点获取创新资源角度来看，网络异质性可以促进不同观点的产生，能提高创造性解决问题的能力（Paulus，2000）。异质性高的创新网络中协同创新伙伴类型和创新资源类型的种类差异程度更高，从而能为创新主体提供全方位或互补性的支持（McEvily & Zaheer，1999），为创新主体提供更多的机会，促进其与不同类型创新者彼此间产生摩擦性创新（Burt，1992）；新的认知投入、不同人格特质的结合以及新的人际互动的效果则有利于提高创新绩效（Gilson，2001）。当网络异质性增加时，行动者对非正式信息的控制将会降低，这在一定程度上也促进了知识分享行为的发生（Dawes et al，1998）。从创新节点间的关系来看，同质性程度越高的网络，各主体间越容易产生敌对态度，影响创新合作（Bengtsson & SÖlvell，2004），而异质性越强，各创新主体间的竞争就越小，合作关系就越融洽，这对协同创新有显而易见的正面作用。从创新网络整体发展来看，网络节点多样化能够提高互动内容的广度，保持网络关系动态演进的弹性，增加组织的灵活性（Kraatz，1998），增强网络柔性，避免技术发展停滞、思维封闭等给创新绩效带来的负面影响（Dalton & Todor，1979），有效促进网络整体的创新性和适应性（Powell，1996；Ozman，2009）。由此，本书提出如下假设：

H2f：实验室外部创新网络的网络异质性对协同创新能力有独立的显著正向作用。

4.1.3 内、外部创新网络交互与协同创新能力的关系假设

创新过程就是创新主体内部网络和外部网络的一个匹配的过程（Tsai，2007）。早期内外创新网络交互的研究思想在对知识管理、集成创新和创新链的相关研究中得以体现。如 Cohen & Levinthal（1990）研究发现了组织外部技术知识系统化的整合能力和组织内部化的学习机制与产品创新呈正相关关系；Lansiti & West（1997）指出，随着竞争越来越激烈，创新所需的技术往往来不及由组织自行建立，通过技术学习和外部整合是发展的必然趋势，技术整合越好，其研发的效率就会越高。

国家重点实验室的内部创新网络决定着实验室的创新资源库存，包括知识存量、人财物力资源和自主创新能力。实验室的外部创新网络中存在着不同层次的创新合作关系，实现了实验室与外部创新网络间的创新资源交流，协同创新投入、产出以及利益分配。经过内外部网络的交互过程，实验室内部的创新资源库存得以提升，外部协同创新能力得以增强。实验室内部创新网络是其积累创新资源库存的基础和依托，决定着实验室的自主创新能力、内部协同能力以及对创新成果的控制能力，同时还决定了实验室能够向外部创新网络提供的创新资源的效用；实验室外部创新网络则提供更丰富多样的创新资源，为实验室提升其内部创新资源库存带来了多种可能。而内、外部创新网络的交互则是正调节创新资源流动和内外部网络关系维与结构维各要素的主要途径。

一方面，外部创新网络对内部创新网络具有正向影响作用。

在实验室内部创新网络与外部创新网络的交互作用下，实验室在获取外部网络中大量多样化、异质性的创新资源能刺激内部网络中对协同的正向认知，形成协同的共同愿景，并促使内部各组、各研究人员自身创新能力和彼此间的协同能力不断增强，内部网络结构与关系不断完善。另一方面，内部创新网络对外部创新网络也起到了资源的吸收者、提供者和中介者的三重作用。首先，在组织外部进行的协同创新活动要想对组织内部的创新能力产生作用，还有赖于内部网络的研发努力（Tsai，2009）。外部创新网络的各种资源需要通过实验室内部创新网络的学习、消化、吸收及应用才能发挥作用，内部创新网络在外部创新网络对创新绩效的影响中起着重要的调节作用（任胜刚等，2010）。其次，实验室将自身的先进知识、科研成果、研发技术、实验设备、专业人才等创新资源提供给外部创新网络，实现传播、交流和互动，提高了内、外部创新网络间资源填充的数量和质量。再次，随着实验室内部创新网络不断完善和成熟，实验室协同创新能力不断增强，其在外部创新网络中就逐渐起到了“中介者”的桥梁作用，通过与更多的创新主体建立连接关系，促使这些主体间关系的形成，推动了整个外部网络创新资源的互动与交流，间接促进了其他创新主体的创新能力的提升。

可见，外部网络促进了内部网络创新能力的提升，内部网络反过来又为外部网络提供更多的创新资源和创新联系，进而形成良性循环，使国家重点实验室的协同创新能力形成螺旋式上升。面向企业的模型分析和实证研究也同样证实了内外网络交互对创新能力的正向作用。杨鹏鹏等（2006）通过理性期望模型分析了内部资源能力与外部网络及其整合对建立企业竞争优势的作用；曾楠等（2011）对广东、陕西、河南、江苏、贵州、山东、甘肃、天津、辽宁等地经济技术开发区或高新区内的企业进行调研，证实了内、外部网络的协同对创新活动的成功有巨大推动作用；任宗强等（2011）通过对杭州鸿雁电器有限公司的深入调研，发现在企业成长过程中外部网络的开放性及内部网络的参与性对提升企业技术能力的重要作用，指出企业在发展过程中应该注重内、外网络的协同。他进一步指出内部网络和外部网络的互补比单个网络更有利于企业创新能力的提高（任宗强，2012）。由此，本书提出如下假设：

H3：国家重点实验室内、外部创新网络交互对协同创新能力有显著正向影响。

4.1.4 创新网络对协同创新能力影响的模型构建

根据上述内、外部网络以及内、外部网络交互对国家重点实验室协同创新能力影响的讨论，将本书的研究假设汇总如下（见表 4-1）：

表 4-1 **研究假设汇总表**

编号	假设
H1	实验室内部创新网络对协同创新能力有独立的显著正向作用
H1a	实验室内部创新网络的共同愿景对协同创新能力有独立的显著正向作用
H1b	实验室内部创新网络的创新要素参与度对协同创新能力有独立的显著正向作用
H1c	实验室内部创新网络的创新要素协同度对协同创新能力有独立的显著正向作用
H1d	实验室内部创新网络的非正式关系对协同创新能力有独立的显著正向作用
H2	实验室外部创新网络对协同创新能力有独立的显著正向作用
H2a	实验室外部创新网络的协同关系强度对协同创新能力有独立的显著正向作用
H2b	实验室外部创新网络的协同关系久度对协同创新能力有独立的显著正向作用

续表

编号	假设
H2c	实验室外部创新网络的协同关系满意度对协同创新能力有独立的显著正向作用
H2d	实验室外部创新网络的网络规模对协同创新能力有独立的显著正向作用
H2e	实验室外部创新网络的网络开放性对协同创新能力有独立的显著正向作用
H2f	实验室外部创新网络的网络异质性对协同创新能力有独立的显著正向作用
H3	国家重点实验室内、外部创新网络交互对协同创新能力有显著正向影响

结合以上假设，可以构建出国家重点实验室创新网络与协同创新能力间关系的概念模型（如图 4-1 所示）。

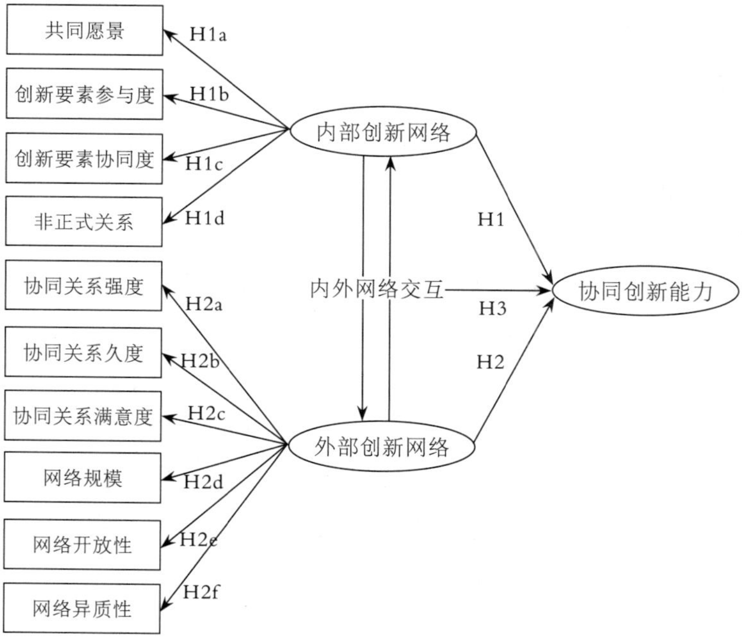

图 4-1　国家重点实验室创新网络与协同创新能力间关系的概念模型

4.2 问卷设计与分析方法

调查问卷是管理学科调查收集数据最为重要的工具（马庆国，2002）。本书即以书面问答表格为主要形式的问卷收集受访者对国家重点实验室内、外部创新网络的特征变量及相关指标的认知、态度和看法，以此来获取国家重点实验室在开展协同创新过程中的基本数据。因此，问卷设计是否合理，所收集数据是否符合本研究的基本要求，数据分析方法选取是否恰当，直接关系到本书的研究质量。

4.2.1 问卷设计的基本内容与步骤

（1）基本内容

研究目的和理论依据决定了调查问卷题项的总体安排、内容和量表构成。本书主要的研究目的是要探讨国家重点实验室内、外部创新网络对其协同创新能力的影响程度和影响机制，因此要求获取关于实验室内部创新网络、外部创新网络的特征描述变量、内外部网络交互描述变量以及实验室协同创新能力这一被解释变量的相关数据，使得能够分析内、外部创新网络的特征、网络间的交互对协同创新能力的影响。围绕这一目标，选取我国正在运行的373个国家重点实验室的研究人员和管理人员作为受访对象，设计主要包括以下五个方面内容的问卷：一是受访者所在实验室的基本情况；二是受访者对实验室内部创新网络特征属性的认知、看法及相关数据；三是受访者对实验室外部创新网络特征属性的认知、看法及相关数据；四是实验室协同创新能力的情况；五是外部创新环境动荡性的情况。

（2）主要步骤

首先，本书在对创新网络、知识管理、组织学习、创新能力、创新绩效、国家重点实验室创新管理等相关文献进行深入研读的基础上，借鉴其中经典、权威研究的理论构思以及被大量引用的实证研究文献中的已有量表，结合国家重点实验室的创新实际，设计主要研究变量的测度题项，形成本书的调查问卷初稿。题项的测量主要采用李克特 7 级量表进行测量。

其次，通过与我校科研管理、创新管理方面的研究专家和学术研究团队成员交流讨论，吸收专家和学术研究团队成员的建议，修改问卷初稿中的相关题项，使研究变量的逻辑关系更合理，测度题项的具体设计更具有可接受性。为保证不同专业背景的受访人员对相关题项理解的一致性，我们对问卷层次、题项内容和表达措辞进行调整和修改，使问卷尽量不包含专业术语，易于为各类实验室的研究人员和管理人员所理解，形成了本书的调查问卷二稿。

最后，对二稿进行预测验，主要测试变量之间的逻辑关系是否符合国家重点实验室的实际情况，以及量表中的变量测度能否反映国家重点实验室协同活动和协同创新能力的相关情况。我们随机选取以华中科技大学为依托单位的 2 所国家重点实验室中的研究人员和管理人员进行试填写，通过半结构化访谈确定这些不同专业背景的访谈对象对问卷内容都能够理解，并且所识别的问题是国家重点实验室协同创新中所面临的关键问题，使问卷内容的效度得到了很好保证，形成了问卷的最终稿（见本书附录）。

（3）注意事项

在问卷设计过程中，根据相关学者的建议，我们通过以下方式完善问卷内容，以提高问卷的有效填答率、信度和效度。

第一，在语言表达上，避免复杂语句和专业术语，用词力求明确、具体，使题项易于理解。在问题设计上，避免了多重含义、隐含假设和诱导性问题，增强问卷题项的可接受性。

第二，由于问卷涉及创新投入金额、创新产出成果等一些敏感性问题，受访者可能会拒绝回答，因此问卷尽量不涉及具体的金额或成果名称的填写，尽量将敏感性问题设置成具有区间范围的答案选项，便于受访者勾选，提高其答题意愿。

第三，在问卷卷首即向受访者说明，本问卷纯属学术研究用途，所获信息也不会用于任何商业目的，并承诺对受访者提供的信息予以保密。

第四，在预测试前，请 5 位在国家重点实验室工作的具有硕士及以上学位的研究人员对问卷的逻辑结构、题项的表达和措辞等进行了审查，并根据他们的建议和意见对问卷内容进行了修改。

4.2.2 分析方法

对以问卷调查方式所收集到的数据，进行描述性统计、效度与信度检验、验证性因子分析、高阶因子分析以及结构方程模型检验等分析工作。本研究所使用的分析软件为 AMOS 7.0 和 SPSS 19.0。

（1）描述性统计分析

描述性统计主要对样本基本资料和主要的测量变量进行描述。基本资料包括实验室的研究领域类型（基础研究/应用基础研究）、受访者的年龄、学历、职称、工作类型（研究人员/管理人员）等，以描述样本的类别、特性以及分布状况；测量变量主要包括国家重点实验室内、外部创新网络的特征变量，被解释变量——国家重点实验室协同创新能力和调节变量等各变量的极小值、极大值、均值和标准差等。

（2）信度和效度检验

信度是指衡量效果的一致性和稳定性，具体可用 Cronbach's alpha 值来衡量。量表的信度系数越高，表示用于解释一个潜变量的各观测变量具有共方差的程度越高，可观测变量的方差对于潜变量的解释程度越高。本书将针对每个变量所对应的问卷题项，计算 Cronbach's alpha 值评价信度。进行效度和信度分析所采用的统计软件为 SPSS 19.0。

效度是指测量工具能正确测量出想要衡量的性质的程度，即测量的正确性或可靠性。效度可分为内容效度（Content Validity）、效标相关效度（Criteria-related Validity）和建构效度（Construct Validity）三类。其中，建构效度由于有理论的逻辑分析为基础，同时又根据实际所得的资料来检验理论的正确性，因此是一种最严谨的效度检验方法（王保进，2007）。在统计学上，检验建构效度最常用的方法是因子分析法。如果通过因子分析有效抽取的共同因素与理论架构的心理特质极为接近，则可以说测量工具或量表具有建构效度（吴明隆，2010）。

（3）结构方程模型分析

运用结构方程模型（Structural Equation Modeling，SEM）来检验概念模型和研究假设，将针对所获数据，运用高阶因子分析（High-order Factor Analysis）检验关系强度和吸收能力的测量模型，分析各自测量模型的效度、信度和拟合优度；运用验证性因子分析（Confirmatory Factor Analysis，CFA）检验整体测量模型，分析测量模型的效度、信度和拟合优度；运用结构方程模型（SEM），进行路径分析并检验研究假设。结构方程模型分析采用的统计软件为 AMOS 7.0。

4.3 变量选择与测度

借鉴国内外常用的实证研究方法，本书按照创新理论、网络理论、协同学等相关理论的分析方法梳理了内、外部创新网络各自的特征及二者的交互作用，得出了初步研究假设和分析框架。

进而需要对各假设进行详细的测量并收集数据进行假设检验。在测量项目的选择方面，以国内外相关研究成果的已有的常用量表为基础，结合我国国家重点实验室开展创新研究活动的实际，同时考虑受访者对测量对象的理解（Lichtenthaler，2009），选取能够准确描述被测量指标特性，且容易被受访者理解和接受的题项。在测量方法上，对于定量类的指标采用数量计量法，对于定性类的指标则采用社会网络分析中常用的“自我中心网络分析法”（Egocentered Networks）（Greve & Salaff，2003），即以“讨论网络”（Discussion Network）为载体，通过受访者的认知和描述来测度网络特征。

4.3.1 被解释变量的测度

国家重点实验室作为基础研究和应用基础研究的实验平台，承担并完成了大量的国家重大基础性科研任务。其本质上具有搭建开放的科研大平台、培养和集聚人才、承担重大研究项目、产出重大科技成果、引领学科发展的重要职责。因此，国家重点实验室是创新网络中必不可少的重要一环，其协同创新能力是本书的被解释变量。目前，专门对协同创新能力开展研究和测度的文献尚未见到，国内外尚未形成协同创新能力的测度体系。结合协同创新理论和创新能力理论中对“协同创新”与“能力”两个概念的理解和界定，在以上具体案例研究的启示下，本书将国家重点实验室协同创新能力界定为：国家重点实验室运用组合手段，在实现自主创新的基础上，协同企业、高校、其他科研机构、政府、金融机构、科技中介等多元主体构成协同创新体系，对战略、技术、市场、制度、组织、文化、信息、知识、资源（包括人员、资金、基础平台、工具等）等多维创新要素进行整合利用，在实验室内部和外部发现合适的合作伙伴，建立并管理合作关系，从而获取最大化协同创新效应，实现协同产出的能力。国家重点实验室协同创新能力是运行能力、创新能力、自主创新能力概念的发展和深化，协同创新能力更强调组织间的协同合作，吸纳不同的创新主体并建立合作关系的目的是要共同开展创新活动，获得比单一主体自主创新产出更高的协同创新产出，即实现“1+1>2”的协同效应。具体来说，对国家重点实验室协同创新能力含义的理解，应把握以下两个关键点：

第一，国家重点实验室协同创新活动的开展建立在搜寻、甄选协同伙伴并建立协同关系的基础上。协同创新需要伙伴成员在多方面保持协调，例如贡献的对称性、技术的兼容性、决策系统和管理风格的互补兼容性、价值的兼容性等方面（Limmerick，1998）。建立协同关系则通常要经过以下五个步骤：第一步是确定组织战略目标，建立完成目标所需的能力集；第二步是评估现有能力，明确能力优势及劣势；第三步是确定挑选合作伙伴的准则；第四步是正式建立伙伴关系；第五步是维持伙伴关系或结束伙伴关系（Lyons & Landeros，2002）。因此，对国家重点实验室协同创新能力的理解需要关注实验室建立协同创新战略规划，并在此基础上发现合作伙伴、建立和管理协同关系的能力。

第二，国家重点实验室通过与不同创新主体间的协同活动实现价值增长。这种价值的增长既可能表现为促进实验室原有自主创新产出增加，也可能体现在新生协同成果的价值创造上。因而国家重点实验室协同创新能力侧重于对协同创新具体行为以及协同投入和产出成果的探讨，即关注实验室能为合作伙伴提供创新资源并获得创新产出的能力。

基于此，本书从以下五个方面对国家重点实验室的协同创新能力进行衡量：一是对国家重点实验室嵌入创新网络中实施协同创新的思考、判断、预测与规划的能力；二是在实验室内、外部创新网络搜寻、发现、识别、筛选合作伙伴并建立合作关系的能力；三是采取各项措施管理和协调网络合作关系、维持创新网络相对稳定性能力；四是实验室能为创新网络提供知识、技术、人财物力等各类创新资源供其他创新主体使用的协同创新投入能力；五是在实验室协同创新目标的引导下，能整合、吸收、运用、协调内、外部创新网络中的知识、技术、人财物力等各类创新资源并实现创新产出的能力（见表 4-2）。

表 4-2　　国家重点实验室协同创新能力测量设计

变量	测量题项
协同创新能力	实验室协同创新战略规划是成功的
	实验室擅长发现合作伙伴并建立合作关系
	实验室擅长管理和协调各种合作关系
	实验室向创新网络中投入的知识、技术、人财物力等各类创新资源的投入水平
	实验室从创新网络中吸收各类创新资源并实现创新产出的产出水平

4.3.2 内部创新网络解释变量的选择与测度

（1）共同愿景

共同愿景可以被看作一种联结机制，帮助不同的行动者整合知识，当共同的愿景建立起来后，组织内的成员对彼此之间如何交流具备了相似的认知，这样可以降低知识共享和交流的成本（Becerra- Femandez & Sabheiwal, 2001; Inkpen & Tsang, 2005），因此，可以用实验室成员对协同创新目标的认同度来测量共同愿景。除此之外，Tsai & Ghoshal（1998）还用“对集体目标实现充满激情”这一题项来测量共同愿景，Calantone et al（2002）则在“目的共性”“一致性”“目标承诺”等常见题项之外，选取了“参与发展”题项，描述所有成员在活动中的参与性。Molina-Morales & Martínez-Fernández（2010）选取了合作伙伴间具有相同的志向与愿望、奉行共同的目标和使命等题项来测量共同愿景。由此可见，共同愿景可以用目标一致性、认同性和目标完成度相关题项来描述（见表 4-3）。

表 4-3　　**内部创新网络共同愿景测量设计**

变量	测量题项	依据或来源
共同愿景	实验室成员对协同创新目标的认同度	Becerra-Femandez，2001；Inkpen，2005
	实验室成员对实现协同创新目标充满激情	Tsai & Ghoshal，1998
	实验室成员对协同创新任务的完成度	Calantone et al，2002

（2）创新要素参与度

许庆瑞（2003）提出的全面创新管理（TIM）理论指出，协同创新就是创新要素之间不断整合互动的过程。在这一过程中，技术、组织、市场、战略、文化、制度等是参与协同的主要创新要素，这些创新要素在全时空和全员参与下实现立体、全方位、全要素的全面协同，能促进创新绩效的提高（郑刚，2004）。在提出全面创新管理理论后，许庆瑞等（2005）进一步对技术、组织、市场、战略、管理、文化、制度的全面协同程度和企业特质之间的关系进行了实证研究，指出采用技术领先战略、加大研发力度、培养并引进高技术人才、努力营造市场导向的创新型文化、促进员工间的相互信任与支持、提供宽松的组织环境和创新氛围对于创新绩效会非常有益。这对本书设计国家重点实验室内部创新要素参与度的测量题项提供了有益借鉴。结合国家重点实验室开展协同创新的特质，本书从实验室的规划、制度、组织文化、各研究小组和人员参与等几个方面对实验室内部创新要素参与度进行测量（见表 4-4）。

表 4-4　　内部创新网络创新要素参与度测量设计

变量	测量题项	依据或来源
创新要素参与度	实验室内部有开展协同创新的具体规划	许庆瑞，2003，2005；郑刚，2004
	实验室有鼓励、奖励协同创新的制度	Freeman，1988；Lundvall，1988
	实验室有认同协同创新的组织文化	Thornherry，2003
	实验室各研究小组、部门参与协同创新的积极性	Ensign & Hebert，2009
	实验室各研究人员参与协同创新的积极性	Radosevic，1998；Hamel，2006

（3）创新要素协同度

协同创新就是创新要素之间不断整合互动的过程。协同度是对创新系统内部要素在相互作用过程中和谐一致程度的度量（Haken，1993）。实验室内部创新要素的协同度反映了各创新要素之间的联系程度，通常可以用整合、互动、沟通以及协调关系的程度来衡量。如 Kahn（1996）就从互动（Interaction）和协作（Collaboration）来界定整合（Integration）。其中，互动强调组织内部各创新部门之间的沟通与交流，协作则强调各创新部门的共同的（Collective）活动。他进一步将组织内部不同职能部门间的整合分为互动、合作和跨职能协调 3 种类型（Kahn，2001）。各类创新要素协同的落实载体仍然是实验室的研究人员和管理人员等行动者，因而协同创新从本质上讲是一个从沟通到协调再到合作，最后实现协同的过程，行动者之间的沟通十分重要（蒋兴华等，2008），沟通能力强就是协调能力强的体现（Kristian et al，2003），意味着实验室各行动者间能形成“共同的远见”（Calantone et al，2002），从而有利于各类创新要素协同的实现。

因此，沟通能力可以作为测量要素协同度的一个指标。在要素协同过程中，难免出现意见不一致的冲突情况，实验室内部各行动者对冲突的解决协调程度也是降低协同障碍程度的重要因素（Philbin，2008），层级的淡化则被认为是重要的冲突的解决方案（Ruekert et al，1987）。此外，行动者的知识基础、团队工作和风险承担也都有助于形成组织内的要素交换和整合能力（Smith et al，2005）。基于此，本书从沟通渠道、互助合作、组织结构、冲突解决的程度四个方面来测量实验室内部创新要素的协同度（见表 4-5）。

表 4-5　　**内部创新网络创新要素协同度测量设计**

变量	测量题项	依据或来源
创新要素协同度	实验室内部沟通渠道畅通	Kahn，1996；Kristian et al，2003
	实验室各研究小组/部门间互助、合作频繁	Smith et al，2005；蒋兴华等，2008
	实验室管理层次少、扁平化程度高	Ruekert et al，1987
	实验室内部冲突解决及时、妥善	Philbin，2008

（4）非正式关系

内部非正式关系对知识共享的驱动力源自于成员间的信任和社会交互（Rank，2008）。因此，实验室内部成员间的信任程度是衡量内部网络非正式关系的标准之一。“信是组织的核心力量，诚是组织的推动力量（池田大作，1992）”，信任作为非正式网络关系形成的主要驱动力，对知识共享有正面影响（Willem et al，2006）。而成员间的社会交互程度则可以用拥有的非正式交互的渠道以及跨小组间连接与日常合作的程度来测度（Ritter & Gemunden，2003）。基于此，本书设计如下题项来测量内部创新网络的非正式关系（见表 4-6）。

表 4-6　　内部创新网络非正式关系测量设计

变量	测量题项	依据或来源
非正式关系	实验室内部成员间的信任程度	Rank，2008；Willem et al，2006
	内部非正式交互渠道	Ritter & Gemunden，2003
	内部成员间分享、切磋、交流频繁	Ritter & Gemunden，2003；Rank，2008

4.3.3　外部创新网络解释变量的选择与测度

（1）外部网络的关系维

第一，协同关系强度。协同关系强度是体现协同关系的重要维度，一般用组织间交往的频率来度量（Granovetter，1973；McEvily & Zaheer，1999；陈学光，2007；彭新敏，2009）。在众多学者都认同的"互动频率"这一基础度量指标以外，Burt（1992）增加了"亲密程度"这一指标，Uzzi（1997）用信任、信息共享和共同解决问题三个维度来测度，Ritter & Gemünden（2003）以技术交融（Technological Interweavement）测度企业间技术协作的关系强度，Nooteboom & Gilsing（2004）从互动频率、个人信任、互惠理解的特殊性投资、持续性、范围、正式控制等方面来测量，Capaldo（2007）用关系持续时间、合作频率与合作强度来分别表征，吴绍波等（2008）设计了互动频率、信任度、资源相互依赖程度、资产专用化程度四个测量指标，潘松挺等（2010）从接触时间、投入资源、合作交流范围、互惠性四个维度来测量网络关系，Eisingerich et al（2010）则用交往的频率、稳定性和互信的综合表现来衡量。综合以上研究发现，对协同关系强度的测量主要从互动频率、信任程度、亲密性、互惠程度几个方面展开。但是，需要指出的是，亲密性指标涉及社会网络中的感情深度概念，是很难量化的抽象指标，并不适用于作为创新主体的国家重点实验室和其他创新主体间关系的描述。而对于特定关系资源投入的数量更能反映合作的深度（Rowley et al，2000），因此，本书采用资源共享程度来代替亲密性指标。基于此，本书设计如下题项来测量外部创新网络的协同关系强度（见表 4-7）。

表 4-7　**外部创新网络的协同关系强度测量设计**

变量	测量题项	依据或来源
协同关系强度	实验室与其他创新主体互动联系频率	Granovetter，1973；McEvily，1999
	实验室与其他创新主体彼此信任程度	Uzzi，1997；Eisingerich，2010
	实验室与其他创新主体资源投入/共享程度	Uzzi，1997；Rowley，2000
	实验室与其他创新主体互利互惠程度	Nooteboom，2004；潘松挺，2010

第二，协同关系久度。协同关系久度一般都以协同关系持续时间的长度来进行测量（Powell et al，1996；Dhanaraj & Parkhe，2006）。实际上，在很多研究中，关系久度被看作关系强度的测量指标之一（Kraatz，1998；Capaldo；2007；潘松挺等；2010）而并未被单独列出进行研究。但是，本书作者在研究国家重点实验室协同创新系统的稳定性时发现，国家重点实验室协同创新系统的发展符合 Logistic 模型的描述，其中用 x（t）表示国家重点实验室的创新产出，这一产出水平是时间 t 的函数。由于协同创新系统的资源、信息、技术、知识等要素都将随着时间 t 而变动，所以这些因素都可以简化为时间 t 的函数。因此，长久的协同关系有助于维持国家重点实验室创新网络的稳定性，即创新网络保持自身结构和功能相对稳定的能力。从“恒定性”

(Constancy)、“持久性”(Persistence)(Margalef，1975)、“惯性”(Inertia)(Jin，1991)等对稳定性进行描述的词汇中同样可以看出，创新网络的协同关系持续的时间长度是衡量国家重点实验室外部创新网络的稳定性的重要指标，而网络稳定性恰恰是关系协同创新正常运行、高效产出和可持续发展的关键。除此之外，Chou et al (2005) 对 157 家中国台湾信息服务企业进行实证研究发现，良好的学习氛围可以维持协同关系的持久稳定。因此，本书将协同关系久度从关系强度的内涵要素中单列出来，作为一项独立指标，用以考察实验室外部创新网络对协同创新能力影响机制，并从协同时间长度、稳定性和学习氛围三个方面来测量协同关系久度(见表 4-8)。

表 4-8 外部创新网络的协同关系久度测量设计

变量	测量题项	依据或来源
协同关系久度	实验室与其他创新主体的合作历时	Powell，1996；Dhanaraj，2006
	实验室与其他创新主体关系的稳定性	Margalef，1975；Jin，1991
	外部协同关系中学习氛围与知识获取效率	Chou et al，2005

第三，协同关系满意度。Geyskens et al (1999) 指出，对合作关系的满意程度可以用经济指标和非经济指标衡量，其中经济指标包括销售量和利润，非经济指标包括更加顺畅的沟通、互相尊重、更愿意交流问题的看法。Gilbert et al (2010) 也提出关系满意度的衡量应该从对关系本身的满意度 (Satisfaction with Relationship) 和对关系引致的结果的满意度 (Satisfaction with Results) 两个维度进行衡量。其中，前者是指在合作过程中双方能够互相尊重和信任，愿意交流问题，后者是指对销售量和利润增长等经济指标的满意程度。可见，对关系满意度测量的研究可

以从过程和结果两个方面展开。Mehta et al（2006）经过实证研究指出，学习导向、关系承诺和合作对关系满意度具有正向影响；姜骞等（2011）也发现知识获取的效率和效果与关系满意度正相关。综合上述研究可以发现，对关系满意度的测量可以从关系过程和关系结果两个角度来进行。基于此，本书设计如下题项来测量外部创新网络的协同关系强度（见表 4-9）。

表 4-9　**外部创新网络的协同关系满意度测量设计**

变量	测量题项	依据或来源
协同关系满意度	实验室与其他创新主体彼此尊重程度	Geyskens et al，1999
	实验室与其他创新主体交流愉快程度	Mohr et al，1994； Walter et al，2003
	协同合作使实验室的创新产出增加	Gilbert et al，2010

（2）外部网络的结构维

第一，网络规模。网络规模可以从合作伙伴数量大小（Size）和合作关系范围（Range）两个方面进行界定。从网络合作伙伴数量大小方面看，网络的规模可以界定为，与创新主体“直接相关联的创新伙伴的数目”（Marsden，1990），或者是创新网络中节点成员的数量（池仁勇，2005；Thorgren et al，2009），或者是网络内重要节点的数目以及相应的比例（任胜钢等，2011）。从网络合作关系范围方面看，网络规模即网络中各创新节点国家重点实验室开展平台共建、设备共享、项目合作、共同研发、科学研讨、技术转让、宏观指导、金融及其他中介支持等和协同创新有关的“业务关系的集合”（Schutjens & Stam，2003）。Jarillo（1988）也用网络内提供不同资源的关系总数来表征网络规模，而这些不同的资源关系则是由不同的创新主体提供的。结合对网络规模测量的经典研究，本书通过不同类型的合作伙伴的数量来界定网络规模。

在国家重点实验室外部创新网络中，主要合作伙伴是高校、企业以及其他研究机构，通过资源共享和信息交流，实现实验室与创新伙伴资源与技能的互补和协同。此外，政府作为创新网络中的重要节点，虽然不直接进行创新研发活动，但政府能通过与实验室、高校、企业、其他科研机构等创新主体建立各种类型的网络关系来促进网络的形成和协同创新的实现，还将通过对创新活动的宏观管理、政策干预、战略导向、创新服务等形式推动协同创新。而行业协会、科技中介、金融中介等创新网络中介机构能提供创新概念、技术架构以及资金、法律和担保服务（Gemünden et al，1996），发挥信息交流、沟通联结、咨询服务、知识整合、鉴定评估、孵化和商业化等功能（Howells，2006），是国家重点实验室、高校、企业及其他科研机构稳定和持续合作的重要纽带（Massa & Testa，2008）。因此，本书用参与国家重点实验室协同创新的高校、企业、其他科研机构、中介机构及相关政府部门的数量来测量国家重点实验室外部创新网络的规模（见表 4-10）。

表 4-10 **外部创新网络的网络规模测量设计**

变量	测量题项	依据或来源
网络规模	密切合作高校的数量	Marsden，1990；Hislop，2005
	密切合作企业的数量	Uzzi，1999；池仁勇，2005
	密切合作科研机构的数量	Thorgren et al，2009
	密切合作的金融中介、行业协会等科技中介的数量	Schutjens & Stam，2003
	密切相关的政府机构的数量	Jarillo，1988

为避免问卷填答人在具体数量上存在含混不清的模糊认知，或对填写具体数量可能存在心理顾虑，本书在涉及合作伙伴数量的题项上采取区间填答的方法。结合前期案例搜集分析过程掌握

到的实验室的合作机构类型和数量，以及相关专家意见，将实验室合作伙伴的数量分成“0个”“1~3个”“4~7个”“8~10个”“11~15个”“16~30个”“30个以上”，分别对应赋值的“1~7”值。

第二，网络开放性。Eisingerich et al（2010）从网络成员的多样性、接受新成员的意愿以及与外部组织的联系状况三个维度来表述创新网络的开放性。解学梅（2013）将网络开放性界定为与不同地域、规模、行业的创新合作伙伴联系的广泛性以及主观上与新进入集群企业合作的意愿，设计了“与不同规模的企业广泛联系、与不同区域的企业广泛联系、与不同行业的企业广泛联系、与集群内新进企业合作”四个网络开放性的测量指标。彭华涛 和 Sadowski（2014）在研究“每 20 分钟产生一项专利”的荷兰埃因霍芬高科技园区创新网络时，从战略网络的类型和动态变化趋势等方面考察了对开放式创新网络的影响。汪良兵（2014）则侧重于在网络中获取外部资源的定量测量，选取了各地区外商直接投资额、各地区国外技术引进合同金额两个变量来表征网络开放性。综上可见，对网络开放性的测量主要从创新主体所嵌入的创新网络节点间互相开放的程度，以及创新网络向外部扩张、开放获得新的创新伙伴和资源的广泛性两个方面展开。需要指出的是，与创新网络现有的以及备选的合作伙伴联系的“广泛性”是极其模糊和宽泛的一个指标，在测量时很容易因为对“广泛”程度的理解不一而造成测量结果的偏差。因此，本书借鉴 Eisingerich et al（2010）对于网络开放性界定，从接受新成员的意愿以及与外部组织的联系状况两个角度来测量开放性。接受新成员的意愿是心理测量指标，可直接采用李克特 7 计量表测量；与外部组织的联系状况则参考汪良兵（2014）采用的定量测量方法，采用“投资额”这一定量的指标来进行测量（见表 4-11）。

表 4-11　外部创新网络的网络开放性测量设计

变量	测量题项	依据或来源
网络开放性	实验室从外部创新网络中获取的投资总额	于明洁等（2013）；汪良兵（2014）
	实验室向外部创新网络中释放的投资总额	Eisingerich et al（2010）
	接受新成员的意愿	Eisingerich et al（2010）

与网络规模测量指标类似，网络开放性涉及的投资金额同样采用区间填答法而不涉及具体的投资数额。在对我国国家重点实验室年度科研总经费和自主课题经费数额均值区间了解的基础上，结合相关专家意见，将实验室从外部创新网络获取的投资总额以及向外部创新网络释放的投资总额（单位：万元）分成[0，50)、[50，100)、[100，150)、[150，200)、[200，300)、[300，500)、[500，+∞）7个区间，分别对应赋值的“1～7”值。

第三，网络异质性。在网络异质性的测量方面，Agresti（1978）提出了网络异质性的IQV（The Index of Qualitative Variation）计算方法：其中，k是分类的数量，P_i是在第i类中的数量占总数的比重。IQV指数的取值范围是0～1，1表示最大的异质性，0表示最大的同质性。

$$IQV=\frac{1-\sum_{i=1}^{k}p_i^2}{1-\frac{1}{k}}$$

李煜（2001）提出了“网络位差”的概念来间接测度网络的异质性，即考察网络关系中资源的范围或最丰富和最贫乏的有价值资源之间的距离；邬爱其（2006）采用网络中同一类型的合作伙伴之间的规模差距来衡量网络异质性，规模差距越大代表异质性越高；陈学光（2007）从伙伴类型（客户、供应商、同行、科研院所、政府部门等）、联系背景（商业、朋友、同事、本地熟人、同学等）和分布区域（跨县、市、省、国等）3个维度描述创新网络的异质性；解学梅（2013）则界定了异质性的反面——网络的同质性，选取了“产品有很大的相似性、技术有很大的相似性、企业文化有很大的相似性、共同分享市场”四个定性指标来测量网络的同质性。通过计算“网络位差”间接测度异质性的方法效度不高，IQV法虽然精确，但在进行问卷调查时进行复杂的计算填答容易引起被调查人员的抗拒和反感，且IQV计算公式中的第i类合作伙伴的数量以及合作伙伴总数分别在“网络规模”指标中已经得以测量了，因此，本书对网络异质性的测度仍然采用“自我中心网络分析法”。参考现有学者的测量指标，结合实验室瞄准学科前沿进行基础研究与应用基础研究的实际情况，本书从合作者的行业分布、地理分布、研究方向差异和文化差异四个角度来测量国家重点实验室外部创新网络的异质性（见表4-12）。

表4-12　**外部创新网络的网络异质性测量设计**

变量	测量题项	依据或来源
网络异质性	实验室外部合作伙伴的行业分布广泛	Burt，1992；陈学光，2007
	合作伙伴在地理位置上分布广泛	陈学光，2007
	合作伙伴研究方向差异	McEvily & Zaheer，1999；邬爱其，2006
	合作伙伴文化差异	解学梅，2013

4.3.4 调节变量的选择与测度

国家重点实验室内、外部创新网络对协同创新能力作用的预期效果会受到环境动荡性（Environmental Turbulence）的影响。

从本书的探索性案例中也可以看出，实验室创新网络的形成和演化显然受到不同时期创新环境的影响。爱因斯坦曾说，“在我去世之前，希望有人能向我解释清楚到底什么是量子物理学；在我去世之后，希望上帝能够向我解释清楚到底什么是动荡”。如果放在今天的“大科学”时代再看科学研究和创新活动，爱因斯坦可能会更加迷惑不已——各方面的动荡性在不断加强，无处不在。对于创新主体而言，环境动荡性是环境与一般的不确定性条件变化的频率和幅度（Duncan，1972）。有学者认为环境动荡性是环境对组织临时性的扰乱，而这种扰乱的发生难以预测、对组织具有破坏性并且通常产生有害的影响（Meyer，1982），可能为组织、管制者、投资者、顾客等带来危机，并产生与预期完全相反的结果（Sine & David，2003）。但是，在开放式创新的研究中，许多学者认为，环境动荡性对组织的创新能力和创新绩效有促进作用。例如，认为动荡的环境会产生大量的新机会（Sull，2009），从而会激励组织应用动态能力去寻求新的资源或市场，追求或利用这种机会打破现有的资源刚性（Pavlou & ElSawy，2011）。

许多对企业开放式创新、组织学习及创新网络的实证研究同样证明了环境动荡性的影响作用或调节作用。Cesaroni（2004）对 96 个欧美日大型化学公司的实证分析表明，外部技术环境对企业技术能力拓展战略（如企业有关技术资源获取的策略）都有很大的影响，进而影响企业的创新能力和创新绩效；林萍（2009）以福建省企业为研究对象，利用因子分析和结构方程模型验证了环境动荡性在组织动态能力对绩效的正向影响中起到调节作用，且环境动荡性越高，动态能力对组织绩效的作用越大；蒋旭灿等（2011）以浙江宁波和上海市的企业作为样本，以创新资源共享为前因变量，证实了市场动荡性在资源共享频率与创新绩效以及资源输入与创新绩效的关系之间起正向调节作用，技术动荡性在资源输出与创新绩效的关系之间起着正向调节作用；王海花、谢富纪（2012）对上海、宁波、济南等地的创新型企业进行调研发现技术动荡性对企业创新绩效的影响不显著，市场动荡性对企业创新绩效具有显著的正向影响。国家重点实验室作为创新网络中开展前沿创新并将研究成果付诸产业转化应用的创新主体，同样面临着日新月异的创新环境，实验室内、外部创新网络对协同创新能力的作用机制同样将受到快速变化的环境的影响。

关于测度环境动荡性的分析单元，在早期的研究中存在着多种划分方法。Milliken（1987）认为环境动荡性由环境不确定性、效果不确定性和反应不确定性等构成。Daft & Sormunen（1988）将环境分为遥远型环境和任务型环境，遥远型环境由政治/法律、经济、社会/文化和技术四个部分组成，而任务型环境是由所有与组织目标的制定和完成密切相关的因素组成，包括竞争对手、顾客和资源的供应者。还有学者将环境划分为组织内部环境与外部环境（Duncan，1972）、技术环境与制度环境（Hodge & Johnson，1970）、任务环境与制度环境（Tan & Litschert，1994）等。随着对环境动荡性与组织绩效间关系研究的深入，后期学者比较一致的看法是，环境动荡性中最关键的两个维度是技术环境的动荡性和市场环境（包括竞争环境）的动荡性（Wheelwright & Clark，1992；Achrol & Kotler，1999；Jaworski & Kohli，1993；Joshi & Campbell，2003；王永贵等，2004；Sethi & Iqbal，2008；冯军政，2012）。

对于国家重点实验室而言，创新市场动荡性是指在从创新思想的萌芽、资源捕获、创新活动实施、成果产出与转化的整个过程中，实验室面对的由创新资源的提供者与创新成果的需求者共同构成的创新市场难以察觉的、持续变化的不稳定性。国家重点实验室面临的创新市场环境动荡性越强，对从基础研发到成果转化的整个创新价值链中涉及的其他创新主体就有着越深层次的合作需求，越需要整合各种内外部创新资源来提升协同创新能力。同时，由于国家重点实验室还肩负着国家安全与社会发展建设的重要使命，国家作为实验室创新产出需求的最大“客户”，政府的创新战略目标与政策的变化同样会造成实验室创新市场的动荡性，进而影响实验室创新活动的扩张和深入。

知识技术动荡性是指国家重点实验室对创新知识和领先技术环境的感知，重点指无法为人所准确预测或完全理解的前沿知识与技术环境的某个方面。作为未知领域的探索者、前沿科学的开拓者和交叉学科研究的践行者，比起企业产品创新面临的技术环境的动荡性而言，国家重点实验室面临的是更广阔的未知领域，发展变化速度更快的科学知识，而这是促使知识特别是隐性知识和技术资源共享的重要推动力。为了在国际学科发展前沿的研究中获得竞争优势，知识技术动荡性水平越高，国家重点实验室越需要与国内外前沿领域的高校和科研机构开展学科交流、大型实验设施设备共享、技术学习、合作研究、联合研发、组建创新联盟或成立协同创新中心。由此，本书参考多数学者的研究成果，从创新市场环境动荡性和知识技术环境动荡性两个维度来对环境动荡性进行测量（见表 4-13）。

表 4-13 **环境动荡性调节变量的测量设计**

变量	测量题项	依据或来源
创新市场环境动荡性	科研成果转化类产品市场客户的需求经常变动	Wheelwright & Clark，1992
	市场上科研成果转化类产品更新换代非常快	Achrol & Kotler，1999
	政府出台的创新相关政策变化很快	Tan & Litschert，1994
	实验室很难预测政府创新政策的变化趋势	Tan & Litschert，1994
知识技术环境动荡性	实验室研究领域内的知识与技术发展非常快	Joshi & Campbell，2003
	该领域内的知识与技术的发展为实验室的研究提供了大量机会	Jaworski & Kohli，1993
	实验室预测未来五年内本研究领域的科学发展趋势非常难	Jaworski & Kohli，1993

4.4 本章小结

国家重点实验室协同创新能力是通过实验室内、外部创新网络螺旋交互发展过程中逐步形成的，内部创新网络通过自主创新、学科交叉研究、学术研讨交流等活动探索、开发与利用创新资源，不断提升内部协同创新能力；同时借助外部创新网络中的知识、技能、人财物力等创新资源与内部网络资源形成互补优势，实现内外部网络的协同。

本章通过对国家重点实验室内、外部创新网络要素特征及对创新活动的影响作用的分析，提出了本书的研究假设和基本概念模型，确定了验证假设和概念模型所需要的研究方法，阐明了问卷设计的基本内容和步骤。对基本概念模型中的国家重点实验室内、外部创新网络的认知特征、关系特征、结构特征、内外部网络交互，以及协同创新能力等变量进行严格的操作性定义，并根据现有研究基础和成熟量表，结合国家重点实验室的战略目标、研究定位和运行的实际情况，选择合适的题项来测量各个变量，进行问卷设计。

5　问卷调查与数据分析

5.1　问卷调查

5.1.1　样本选择

截至目前，我国大陆地区正在运行的国家重点实验室共 373 个，其中院校类 260 个，企业类 99 个，军民共建类 14 个。本书主要选取 359 个院校类和企业类国家重点实验室作为样本池。其中，依托单位为教育部属高校的实验室 133 个，依托单位为中科院属科研机构的实验室 81 个，依托单位为企业的实验室 99 个，依托单位为其他部门和地方所属高校及科研机构的实验室 46 个，分布比例如图 5-1 所示。

260 所院校类国家重点实验室瞄准的学科领域分布情况如图 5-2 所示。

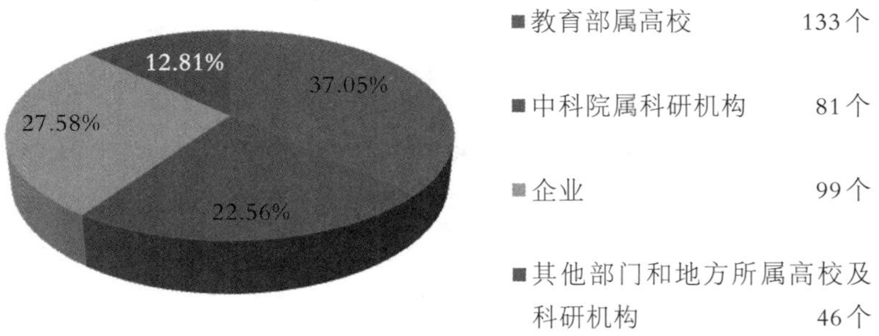

图 5-1 院校类和企业类国家重点实验室依托单位分布比例图

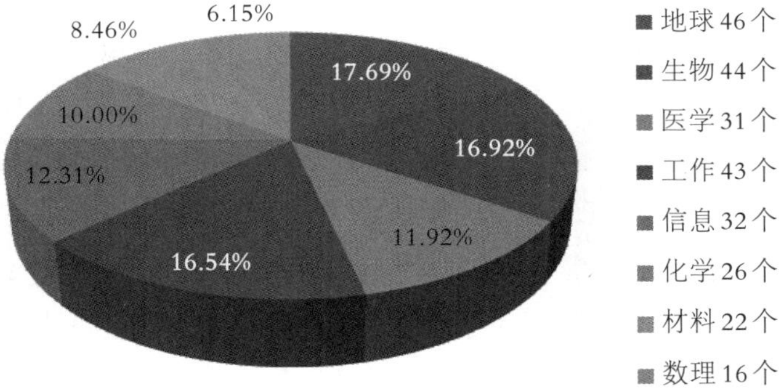

图 5-2 院校类国家重点实验室学科领域分布图

99 所企业类国家重点实验室瞄准的学科领域分布情况如图5-3所示。

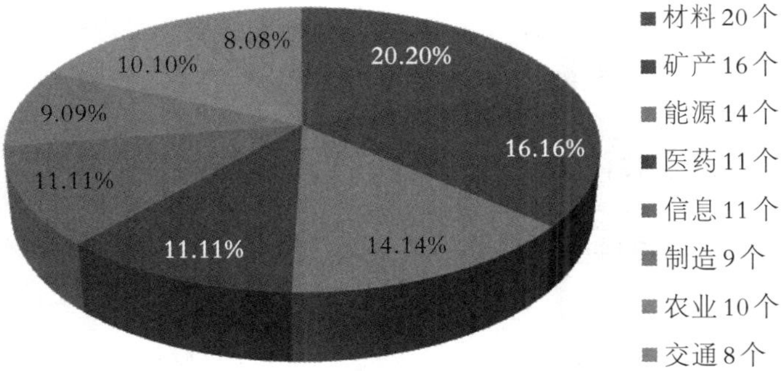

图 5-3 企业类国家重点实验室学科领域分布图

为尽可能降低国家重点实验室所属的不同学科领域及其研究类型对统计分析的影响，本书将从 359 所面向各类学科领域研究的国家重点实验室中均匀挑选样本，即分别在院校类和企业类实验室中的每一类研究领域中随机抽取相同数量的样本，开展大规模的问卷调查。

5.1.2 问卷发放与回收

我们对各领域内的国家重点实验室采取随机抽样的方式抽取受访对象。企业类各研究领域中数量最少的为“交通”类实验室，共 8 所，故企业类实验室每一研究领域随机抽选 3 所实验室。因院校类实验室总数约为企业类实验室的 2.6 倍，则样本数亦按照企业类样本数量的 2.6 倍选取，即院校类实验室的每一研究领域下随机抽取 8 所实验室作为调查对象，共抽取 112 所实验室作为调查样本，样本数占院校类和企业类实验室总数的 31%，在抽样方法上保证了较高的精确度（对于规模在 1 000 以下的总体，抽样比率要大于 30%以保持较高的精确度）。同时，每所实验室的研究人员和管理人员众多，考虑到答卷者过多可能存在的样本统计难度和样本精度问题，因此以每个样本实验室的全体研究人员和管理人员为样本池，再进行二次抽样。每所实验室随机抽取 5 名研究人员发放问卷。以电子邮件的形式共发放问卷 560 份，回收问卷 224 份，回收率为 40%。删除回收问卷中存在漏答题项或不同题项的选择答案几乎没有差异的无效问卷后，得到有效问卷 209 份，问卷有效率 93%（见表 5-1）。

5.1.3 共同方法偏差

由于本书的主要变量均来源于同一份调查问卷，因此，需要检验并避免出现共同方法偏差（Common Method Biases）。共同方法偏差即因为同样的数据来源或评分者、同样的测量环境、项目语境以及项目本身特征所造成的预测变量与效标变量之间人为的共变。这种人为的共变会对研究结果产生严重的混淆并对结论有潜在的误导，是一种系统误差（Podsakoff et al，2003；周浩等，2004）。

表 5-1 **问卷发放对象与数量**

院校类	SKL总数	SKL样本	发放问卷	回收问卷	回收率	有效问卷	有效比	企业类	SKL总数	SKL样本	发放问卷	回收问卷	回收率	有效问卷	有效比
地球	46	10	50	21	42%	20	95%	材料	20	4	20	10	50%	10	100%
生物	44	10	50	24	48%	21	88%	矿产	16	4	20	8	40%	7	100%
医学	31	10	50	19	38%	18	95%	能源	14	4	20	11	55%	10	91%
工程	43	10	50	22	44%	21	95%	医药	11	4	20	8	40%	8	100%
信息	32	10	50	17	34%	17	100%	信息	11	4	20	7	35%	6	86%
化学	26	10	50	20	40%	19	95%	制造	9	4	20	7	35%	5	71%
材料	22	10	50	16	32%	15	94%	农业	10	4	20	9	45%	8	89%
数理	16	10	50	18	36%	17	94%	交通	8	4	20	7	35%	7	100%
合计	260	80	400	157	39%	148	94%	合计	99	32	160	67	42%	61	91%

为了预防共同方法偏差，本书首先针对共同方法偏差的来源采取了程序控制。在量表设计时注意平衡各项目的顺序，改进了量表的项目，降低项目的模糊性，使各题项简单明了，清晰易懂。同时，在问卷中重点强调本问卷仅出于纯粹的学术研究目的而设计，并承诺保护答题者的匿名性，从而减小答题者对测量目的的猜度。另外，在发放问卷时尽量避免选取来自同一实验室的大量受试者，而是随机均匀选取大量的实验室，每个实验室仅随机抽取 5 名受试者，使受试者在不同学科领域、不同实验室间充分分散，以避免同类型的评分者过多而造成共同方法偏差。

其次，在回收问卷以后对有效问卷进行统计检验控制共同方法偏差。本书选取简单易用的 Harman 单因素检验法。这种技术的基本假设是如果方法变异大量存在，进行因素分析时，要么析出单独一个因子，要么一个公因子解释了大部分变量变异。传统的做法是把所有变量放到一个探索性因子分析中，检验未旋转的因子分析结果，确定解释变量变异必需的最少因子数，如果只析出一个因子或某个因子解释力特别大，即可判定存在严重的共同方法偏差（Livingstone et al，1997；Eby & Dobbins，1997）。因此，我们对回收问卷的所有变量数据进行了探索性因子分析，并未出现仅析出一个因子的情况，在析出所有因子中，第一个因子解释了 25.86%的变异，远小于总变异，可见共同方法偏差的影响不大。

5.2 数据分析

5.2.1 样本的描述性统计

除了解受试者年龄、学历、职称、职务的基本情况的调查题项以外，本问卷共设计了 49 个题项，其中被解释变量——实验室的协同创新能力测度题项 5 个；解释变量中，实验室内部创新网络特征变量题项 15 个，外部创新网络特征变量题项 22 个，调节变量测量题项 7 个。为了便于 SPSS 的数据录入，将各变量的测量题项的主要要素提炼、抽象并编码（各变量编码见表 5-2）。运用 SPSS 19.0 对样本数据中的答卷者基本情况以及各类分析变量进行描述性分析。

表 5-2 **变量测量编码表**

变量类型	变量维度	测量题项	题项抽象	编码
解释变量——内部创新网络	共同愿景	实验室成员对协同创新目标的认同度	认同度	X1
		成员对完成协同创新目标充满激情	有激情	X2
		成员对协同创新任务的完成度	完成度	X3
	内部创新要素参与度	实验室内部有开展协同创新的具体规划	有规划	X4
		有鼓励/奖励协同创新的制度	奖励制度	X5
		有认同协同创新的组织文化	协同文化	X6
		各研究小组/部门参与协同创新的积极性	部门积极性	X7
		各研究人员参与协同创新的积极性	成员积极性	X8
	内部创新要素协同度	实验室内部沟通渠道畅通	沟通渠道畅通	X9
		各研究小组/部门间互助、合作频繁	部门合作频繁	X10
		实验室管理层次少、扁平化程度高	扁平化程度	X11
		内部冲突解决及时、妥善	冲突解决及时	X12

续表

变量类型	变量维度	测量题项	题项抽象	编码
解释变量——内部创新网络	内部非正式关系	实验室内部成员间的信任程度	内部信任	X13
		内部非正式交互渠道	非正式渠道	X14
		内部成员间分享、切磋、交流频繁	成员合作频繁	X15
解释变量——外部创新网络	协同关系强度	实验室与其他创新主体互动联系频繁	外部互动频繁	X16
		实验室与其他创新主体彼此信任程度	外部信任	X17
		实验室与其他创新主体资源投入/共享程度	资源共享	X18
		实验室与其他创新主体互利互惠程度	互利互惠	X19
	协同关系久度	实验室与其他创新主体的合作历时	关系持久	X20
		实验室与其他创新主体关系的稳定性	关系稳定	X21
		外部协同关系中学习氛围浓厚、知识获取效率	学习氛围	X22
	协同关系满意度	实验室与其他创新主体彼此尊重	彼此尊重	X23
		实验室与其他创新主体交流愉快	交流愉快	X24
		协同合作使实验室的创新产出增加	产出增加	X25
	外部网络规模	密切合作高校的数量	合作高校	X26
		密切合作企业的数量	合作企业	X27
		密切合作科研机构的数量	合作科研机构	X28

续表

变量类型	变量维度	测量题项	题项抽象	编码
解释变量——外部创新网络	外部网络规模	密切合作金融中介、行业协会等科技中介数量	合作中介机构	X29
		密切相关的政府机构的数量	相关政府机构	X30
	外部网络开放性	实验室从外部创新网络中获取的投资总额	获取投资总额	X31
		实验室向外部创新网络中释放的投资总额	释放投资总额	X32
		接受新成员的意愿	接受新成员	X33
	网络异质性	实验室外部合作伙伴的行业分布广泛	行业分布广泛	X34
		合作伙伴在地理位置上分布广泛	地理分布广泛	X35
		合作伙伴的研究方向差异	研究方向差异	X36
		合作伙伴的文化差异	文化差异	X37
被解释变量	协同创新能力	实验室协同创新战略规划是成功的	战略成功	X38
		实验室擅长发现合作伙伴并建立合作关系	擅长建立关系	X39
		实验室擅长管理和协调各种合作关系	擅长管理关系	X40
		实验室向创新网络中投入的知识、技术、人财物力等各类创新资源的投入水平高	投入水平	X41
		实验室从创新网络中吸收各类创新资源并实现创新产出的产出水平高	产出水平	X42

续表

变量类型	变量维度	测量题项	题项抽象	编码
调节变量——环境动荡性	创新市场环境动荡性	成果转化类产品市场客户的需求经常变动	市场需求变动	X43
		市场上科研成果转化类产品更新换代非常快	产品快速更新	X44
		政府出台的创新相关政策变化很快	政策变化快	X45
		实验室很难预测政府创新政策的变化趋势	政策难预测	X46
	知识技术环境动荡性	实验室研究领域内的知识与技术发展非常快	科技发展快	X47
		该领域内的知识与技术发展为实验室研究提供了大量机会	研究机会多	X48
		实验室预测未来五年内本研究领域的科学发展趋势非常难	预测趋势难	X49

（1）答卷者基本情况

从年龄结构来看，中青年占主体（30~44 岁的占 59.12%，45~59 岁的占 36.79%）；从学位结构来看，拥有博士学位的占主体（即 91.82%）；从职称结构来看，高级职称的占主体（具有副高级职称的占 19.81%，具有正高级职称的占 77.04%）；从职务类型来看，以从事基础研究为主的占 35.22%，以从事应用基础研究为主的占 60.38%，从事专职行政管理的占 2.52%，从事实验技术服务的占 1.89%（见表 5-3）。可见，本次被调查人员的年龄结构、学位结构、职称结构进一步确保了本次调查收回的有效问卷的真实性、代表性和权威性。

表 5-3　　**答卷者的基本情况**

类别		频数（人）	百分比	累计百分比
年龄	30以下	10	3.14%	3.14%
	30～44岁	188	59.12%	62.26%
	45～59岁	117	36.79%	99.06%
	60岁以上	3	0.94%	100.00%
学历	学士	3	0.94%	0.94%
	硕士	23	7.23%	8.18%
	博士	292	91.82%	100.00%
职称	初级	2	0.63%	0.63%
	中级	8	2.52%	3.14%
	副高级	63	19.81%	22.96%
	高级	245	77.04%	100.00%
职务	基础研究	112	35.22%	35.22%
	应用基础研究	192	60.38%	95.60%
	行政管理	8	2.52%	98.11%
	实验技术服务	6	1.89%	100.00%
	其他	0	0.00%	100.00%

（2）变量的描述性统计（见表 5-4）

表 5-4　　**变量的描述性统计**

变量维度	题项	N	极小值	极大值	均值	标准差
共同愿景	认同度	209	2	7	5.23	0.922
	有激情	209	2	7	4.98	0.973
	完成度	209	2	7	5.00	0.993

续表

变量维度	题项	N	极小值	极大值	均值	标准差
内部创新要素参与度	有规划	209	1	7	5.26	0.828
	奖励制度	209	2	7	4.82	0.953
	协同文化	209	1	6	4.87	0.827
	部门积极性	209	1	7	4.83	0.985
	成员积极性	209	2	7	4.92	0.863
内部创新要素协同度	沟通渠道畅通	209	1	7	5.21	0.899
	部门合作频繁	209	1	7	5.09	0.856
	扁平化程度	209	1	6	4.49	1.024
	冲突解决及时	209	1	7	5.09	0.984
内部非正式关系	内部信任	209	1	7	5.22	0.996
	非正式渠道	209	2	7	5.00	0.951
	成员合作频繁	209	1	7	4.99	0.925
协同关系强度	外部互动频繁	209	2	7	5.15	0.804
	外部信任	209	2	7	5.00	0.763
	资源共享	209	2	7	5.04	0.876
	互利互惠	209	2	7	5.04	0.900
协同关系久度	关系持久	209	2	7	4.97	0.930
	关系稳定	209	2	7	4.68	0.858
	学习氛围	209	1	7	4.62	0.959
协同关系满意度	彼此尊重	209	3	7	5.34	0.762
	交流愉快	209	3	7	5.11	0.851
	产出增加	209	2	7	4.77	1.054

续表

变量维度	题项	N	极小值	极大值	均值	标准差
外部网络规模	合作高校	209	2	7	4.51	0.991
	合作企业	209	1	7	4.23	1.200
	合作科研机构	209	2	7	4.14	1.158
	合作中介机构	209	1	5	2.67	1.079
	相关政府机构	209	1	6	2.61	1.064
外部网络开放性	接受新成员	209	3	7	5.09	0.949
	获取投资总额	209	2	7	4.69	1.007
	释放投资总额	209	2	7	5.13	0.819
网络异质性	行业分布广泛	209	2	7	4.78	1.029
	地理分布广泛	209	2	7	4.52	1.148
	研究方向差异	209	2	7	4.33	1.061
	文化差异	209	2	7	4.22	1.001
协同创新能力	战略成功	209	1	7	5.24	0.873
	擅长建立关系	209	2	7	5.11	0.898
	擅长管理关系	209	1	7	4.94	0.964
	投入水平	209	2	7	4.92	0.948
	产出水平	209	2	7	4.76	1.000
创新市场环境动荡性	市场需求变动	209	2	7	5.42	1.012
	产品快速更新	209	2	7	5.43	1.036
	政策变化快	209	3	7	5.17	0.959
	政策难预测	209	1	7	4.39	1.092
知识技术环境动荡性	科技发展快	209	1	7	5.23	0.863
	研究机会多	209	1	7	4.23	1.200
	预测趋势难	209	1	5	2.67	1.079

其中，依托单位为院校的样本实验室有 148 个，依托单位为企业的样本有 61 个；研究类型为基础研究的样本有 77 个，研究类型为应用基础研究的有 132 个。

5.2.2 信度检验

信度是指测量的一致性。测量各题项内在信度最常用的检测方法是 Cronbach's α 信度系数检验，Cronbach's α 系数值在 0～1 之间。如果 α 大于 0.9，则认为量表的内在信度很高；如果 α 在 0.8～0.9 之间，则认为内在信度是较好的；如果 α 在 0.7～0.8 之间，则认为量表的设计可以接受；如果 α 小于 0.7，则认为量表设计存在较大问题，应考虑重新设计（邓维斌等，2012）。

（1）国家重点实验室内部创新网络特征变量

国家重点实验室内部创新网络特征变量包括四个维度：共同愿景、内部创新要素参与度、内部创新要素协同度和内部非正式关系，共 15 个测量题项。运用 SPSS 19.0 对实验室内部创新网络的各维度特征变量分别进行信度检验，发现各维度信度值都大于 0.8，项目的内在信度较好（见表 5-5）。

（2）国家重点实验室外部创新网络特征变量

国家重点实验室外部创新网络特征变量包括六个维度：协同关系强度、协同关系久度、协同关系满意度、外部网络规模、外部网络开放性和网络异质性，共 22 个测量题项。对各特征变量分别进行信度检验，发现各维度信度值都大于 0.8，通过了项目信度检验（见表 5-6）。

（3）被解释变量——国家重点实验室协同创新能力变量

国家重点实验室协同创新能力采用主观测量，具体包括“实验室协同创新战略规划是成功的”“实验室擅长发现合作伙伴并建立合作关系”“实验室擅长管理和协调各种合作关系”

表 5-5 **国家重点实验室内部创新网络变量的信度检验**

维度	题项	项已删除的刻度均值	项已删除的刻度方差	校正的项总计相关性	项已删除的α值	α
共同愿景	认同度	9.97	3.413	0.794	0.868	0.901
	有激情	10.22	3.204	0.809	0.854	
	完成度	10.21	3.135	0.810	0.853	
内部创新要素参与度	有规划	19.44	9.449	0.590	0.867	0.870
	奖励制度	19.88	8.365	0.700	0.842	
	协同文化	19.83	8.852	0.731	0.835	
	部门积极性	19.87	8.055	0.735	0.833	
	成员积极性	19.78	8.675	0.731	0.834	
内部创新要素协同度	沟通渠道畅通	14.67	6.474	0.688	0.863	0.878
	部门合作频繁	14.78	6.324	0.784	0.830	
	扁平化程度高	15.38	5.872	0.707	0.859	
	冲突解决及时	14.78	5.749	0.787	0.824	
内部非正式关系	内部信任	9.99	3.086	0.704	0.860	0.869
	非正式渠道	10.22	3.122	0.750	0.816	
	成员合作频繁	10.22	3.089	0.800	0.772	

表 5-6 **国家重点实验室内部创新网络变量的信度检验**

维度		题项	项已删除的刻度均值	项已删除的刻度方差	校正的项总计相关性	项已删除的α值	α
关系维	协同关系强度	外部互动频繁	15.08	5.013	0.645	0.854	0.865
		外部信任	15.23	5.005	0.702	0.833	
		资源共享	15.19	4.528	0.721	0.825	
		互利互惠	15.18	4.226	0.796	0.792	

续表

维度		题项	项已删除的刻度均值	项已删除的刻度方差	校正的项总计相关性	项已删除的α值	α
关系维	协同关系久度	关系持久	9.31	2.819	0.788	0.826	0.885
		关系稳定	9.59	2.973	0.823	0.800	
		学习氛围	9.66	2.871	0.725	0.885	
	协同关系满意度	彼此尊重	9.88	3.087	0.738	0.812	0.858
		交流愉快	10.11	2.752	0.768	0.771	
		产出增加	10.45	2.220	0.737	0.825	
结构维	外部网络规模	合作高校	13.66	12.612	0.599	0.796	0.825
		合作企业	13.93	11.211	0.642	0.784	
		合作科研机构	14.02	11.745	0.595	0.798	
		合作中介机构	15.49	11.645	0.679	0.773	
		相关政府机构	15.55	12.278	0.590	0.798	
	外部网络开放性	获取投资总额	9.82	2.688	0.718	0.747	0.834
		释放投资总额	10.22	2.509	0.722	0.748	
		接受新成员	9.78	3.211	0.662	0.808	
	网络异质性	行业分布广泛	13.07	8.000	0.727	0.854	0.881
		地理分布广泛	13.33	7.232	0.768	0.839	
		研究方向差异	13.52	7.501	0.803	0.824	
		文化差异	13.62	8.361	0.679	0.871	

“实验室向创新网络中投入的知识、技术、人财物力等各类创新资源的投入水平高”“实验室从创新网络中吸收各类创新资源并实现创新产出的产出水平高”5个测量题项。对其进行信度检验，发现信度值大于0.9，显示项目的内在信度非常高（见表5-7）。

表 5-7 国家重点实验室协同创新能力变量的信度检验

维度	题项	项已删除的刻度均值	项已删除的刻度方差	校正的项总计相关性	项已删除的α值	α
协同创新能力	战略成功	19.73	11.639	0.789	0.917	0.929
	擅长建立关系	19.87	11.161	0.856	0.904	
	擅长管理关系	20.03	11.013	0.806	0.914	
	投入水平	20.05	11.108	0.807	0.913	
	产出水平	20.22	10.776	0.811	0.913	

5.2.3 效度检验与探索性因子分析

我们采用 SPSS 19.0 统计软件通过探索性因子分析（Exploratory Factor Analysis，EFA）方法来对问卷量表的建构效度进行分析。在进行因子提取之前，首先进行样本充分性检验，即样本充分性 KMO 测试系数检测和 Bartlett 球体检验，判断是否可以进行因子分析。通常认为，取样适切性量数值（Kaiser-Meyer-Olkin Measure of Sampling Adequacy，KMO）的大小能判断量表题项间是否适合进行因子分析。若 KMO 指标值小于或等于 0.5 时，表示不适合进行因子分析；若 KMO 指标值大于 0.6，表示勉强可以；若 KMO 指标值大于 0.7，表示可以进行因子分析；若 KMO 指标值大于 0.8，表示适合进行因子分析；若 KMO 指标值在 0.9 以上，则表示非常适合因子分析。Bartlett 球体检验的统计值显著异于 0，可以作因子分析（马庆国，2002）。而后进行探索性因子分析，按照特征根大于 1 的标准抽取因子个数，采用主成分法和最大方差旋转法提取因子，进而判断各题项的因子载荷情况。在探索性因子分析中，因子载荷值的挑选准则最好在 0.4 以上（吴明隆，2010），马庆国（2002）则认为探索性因子分析中各题项因子载荷的最低可接受值为 0.5。

（1）国家重点实验室内部创新网络特征变量

KMO 样本测度和 Bartlett 球体检验结果符合 KMO 值大于

0.9，Bartlett 统计值显著异于 0 的要求（见表 5-8），故非常适合进一步做因子分析。

表 5-8 **国家重点实验室内部创新网络变量 KMO 和 Bartlett 的检验**

取样足够度的 Kaiser-Meyer-Olkin 度量		0.938
Bartlett 球体检验	近似卡方	2 165.432
	df	105
	Sig.	0.000

因子分析结果得到一个因子结构，各项的因子载荷均在 0.5 以上，该部分量表的检验可以通过（见表 5-9）。通过将因子与变量一一对应，显示本书提取出内部网络特征的共同愿景、内部创新要素参与度、内部创新要素协同度和内部非正式关系这四个变量是合适的。

表 5-9 **旋转成分矩阵**

	成分			
	1	2	3	4
认同度	0.290	0.416	0.178	0.733
有激情	0.289	0.284	0.351	0.739
完成度	0.348	0.208	0.209	0.802
有规划	0.321	0.301	0.615	0.146
奖励制度	0.244	0.336	0.554	0.409
协同文化	0.270	0.235	0.807	0.121
部门积极性	0.184	0.317	0.778	0.170
成员积极性	0.237	0.282	0.693	0.348
沟通渠道畅通	0.805	0.221	0.133	0.130
部门合作频繁	0.758	0.231	0.203	0.328
扁平化程度	0.727	0.111	0.333	0.214
冲突解决及时	0.784	0.203	0.201	0.297
内部信任	0.259	0.684	0.291	0.258
非正式渠道	0.146	0.816	0.181	0.261
成员合作频繁	0.145	0.820	0.312	0.222

提取方法：主成分

旋转法：具有 Kaiser 标准化的正交旋转法

(2) 国家重点实验室外部创新网络特征变量

国家重点实验室外部创新网络特征变量的六个维度为协同关系强度、协同关系久度、协同关系满意度、外部网络规模、外部网络开放性和网络异质性。下面对其进行效度检验和因子分析，验证因子提取情况。

首先对六个变量进行效度检验。KMO 样本测度和 Bartlett 球体检验结果符合 KMO 值大于 0.9，Bartlett 球体检验的统计值显著异于 0 的要求（见表 5-10），故非常适合进一步做因子分析。

表 5-10　**国家重点实验室外部创新网络关系维变量 KMO 和 Bartlett 的检验**

取样足够度的 Kaiser-Meyer-Olkin 度量		0.925
Bartlett 球体检验	近似卡方	2831.451
	df	231
	Sig.	0.000

因子分析结果得到一个因子结构，各项的因子载荷均在 0.5 以上，该部分量表的检验可以通过（见表 5-11）。通过将因子与变量一一对应，显示本书提取出外部网络特征的协同关系强度、协同关系久度、协同关系满意度、外部网络规模、外部网络开放性和网络异质性这六个变量是合适的。

(3) 国家重点实验室协同创新能力变量

结合国家重点实验室协同创新能力变量的 5 个测量题项进行效度检验。KMO 样本测度和 Bartlett 球体检验结果符合 KMO 值大于 0.9，Bartlett 统计值显著异于 0 的要求（见表 5-12），通过因子分析也发现仅提取了一个因子，且各因子的载荷均在 0.8 以上（见表 5-13），显示对国家重点实验室协同创新能力的测量设计是合理的。

表 5-11 **旋转成分矩阵**

	成分					
	1	2	3	4	5	6
外部互动频繁	0.191	0.751	0.104	0.177	0.119	0.127
外部信任	0.104	0.805	0.192	0.017	0.111	0.225
资源共享	0.156	0.683	0.277	0.264	0.164	0.184
互利互惠	0.261	0.724	0.266	0.212	0.228	0.162
关系持久	0.155	0.092	0.178	0.138	0.842	0.226
关系稳定	0.163	0.217	0.177	0.164	0.851	0.143
学习氛围	0.204	0.241	0.132	0.179	0.697	0.330
彼此尊重	0.160	0.319	0.237	0.168	0.227	0.717
交流愉快	0.149	0.194	0.152	0.181	0.219	0.830
产出增加	0.180	0.230	0.252	0.201	0.341	0.679
释放投资总额	0.120	0.285	0.745	0.167	0.172	0.146
接受新成员	0.185	0.189	0.778	0.115	0.137	0.174
行业分布广泛	0.808	0.147	0.188	0.157	0.077	0.059
地理分布广泛	0.846	0.136	0.085	0.017	0.086	0.153
研究方向差异	0.858	0.196	0.098	0.052	0.134	0.093
文化差异	0.693	0.110	0.286	0.084	0.257	0.135

提取方法：主成分

旋转法：具有Kaiser标准化的正交旋转法

表 5-12　国家重点实验室外协同创新能力变量 KMO 和 Bartlett 的检验

取样足够度的 Kaiser-Meyer-Olkin 度量		0.901
Bartlett球体检验	近似卡方	796.527
	df	10
	Sig.	0.000

表 5-13　成分矩阵

	成分
	1
战略成功	0.866
擅长建立关系	0.912
擅长管理关系	0.877
投入水平	0.878
产出水平	0.881
提取方法：主成分	

综上所述，国家重点实验室内部创新网络、外部创新网络、协同创新能力各题项的信度和效度检验良好，可以在此基础上对其做验证性因子分析。

5.3　测量模型

结构方程模型中有两个基本的模型：测量模型（Measured Model）与结构模型（Structural Model）。其中，测量模型由潜在变量（Latent Variable）与观测变量（Observed Variable）组成。测量模型是一组观测变量的线性函数（吴明隆，2010）。本书的观测变量即通过问卷调查所得到的量表的各题项的数据，潜在变量则是这些观测变量间所形成的特质或抽象概念。这种特质或抽象概念无法直接测量，而要由观测变量测得的数据资料来反映。本书的 SEM 模型中，观测变量以长方形符号表示，潜在变量（即构念）以椭圆形符号表示。此外，双箭头表示两个潜在变量间的相关关系（但无因果关系），单箭头表示变量间的因果关系，箭头来源处（from）表示外因变量（为因），箭头所指处（to）表示内因变量（为果）。

测量模型是一种验证性的因子分析（Confirmatory Factor Analysis，CFA），用于检核数个测量变量可以构成潜在变量的程度，即观测变量与其潜在变量间的因果模型是否与观察数据契合。因此，测量模型分析是进行整合性 SEM 分析的一个重要的前期步骤，主要是评估测量指标变量与潜在变量的信度、效度，以及估计参数的显著水平等。测量模型可以检验模型中各因素构念的收敛效度（Convergent Validity）与区别效度（Discriminant Validity）。收敛效度是指测量相同潜在特质（构念）的测验指标会落在同一个共同因素上，而区别效度则指不同构念的测验指标会落在不同共同因素上。为了检验国家重点实验室内、外部创新网络与协同创新能力测量的维度、收敛效度与区别效度，本书在探索性因子分析的基础上，使用 AMOS 7.0 软件进行测量模型分析，通过数据与测量模型的拟合分析，检验各观测变量与潜在变量间的关系是否与之前模型的构想相符合。

针对国家重点实验室内、外部创新网络，本书共设计了 10 个构念，首先评价这 10 个单独的构念，每个题项只能落在其所预定的指标上。其次，比较能表示这些变量之间合理关系的几种不同计量模型。再次，分析这些结果是否支持多维度（Multi-Dimensionality），以及收敛效度、区别效度（Discriminant）和二阶因子构念的可靠性（Reliability）。针对内部创新网络的 15 个测量题项、外部创新网络的 22 个测量题项，分别按照内、外部创新网络两个维度构建 2 个不同类型的模型。

模型 1：只包含一个单维度的一阶因子模型，涵盖国家重点实验室内部创新网络和外部创新网络的所有题项之间的变异或方差。

模型 2：由内部创新网络测量题项形成 4 个相关的一阶因子，

由外部创新网络测量题项形成了 6 个相关的一阶因子；由相应的内、外部创新网络的一阶因子形成高阶二阶因子模型。其中，第一个包括共同愿景、内部创新要素参与度、内部创新要素协同度和内部非正式关系；第二个包括协同关系强度、协同关系久度、协同关系满意度、外部网络规模、网络开放性和网络异质性。

5.3.1 内部创新网络验证性因子分析

为检验国家重点实验室内部创新网络的维度、收敛效度和区别效度，构建内部创新网络的两种不同模型：模型 1 只有一个单维度一阶因子解释所有的 15 个测量题项中的所有变异（如图 5-4 所示）；模型 2 是由这 15 个题项形成 4 个一阶因子，再由二阶因子解释这 4 个一阶因子之间的二阶关系模型（如图 5-5 所示）。

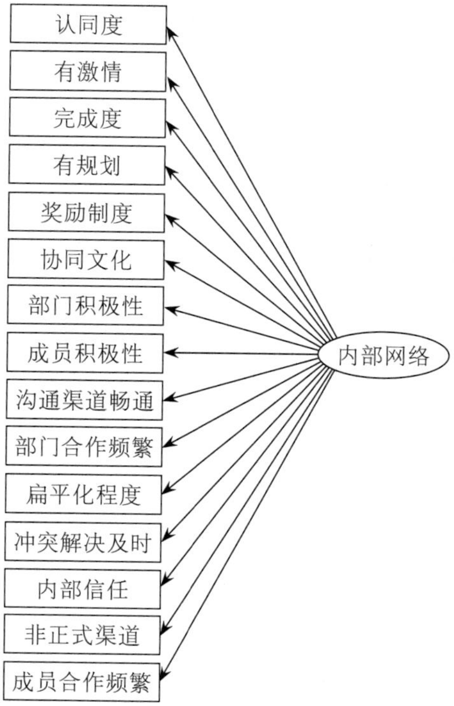

图 5-4 一阶因子模型：内部创新网络模型 1

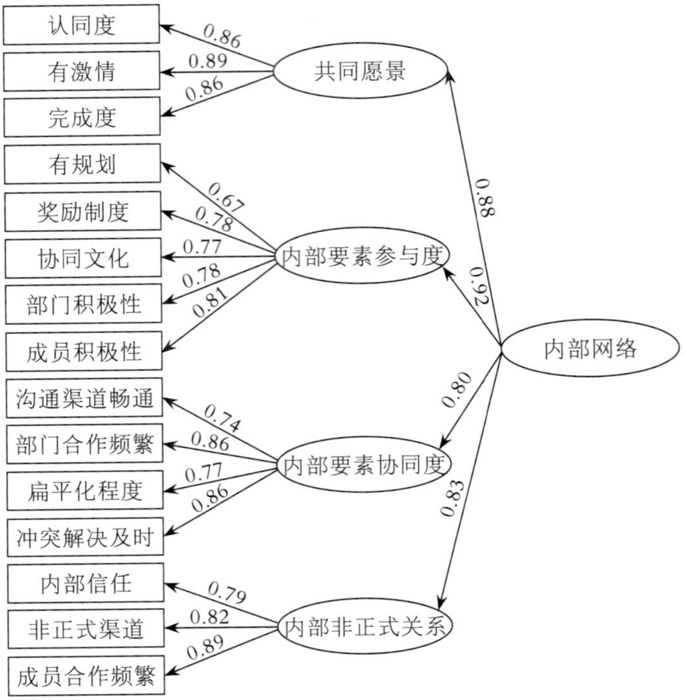

图 5-5 二阶因子模型：内部创新网络模型 2

检验各观测变量的实际数据是否与之前的假设模型契合，必须检查以下两个方面：基本适配指标、整体模型适配指标。第一，基本适配指标主要包括以下 5 个准则：估计参数不能有负的误差方差、所有误差变异必须达到显著性水平、潜在变量与其观测变量间的因子载荷最好介于 0.5 至 0.95 之间，最低不低于 0.4，不能有很大的标准误差；第二，整体模型适配指标主要包括卡方自由度之比（CMIN/DF）、近似残差均方根（RMSEA）、拟合优度指数（GFI）、比较拟合指数（CFI）、非范拟合指数（TLI）、简约拟合优度指数（PGFI）、简约规范拟合指数（PNFI）等。各指标的判别标准见表 5-14。

首先，检查模型 1 和模型 2 的整体适配指标（见表 5-15）。显然，模型 2 比模型 1 有着更低的卡方自由度之比（CMIN/DF），

表 5-14　　整体模型适配指标选取与判别标准

指标名称	指标解释	标准值	依据或来源
CMIN/DF	卡方与自由度之比	< 3	吴明隆，2010
RMSEA	近似残差均方根	< 0.1	Browne & Cudeck，1993
GFI	拟合优度指数	> 0.9	Hu & Bentler，1995
CFI	比较拟合指数	> 0.9	Bagozzi & Yi，1988
IFI	增值拟合指数	> 0.9	吴明隆，2010
TLI	非范拟合指数	> 0.9	
PGFI	简约拟合优度指数	> 0.5	
PNFI	简约规范拟合指数	> 0.5	

且 CMIN/DF、RMSEA、GFI、CFI、IFI、TLI、PGFI、PNFI 均完全符合判别标准，这说明模型 2 的拟合结果比模型 1 有明显改善，验证性因素分析模型与样本数据适配较好，支持假设的 4 个一阶因子构念在测量更高一阶的因素构念，即原先的一阶因素构念均受到一个较高阶潜在特质的影响，也可以说某一高阶结构可以解释所有的一阶因素构念（吴明隆，2010）。因此，在模型 1 的基础上构造模型 2 是合理且必要的。二阶因子模型中内部创新网络特征变量构成的四个维度不仅在理论上成立，而且在实证上也是可以区别的。

表 5-15　内部网络测量模型 1 和模型 2 的整体适配度指标对比

模型	CMIN/DF	RMSEA	GFI	CFI	IFI	TLI	PGFI	PNFI
1	5.363	0.145	0.721	0.815	0.816	0.784	0.541	0.671
2	1.711	0.058	0.909	0.971	0.971	0.965	0.652	0.765

其次，对模型 2 的因子载荷进行分析。内部网络作为二阶因子，共同愿景、内部要素参与度、内部要素协同度、内部非正式关系作为一阶因子，运用 AMOS 7.0 软件对这一测量模型进行二阶验证性因子分析发现：二阶因子与这四个一阶因子之间

标准化后的因子载荷分别为 0.884、0.922、0.796、0.835（见表 5-16），这表明二阶因子与一阶因子之间的关系很强，支持了二阶因子的存在（侯杰泰等，2004）。同时，检查四个一阶因子潜在变量与其观测变量间的因子载荷，发现各因子载荷均介于 0.6 至 0.95 之间，且各个变量的临界比估计值（回归系数除以其标准误，C.R. 值）均远大于 2（见表 5-16），从题项到因子的路径都是非常显著的（$p<0.001$），证明了聚合的效度。以上数据说明模型 2 的整体拟合效果总体上符合标准，是个可以接受的模型，适合做进一步研究。

表 5-16　　**内部创新网络模型 2 的拟合结果**

			Estimate	S.E.	C.R.	P	标准化
共同愿景	<-----	内部网络	1.095	0.101	10.812	***	0.884
内部要素参与度	<-----	内部网络	0.939	0.089	10.591	***	0.922
内部要素协同度	<-----	内部网络	0.980	0.099	9.877	***	0.796
内部非正式关系	<-----	内部网络	1.000				0.835
X3 完成度	<-----	共同愿景	1.000				0.854
X2 有激情	<-----	共同愿景	1.019	0.062	16.431	***	0.888
X1 认同度	<-----	共同愿景	0.935	0.060	15.623	***	0.859
X8 成员积极性	<-----	内部要素参与度	1.000				0.809
X7 部门积极性	<-----	内部要素参与度	1.098	0.089	12.343	***	0.778
X6 协同文化	<-----	内部要素参与度	0.909	0.075	12.108	***	0.767
X5 奖励制度	<-----	内部要素参与度	1.064	0.086	12.350	***	0.779
X4 有规划	<-----	内部要素参与度	0.792	0.078	10.160	***	0.667
X12 冲突解决及时	<-----	内部要素协同度	1.000				0.857
X11 扁平化程度	<-----	内部要素协同度	0.930	0.072	12.870	***	0.766
X10 部门合作频繁	<-----	内部要素协同度	0.876	0.057	15.332	***	0.863
X9 沟通渠道畅通	<-----	内部要素协同度	0.787	0.065	12.208	***	0.739
X15 成员合作频繁	<-----	内部非正式关系	1.000				0.887
X14 非正式渠道	<-----	内部非正式关系	0.956	0.065	14.684	***	0.825
X13 内部信任	<-----	内部非正式关系	0.963	0.070	13.837	***	0.793

注：***表示显著程度为 0.001。

5.3.2 外部创新网络验证性因子分析

类似地，为检验国家重点实验室外部创新网络的维度、收敛效度和区别效度，我们构建外部创新网络的 2 种不同模型：模型 1 只有一个单维度一阶因子解释所有的 22 个测量题项中的所有变异（如图 5-6 所示）；模型 2 是由这 22 个题项形成了 6 个一阶因子，再由二阶因子解释这 6 个一阶因子之间的二阶关系模型（如图 5-7 所示）。

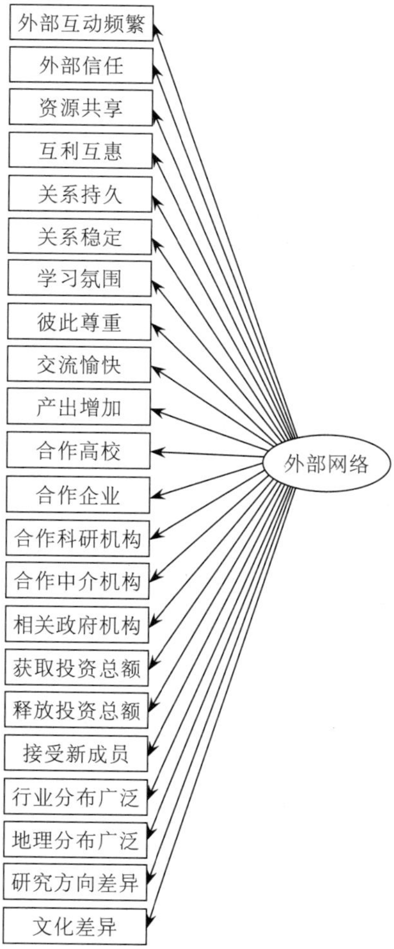

图 5-6 一阶因子模型：外部创新网络模型 1

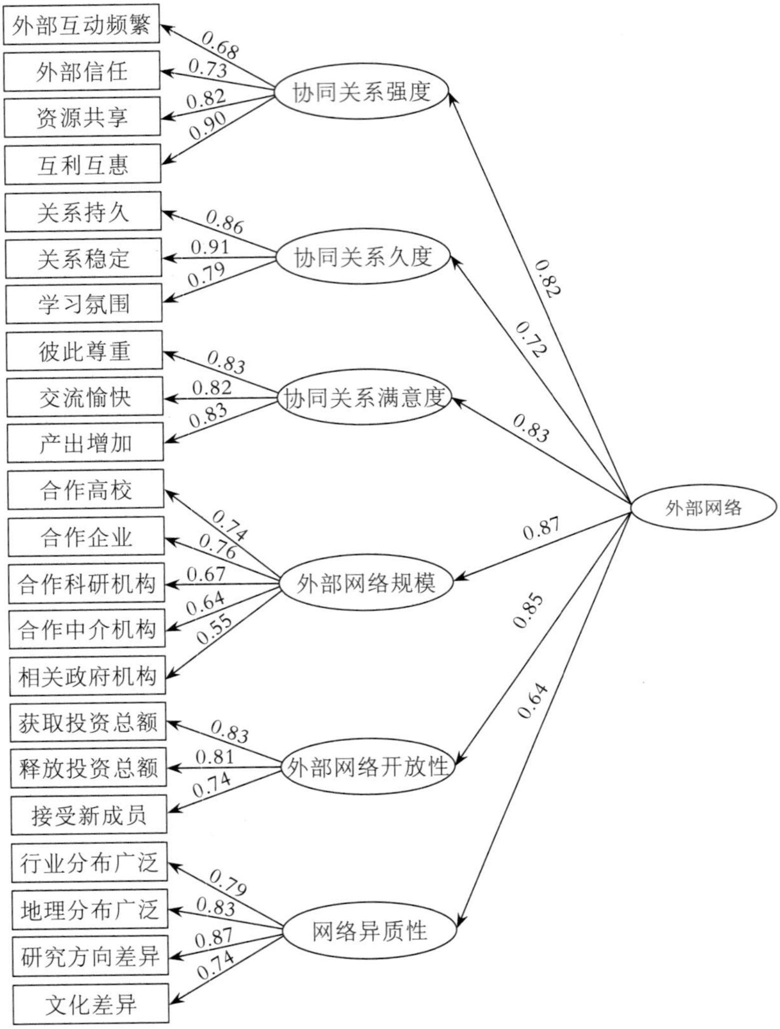

图 5-7　二阶因子模型：外部创新网络模型 2

首先，检查模型 1 和模型 2 的整体适配指标（见表 5-17）。显然，模型 1 的适配性很差，而模型 2 比模型 1 有着更低的卡方自由度之比（CMIN/DF），且 CMIN/DF、RMSEA、GFI、CFI、IFI、TLI、PGFI、PNFI 均完全符合判别标准。这说明模型 2 的拟合结果比模型 1 有明显改善，验证性因素分析模型与样本数据适配较好，支持假设的 6 个一阶因子构念在测量更高一阶的因素构念。证明二阶因子模型中外部创新网络特征变量构成的 6 个维度不仅在理论上成立，而且在实证上也是可以区别的。

表 5-17　**外部网络测量模型 1 和模型 2 的整体适配度指标对比**

模型	CMIN/DF	RMSEA	GFI	CFI	IFI	TLI	PGFI	PNFI
1	4.964	0.138	0.646	0.695	0.697	0.663	0.534	0.586
2	1.308	0.038	0.900	0.977	0.977	0.974	0.719	0.796

其次，对模型 2 的因子载荷进行分析。外部网络作为二阶因子，协同关系强度、协同关系久度、协同关系满意度、外部网络规模、外部网络开放性和网络异质性作为一阶因子，运用 AMOS 7.0 软件对这一测量模型进行二阶验证性因子分析发现，二阶因子与这 6 个一阶因子之间标准化后的因子载荷分别为 0.824、0.721、0.828、0.866、0.850 和 0.637（见表 5-18），说明二阶因子与一阶因子之间的关系很强，支持了二阶因子的存在。同时，检查这 6 个一阶潜在变量与其观测变量间的标准化因子载荷，发现均介于 0.5 至 0.95 之间，且各个变量的临界比估计值（回归系数除以其标准误，C.R. 值）均远大于 2，各因子载荷都是非常显著的（$p<0.001$），证明了聚合的效度。模型 2 的整体拟合效果总体上符合标准，是个可以接受的模型，适合做进一步研究。

5.3.3　协同创新能力验证性因子分析

构造协同创新能力的测量模型并进行拟合分析。由于协同创新能力直接由 5 个测量变量进行测量，因此无须设计二阶模型，直接用一阶测量模型拟合即可（如图 5-8 所示）。通过 AMOS 计算各匹配指标，求得 CMIN/DF 为 1.326，RMSEA 为 0.040，GFI、CFI、NFI、IFI、TLI 分别为 0.987、0.998、0.992、

表 5-18　　内部创新网络模型 2 的拟合结果

			Estimate	S.E.	C.R.	P	标准化
协同关系久度	<----	外部网络	1.277	0.168	7.592	***	0.721
协同关系满意度	<----	外部网络	1.157	0.143	8.091	***	0.828
协同关系强度	<----	外部网络	1.000				0.824
外部网络规模	<----	外部网络	1.408	0.183	7.71	***	0.866
外部网络开放性	<----	外部网络	1.487	0.181	8.206	***	0.850
网络异质性	<----	外部网络	1.148	0.170	6.748	***	0.637
X16外部互动频繁	<----	协同关系强度	1.000				0.683
X17外部信任	<----	协同关系强度	1.011	0.106	9.518	***	0.728
X18资源共享	<----	协同关系强度	1.309	0.124	10.572	***	0.820
X19互利互惠	<----	协同关系强度	1.476	0.130	11.312	***	0.900
X20关系持久	<----	协同关系久度	1.000				0.862
X21关系稳定	<----	协同关系久度	0.971	0.060	16.305	***	0.907
X22学习氛围	<----	协同关系久度	0.949	0.069	13.725	***	0.793
X23彼此尊重	<----	协同关系满意度	1.000				0.829
X24交流愉快	<----	协同关系满意度	1.110	0.083	13.316	***	0.825
X25产出增加	<----	协同关系满意度	1.390	0.103	13.492	***	0.834
X26合作高校	<----	外部网络规模	1.000				0.742
X27合作企业	<----	外部网络规模	1.238	0.122	10.187	***	0.759
X28合作科研机构	<----	外部网络规模	1.062	0.117	9.095	***	0.675
X29合作中介机构	<----	外部网络规模	0.945	0.109	8.67	***	0.644
X30相关政府机构	<----	外部网络规模	0.794	0.108	7.352	***	0.549
X31获取投资总额	<----	外部网络开放性	1.000				0.834
X32释放投资总额	<----	外部网络开放性	1.024	0.082	12.559	***	0.805
X33接受新成员	<----	外部网络开放性	0.770	0.067	11.446	***	0.745
X34行业分布广泛	<----	网络异质性	1.000				0.791
X35地理分布广泛	<----	网络异质性	1.168	0.091	12.817	***	0.828
X36研究方向差异	<----	网络异质性	1.137	0.084	13.550	***	0.872
X37文化差异	<----	网络异质性	0.914	0.081	11.262	***	0.744

注：***表示显著程度为 0.001。

0.998、0.996，主要的拟合结果匹配度指标通过了检验。检查协同创新能力这一被解释变量与其观测变量间的因子载荷，发现均介于 0.8 至 0.9 之间，各个变量的临界比估计值均远大于 2，各因子载荷非常显著（p<0.001），显示模型有很好的聚合度（见表 5-19）。

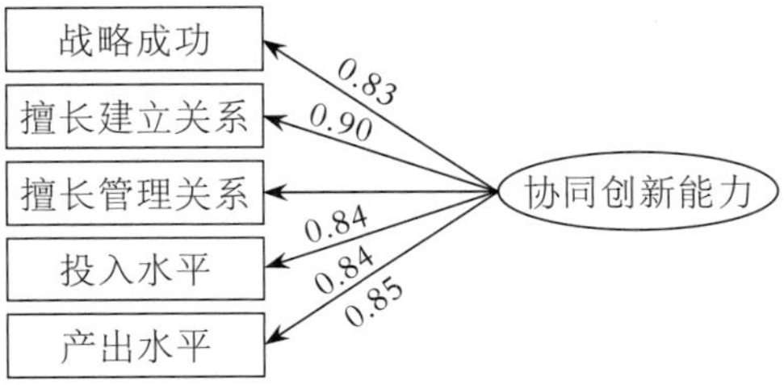

图 5-8　协同创新能力测量模型

表 5-19　　**协同创新能力测量模型的拟合结果**

			Estimate	S.E.	C.R.	P	标准化
X44 协同产出水平	<----	协同创新能力	1.000				0.848
X43 协同投入水平	<----	协同创新能力	0.940	0.062	15.245	***	0.841
X42 擅长管理关系	<----	协同创新能力	0.954	0.063	15.176	***	0.839
X41 擅长建立关系	<----	协同创新能力	0.952	0.056	17.068	***	0.899
X40 战略成功	<----	协同创新能力	0.854	0.057	14.913	***	0.830

注：***表示显著程度为 0.001。

5.4　本章小结

本章根据上一章的理论研究框架和研究假设确立了实证研究的框架并进行了问卷调查、数据统计以及探索性和验证性因子分析。结合国家重点实验室按照各个学科门类和依托单位的划分情况，确定了样本的选择方法，并将依托单位为科研院所、高校和企业的各研究领域的全部实验室作为样本池进行了抽样。我们对问卷进行了发放与回收，检验了数据不存在共同方法偏差后，运用 SPSS 软件对 209 份样本数据进行了描述性统计、信度检验、效度分析以及探索性因子分析，通过主成分法抽取并验证了理论研究选取的各一阶因子。运用结构方程模型方法，构建高阶因子模型对前文提出的内、外部创新网络模型因子进行检验，对各潜在变量及其相应的观测变量间的匹配程度、关系以及路径系数进行了检验。通过 AMOS 软件进行验证性因子分析，检验了国家重点实验室内、外部创新网络测量的维度、聚合效度和区别效度，结果显示，模型具有较好的拟合结果。

6 创新网络对协同创新能力影响模型拟合与环境变量调节

结构方程模型的两种基本模型之一——测量模型（Measurement Model）描述了潜在变量与观测变量之间的关系，评价了数个观测变量可以构成潜在变量的程度。在测量模型被成功构建和检验的基础上，本章重点对整体结构模型（Structural Model）进行分析，并对环境动荡性的调节作用进行探索，进而检验本书第四章提出的全部研究假设。

6.1 结构方程模型拟合分析

结构方程模型（Structural Equation Model，SEM）是一种综合运用多元回归分析、路径分析和因子分析方法而形成的一种统计数据分析工具（吴明隆，2010）。与传统的回归分析不同，结构方程分析能同时处理多个因变量，并可比较及评价不同的理论模型。结构方程模型主要具有以下特征：

第一，理论先验性。SEM 基本上是一种验证性方法，其假设因果模型必须建立在一定理论上，即使是模型修正也必须建立在相关理论上，它特别强调理论的合理性，因而 SEM 被看作一种验证性而非探索性的统计方法。本书的模型即是在充分梳理创新网络和协同创新的经典理论基础上，参考现有成熟量表对相关变量的选择和测度，同时结合我国国家重点实验室创新管理和运行管理的研究成果建立起来的，具有理论的合理性。

第二，可以同时处理测量与分析问题。相对于传统统计方法，SEM 是一种可以将测量与分析整合为一的计量研究技术，可以同时估计模型中的测量指标、潜在变量，因而可以同时估计因子结构和因子关系。同时，SEM 也重视多重统计指标运用，关注整体模型的比较，因而模型参考的指标是多元化的。本书在第五章中对模型的测量指标和潜在变量间的因子结构与因子关系进行了测量。

第三，同时处理多个因变量。传统回归分析或路径分析是对每个因变量逐一计算，会忽略了其他因变量的存在及其影响。结构方程分析可同时考虑并处理多个因变量，这种多层次的因果关系更加符合真实的人类思维形式，这是传统回归分析无法做到的。SEM 根据不同属性的抽象程度将属性分成多层进行分析，可以接受自变量之间存在相关关系，避免了在多元回归分析中难以处理的多重共线性问题。本章在对结构方程模型进行整体拟合前，先探讨变量间的相关性，以研究国家重点实验室内、外部创新网络间是否存在或存在着怎样的互动关系。

第四，适用于大样本统计分析。SEM 使用极大然似法进行估计，适用于大样本分析。在结构方程模型分析中，究竟样本量达到多少方为适度，这个问题尚无一致结论，若要得到稳定的结构方程模型结构，样本数量最好在 200 个以上。但样本数量愈多，模型适配度的卡方值愈容易达到显著水平而易于拒绝虚无假设（吴明隆，2010）。本书的样本量为 209 个，适合进行结构方程模型拟合。

根据测量模型、结构模型的建构与模型产生的有效性来看，结构方程模型的分析程序主要有以下七个步骤：①理论模型架构的建立；②建立因素变量间因果关系的路径图；③转换因果路径图为结构方程式与测量方程式；④选择分析模型；⑤鉴定评估模型；⑥评估模型适配标准；⑦模型的解释与修改（Hair et al，1998）。这一过程也可以简化为模型设定（Model Specification）、模型拟合（Model Fitting）、模型评价（Model Assessment）以及模型修正（Model Modification）四个步骤（侯杰泰，2004）。参考其他学者的做法，本书结构方程模型分析程序可以用图 6-1 表示：

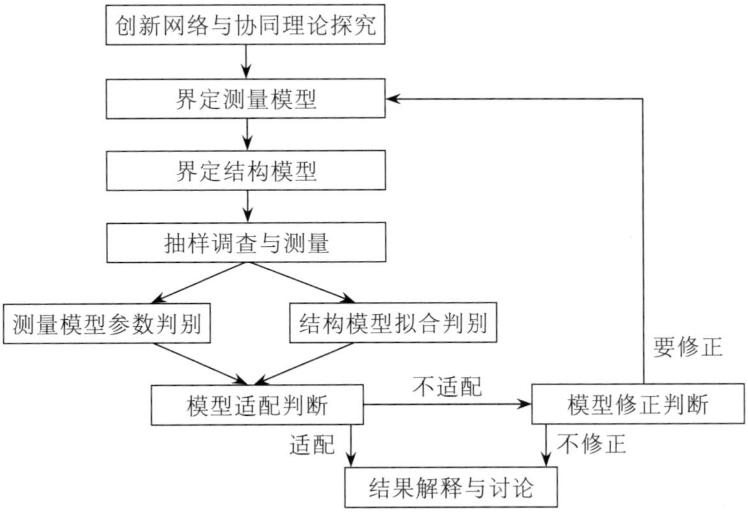

图 6-1 结构方程模型的分析程序

其中，模型适配判断的核心是模型的拟合性，即提出的变量之间的关联模式是否与数据相拟合，以及拟合的程度，由此验证相应的理论研究模型。最后可以根据统计输出的改善模型拟合度的统计量 MI（Modification Indices），通过删除、增加或修改模型的参数实现模型的修正。本节即从多个角度和指标来对模型的拟合性进行判别。

6.1.1 整体模型适配度

在国家重点实验室内部创新网络、外部创新网络以及协同创新能力的测量模型均拟合良好的基础上，构建内、外部创新网络对协同创新能力影响的综合模型 A。考虑到网络分析方法本质上就是一种多层次方法，创新主体的内、外部创新网络存在着显著的互动（Yannis & Ioanna，2004）、协作（Collaboration）（Kahn，1996）、资源相关性（Relatedness）（Tanriverdi & Venkatraman，2005）和资源、能力互补性（Miller，1995；任宗强，2012），组织内协同可以提高组织间协同（Gittell & Weiss，2004），组织间网络（高层次网络）也会影响组织内网络（低层次网络）的动态性（Paruchuri，2010）。内、外部创新网络间的协同能通过各成分之间的相互作用减轻各个成分限制性，从而产生非线性的效力提高（Bendersky，2003）。因此，在处理内、外部创新网络的交互作用时，模型设定了内、外部创新网络间的协同关系，即用双箭头连接这两个高阶潜在变量（如图 6-2 所示）。同时，为了验证内、外部创新网络交互对协同创新能力的作用，建立一个用于比较的直交模型 B，在模型 B 中只考虑内、外部创新网络各自对协同创新能力的独立作用，而不考虑内、外部创新网络的交互（由于模型 B 只在 A 的基础上用内部网络和外部网络各自的残差项取代了二者间的双箭头连线，故不再列出模型 B 的拟合路径图）。应用 AMOS 7.0 软件对模型 A 和模型 B 的拟合程度分别进行检验，如果模型 A 的拟合程度更好，则证明了内、外部创新网络间交互作用对协同创新能力的形成与提升有正向作用；反之，如果模型 B 的拟合程度更好，则证明内外部网络间交互对协同创新能力不具有正向贡献。

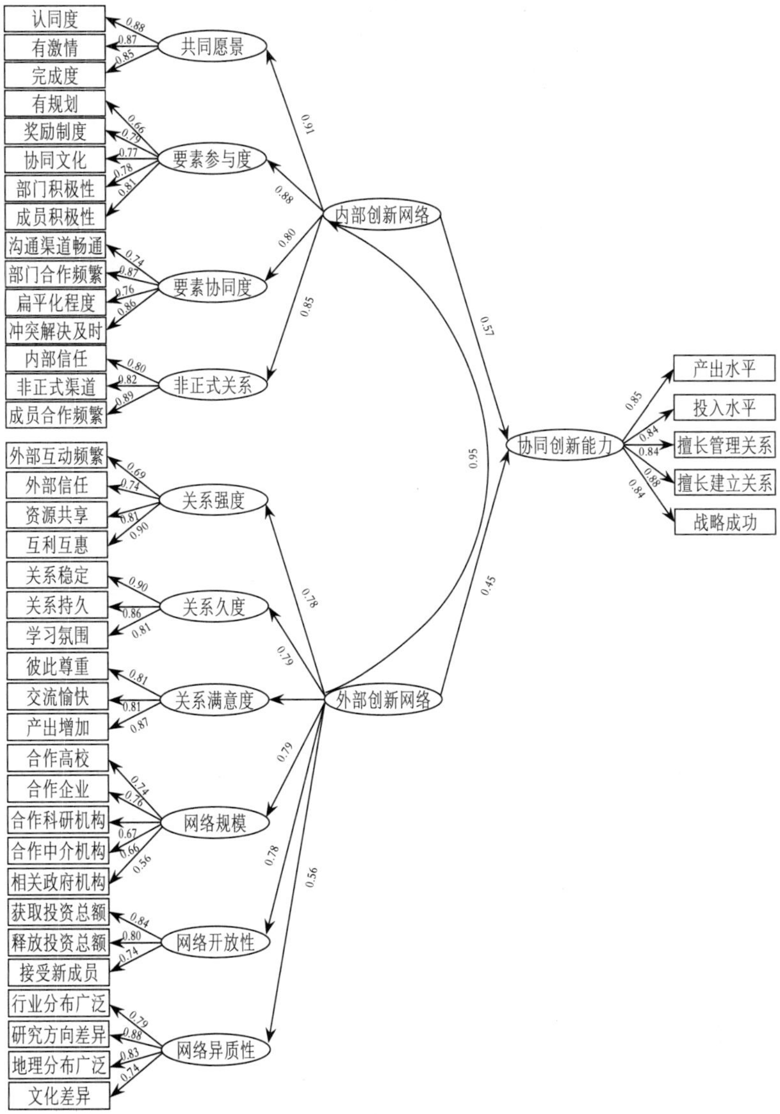

图 6-2　实验室内、外部创新网络对协同创新能力影响的综合模型 A

对比模型 A 和模型 B 的适配度指标见表 6-1。显然，模型 B 的各项适配指标均不及模型 A 理想，由此证实内、外部创新网络间的交互作用对协同创新能力有正向影响。其中，模型 A

的卡方自由度之比小于 0.2，近似残差均方根小于 0.08，CFI、IFI、TLI 均大于 0.9，PGFI、PNFI 均大于 0.5，除了 GFI 为 0.871 以外，其他各适配指标均大幅优于理想值。Bagozzi & Yi（1988）也指出，当 SEM 模型比较复杂时，在其他指数已经达到判别标准的情况下，个别拟合指标与标准略有差距是可以接受的，这样的情况在实际中并不少见。该整体模型涉及内部创新网络的 4 个潜在变量及 15 个观察变量、外部创新网络的 6 个潜在变量及 22 个观察变量、协同创新能力的 5 个观察变量，整体模型较为复杂，其 GFI 略低于判别标准，但仍处在可以接受的边缘。

表 6-1 **模型整体适配度指标值**

模型	CMIN/DF	RMSEA	GFI	CFI	IFI	TLI	PGFI	PNFI
A	1.149	0.027	0.871	0.981	0.981	0.980	0.737	0.815
B	1.512	0.050	0.804	0.935	0.935	0.930	0.719	0.778

此外，对模型 A 的基本适配度检验项目进行检验，全体变量数据没有出现负的误差变量，所有的观察变量和一阶潜在变量的因素负荷量均介于 0.5 至 0.95 之间，各变量标准误值很小，满足基本适配度检验标准，可继续对模型进行内在结构适配度的评估，即模型内在质量的检验。

6.1.2 内在结构适配度

在模型内在结构适配度准则方面，Bagozzi & Yi（1988）建议从所有参数统计量估计值显著性、个别观察变量的项目信度、潜在变量的组合信度、潜在变量的平均方差抽取量几个指标来判断。

（1）参数估计值统计显著性检验

在 AMOS 输出的文字报表中，以临界比值（Critical Ratio，

C.R.）代表 t 值，在显著水平 α 为 0.05 时，C.R. 的绝对值如果大于 1.96，可以拒绝虚无假设（参数估计值等于 0），接受对立假设（参数估计值显著不等于 0）。国家重点实验室内、外部创新网络对协同创新能力影响整体模型的 t 值及显著水平见表 6-2。

表 6-2 整体模型拟合结果

			Estimate	S.E.	C.R.	P	标准化	R^2
共同愿景	<----	内部创新网络	1.000				0.910	
要素参与度	<----	内部创新网络	0.793	0.070	11.265	***	0.877	
要素协同度	<----	内部创新网络	0.875	0.080	10.885	***	0.799	
非正式关系	<----	内部创新网络	0.906	0.075	12.005	***	0.850	
网络异质性	<----	外部创新网络	1.000				0.557	
网络开放性	<----	外部创新网络	1.386	0.207	6.711	***	0.783	
网络规模	<----	外部创新网络	1.270	0.200	6.340	***	0.787	
关系满意度	<----	外部创新网络	1.262	0.178	7.095	***	0.928	
关系久度	<----	外部创新网络	1.348	0.194	6.940	***	0.792	
关系强度	<----	外部创新网络	0.959	0.154	6.241	***	0.783	
协同创新能力	<----	内部创新网络	0.547	0.159	3.443	***	0.572	
协同创新能力	<----	外部创新网络	0.736	0.279	2.637	0.008	0.452	
X16 外部互动频繁	<----	关系强度	1.000				0.688	0.473
X17 外部信任	<----	关系强度	1.014	0.105	9.674	***	0.735	0.540
X18 资源共享	<----	关系强度	1.289	0.122	10.588	***	0.813	0.661
X19 互利互惠	<----	关系强度	1.463	0.128	11.412	***	0.899	0.808
X20 关系持久	<----	关系久度	1.043	0.063	16.466	***	0.862	0.743
X21 关系稳定	<----	关系久度	1.000				0.896	0.803
X22 学习氛围	<----	关系久度	1.005	0.068	14.735	***	0.806	0.650
X23 彼此尊重	<----	关系满意度	1.000				0.806	0.650

续表

			Estimate	S.E.	C.R.	P	标准化	R^2
X24交流愉快	<----	关系满意度	1.116	0.085	13.061	***	0.807	0.651
X25产出增加	<----	关系满意度	1.483	0.103	14.352	***	0.865	0.748
X26合作高校	<----	网络规模	1.000				0.736	0.542
X27合作企业	<----	网络规模	1.251	0.125	9.982	***	0.760	0.578
X28合作科研机构	<----	网络规模	1.062	0.120	8.859	***	0.668	0.446
X29合作中介机构	<----	网络规模	0.970	0.112	8.677	***	0.655	0.429
X30相关政府机构	<----	网络规模	0.823	0.111	7.447	***	0.564	0.318
X31获取投资总额	<----	网络开放性	1.000				0.843	0.711
X32释放投资总额	<----	网络开放性	1.008	0.081	12.477	***	0.801	0.642
X33接受新成员	<----	网络开放性	0.757	0.067	11.354	***	0.739	0.546
X34行业分布广泛	<----	网络异质性	1.000				0.788	0.621
X35地理分布广泛	<----	网络异质性	1.174	0.092	12.760	***	0.829	0.687
X36研究方向差异	<----	网络异质性	1.146	0.085	13.499	***	0.876	0.767
X37文化差异	<----	网络异质性	0.914	0.082	11.153	***	0.741	0.549
X1认同度	<----	共同愿景	0.956	0.059	16.307	***	0.876	0.767
X2有激情	<----	共同愿景	1.006	0.062	16.247	***	0.874	0.764
X3完成度	<----	共同愿景	1.000				0.851	0.724
X4有规划	<----	要素参与度	0.791	0.079	10.064	***	0.663	0.440
X5奖励制度	<----	要素参与度	1.082	0.087	12.496	***	0.788	0.621
X6协同文化	<----	要素参与度	0.914	0.076	12.081	***	0.767	0.588
X7部门积极性	<----	要素参与度	1.099	0.090	12.236	***	0.775	0.601
X8成员积极性	<----	要素参与度	1.000				0.805	0.648
X9沟通渠道畅通	<----	要素协同度	0.791	0.064	12.292	***	0.741	0.549
X10部门合作频繁	<----	要素协同度	0.883	0.057	15.585	***	0.869	0.755

续表

			Estimate	S.E.	C.R.	P	标准化	R^2
X11扁平化程度	<----	要素协同度	0.921	0.073	12.704	***	0.758	0.575
X12冲突解决及时	<----	要素协同度	1.000				0.856	0.733
X13内部信任	<----	非正式关系	0.969	0.069	14.140	***	0.796	0.634
X14非正式渠道	<----	非正式关系	0.955	0.064	14.899	***	0.823	0.677
X15成员合作频繁	<----	非正式关系	1.000				0.885	0.783
X38战略成功	<----	协同创新能力	1.000				0.842	0.709
X39擅长建立关系	<----	协同创新能力	1.079	0.063	17.106	***	0.883	0.780
X40擅长管理关系	<----	协同创新能力	1.101	0.070	15.648	***	0.840	0.706
X41投入水平	<----	协同创新能力	1.086	0.069	15.737	***	0.843	0.711
X42产出水平	<----	协同创新能力	1.159	0.072	16.028	***	0.852	0.726

注：***表示显著程度为 0.001。

由表 6-2 可知，一阶潜在变量的所有观测变量，二阶潜在变量对应的一阶潜在变量，以及内部创新网络和外部创新网络这两个对协同创新能力的解释变量的 t 值均达到了显著水平。其中，外部创新网络对协同创新能力的解释在 $p<0.01$ 的水平上显著，其他各变量在 $p<0.001$ 的水平上显著，各变量完全满足在 $p<0.05$ 水平上 t 值绝对值>1.96 的要求，通过了参数估计值统计显著性检验。

（2）个别观察变量的项目信度（Individual Item Reliability）检验

观察变量的 R^2 反映出其潜在变量的信度。R^2 为观察变量的标准化 λ 值（因素负荷量）的平方。Bagozzi & Yi（1988）认为，个别观察变量的 R^2 值必须大于 0.5，亦即标准化系数必须大于等于 0.71。表 6-2 计算出了所有观察变量的 R^2，几乎全部观

察变量的 R^2 值都大于 0.5，远远超出了个别观察变量 R^2 值大于 0.5 的要求标准，通过了项目信度检验。

（3）潜在变量的组合信度（Composite Reliability）检验

除了个别观察变量的项目信度以外，还需要检验潜在变量的组合信度。组合信度用于评价一组潜在构念指标的一致性程度。组合信度越高，表示观察变量之间有高度的内在关联（Intercorrelated）（黄芳铭，2005）。对于观察变量的组合信度值，多数学者采用 Kline（1998）提出的判别依据：组合信度系数值在 0.9 以上是最佳的（Excellent），0.8 附近是非常好的（Very Good），0.7 附近则是适中，0.5 以上是最小可接受范围。但潜在变量的组合信度要求相对要更高一些，最好在 0.6 以上（Bagozzi & Yi，1988）。

AMOS 报表中并不能直接呈现变量的组合信度值，需要根据以下公式求得：

$$\rho_C = \frac{(\sum\lambda)^2}{(\sum\lambda)^2 + \sum\theta} = \frac{(\sum \text{因素负荷量})^2}{(\sum \text{因素负荷量})^2 + \sum \text{测量误差变异量}}$$

根据该公式可求得各一阶潜在变量和二阶潜在变量的组合信度值（见表 6-3）。可见，内部创新网络、外部创新网络、协同创新能力和共同愿景四个潜在变量的组合信度是“最佳的”，其他潜在变量的组合信度也是“非常好的”，因此模型通过了潜在变量的组合信度检验。

（4）潜在变量的平均方差抽取量（Average Variance Extracted）检验

潜在变量的平均方差抽取量表示相较于测量误差变异量的大小，潜在变量构念所能解释指标变量变异量的程度。如果 AVE 值小于 0.5，表示测量误差解释指标变量的变异量反而高于其潜在变量所能解释的变异量，即潜在变量平均方差抽取值不佳；反之，如果 AVE 值大于 0.5，表示指标变量可以有效地反映其潜在变量，该潜在变量便具有良好的信度与效度。

表 6-3　　变量组合信度与平均方差抽取量

潜在变量	组合信度	平均方差抽取量
内部创新网络	0.919	0.740
外部创新网络	0.901	0.607
内部创新网络共同愿景	0.901	0.752
内部创新网络要素参与度	0.873	0.580
内部创新网络要素协同度	0.882	0.653
内部创新网络非正式关系	0.874	0.698
外部创新网络关系强度	0.866	0.621
外部创新网络关系久度	0.891	0.732
外部创新网络关系满意度	0.866	0.683
外部创新网络规模	0.810	0.500
外部创新网络开放性	0.838	0.633
外部创新网络异质性	0.884	0.656
协同创新能力	0.930	0.726

AVE 值同样要通过公式计算，方法为求全部观察变量的变异量可以被潜在变量因素解释的百分比，计算公式如下：

$$AVE=\frac{\sum\lambda^{2}}{\sum\lambda^{2}+\sum\theta}=\frac{\sum 因素负荷量^{2}}{\sum 因素负荷量^{2}+\sum 测量误差变异量}$$

根据该公式，求得各潜在变量的平均方差抽取量（见表 6-3）。可见，各潜在变量的平均方差抽取量均大于 0.5，通过了 AVE 检验。

模型的各内在结构适配度指标显示，结构方程模型的拟合效果总体符合要求，设定模型能够反映样本数据的客观情况，模型与样本数据的拟合程度良好。此外，AMOS 7.0 软件的模型检验结果也给出了用于完善模型拟合度的修正指标（Modification Idices，MI）。研究者根据修正指标释放任何参数时均要有说服理由或理论根据，若是理论模型与实际数据可以适配，研究者则没有必要进行模型修正（吴明隆，2010）。修正适配良好的初始模型以获取更完美的适配度，是一种相当不明智的做法（MacCallum，1992）。因此，在整体模型适配度和内在结构支配度指标均良好的情况下，本书对这一模型不做修正。

6.1.3 路径分析

表 6-2 给出了结构方程模型的标准化和非标准化路径系数。在创新网络对协同创新能力影响模型的拟合结构方程模型中，一阶因子共同愿景、要素参与度、要素协同度和非正式关系与高阶因子内部创新网络之间有 4 条路径（如图 6-2 所示），标准化路径系数分别为 0.910、0.877、0.799 和 0.850，在 $p<0.001$ 的水平上达到显著；一阶因子外部创新网络的关系强度、关系久度、关系满意度、网络规模、网络开放性和网络异质性与高阶因子外部创新网络之间有 6 条路径，标准化路径系数分别为 0.783、0.792、0.928、0.787、0.783 和 0.557，同样全部在 $p<0.001$ 的水平上达到显著；高阶因子内部创新网络、外部创新网络和协同创新能力这三个潜在变量之间共有 3 条路径，内部创新网络与协同创新能力间的标准化路径系数为 0.572，在 $p<0.001$ 的水平上达到显著，外部创新网络与协同创新能力之间的标准化路径系数为 0.452，在 $p<0.01$ 的水平上达到显著。这些统计分析结果为研究假设的检验与讨论提供了依据。此外，各个路径系数值的大小也表明了各潜在变量对内、外部创新网络影响协同创新能力的作用程度，这也为下一章基于国家重点实验室内、外部创新网络构建协同创新能力的评价

指标体系提供了实证依据。

6.1.4 相关分析

国家重点实验室的内、外部创新网络之间不断互动(Interaction)，实现了二者的优势互补和协同效应。在证实了实验室内、外部创新网络各维度对协同创新能力能产生单独作用的基础上，AMOS 输出的潜在变量之间的相关性矩阵（见表 6-4）证实了各二阶潜变量和一阶潜变量对协同创新能力的正向影响，也证实了国家重点实验室内、外部创新网络间显著的相关性，即二者之间存在明显的协同关系，且这种协同关系对模型的拟合有促进作用。

由表 6-4 可以看出，内、外部创新网络之间相关系数为 0.954，证明二者存在紧密联系；内、外部创新网络与协同创新能力之间的相关系数分别为 0.999 和 0.998，说明内、外部创新网络对协同创新能力具有明显作用。在各一阶潜在变量与协同创新能力的相关性中，外部网络变量之关系满意度、内部网络变量之共同愿景与协同创新能力的相关系数分别为 0.925 和 0.913，均超过了 0.9，按照相关系数排序接下来依次是内部网络的要素参与度、非正式关系、要素协同度、外部网络的关系久度、网络规模、网络开放性、关系强度、网络异质性。其中，网络异质性的相关系数也达到了 0.555，证明了各一阶变量对协同创新能力均有明显的正向影响。此外，所有变量之间的相关系数全部为正值，说明各变量间均存在不同程度的正向相关，也解释了为什么一阶因子相互之间能够共存（Co-exist）和共变（Co-vary），这初步预验证了本书的研究假设。同时，变量之间存在相关关系是进行回归分析的前提，这也为采用回归分析方法检验环境动荡性的调节效应提供了依据。

表 6-4 潜在变量相关性矩阵

	外部创新网络	内部创新网络	协同创新能力	非正式关系	要素协同度	要素参与度	共同愿景	网络异质性	网络开放性	网络规模	关系满意度	关系久度	关系强度
外部创新网络	1.000												
内部创新网络	0.954	1.000											
协同创新能力	0.998	0.999	1.000										
非正式关系	0.811	0.850	0.853	1.000									
要素协同度	0.762	0.799	0.802	0.680	1.000								
要素参与度	0.837	0.877	0.880	0.746	0.701	1.000							
共同愿景	0.868	0.910	0.913	0.774	0.727	0.798	1.000						
网络异质性	0.557	0.531	0.555	0.452	0.425	0.466	0.483	1.000					
网络开放性	0.783	0.747	0.782	0.636	0.597	0.656	0.680	0.436	1.000				
网络规模	0.787	0.751	0.785	0.639	0.600	0.659	0.683	0.438	0.617	1.000			
关系满意度	0.928	0.885	0.925	0.753	0.707	0.776	0.805	0.516	0.727	0.730	1.000		
关系久度	0.792	0.756	0.790	0.643	0.604	0.663	0.688	0.441	0.621	0.624	0.735	1.000	
关系强度	0.783	0.747	0.781	0.635	0.597	0.655	0.680	0.436	0.613	0.616	0.726	0.620	1.000

6.2 调节效应检验

Cortina et al（2001）指出，用结构方程模型检验调节效应存在问题，也有学者指出可以用偏最小二乘法（PLS）检验调节效应（Chin & Newsted，1999），但偏最小二乘法主要针对一阶因子模型使用，且要求每四个指标就至少要有 150 个样本。因此，本书采用回归分析方法来检验环境动荡性的调节效应，分别从内部创新网络、外部创新网络两个层次来检验创新市场环境动荡性和知识技术环境动荡性对协同创新能力的影响。

6.2.1 调节变量的信度、效度与探索性因子分析

应用 SPSS 软件对调节变量的创新市场环境动荡性和知识技术环境动荡性进行信度、效度检验和探索性因子分析。具体方法不再赘述，检验结果如下：

从表 6-5 中可以看出，创新市场环境动荡性的 Cronbach's α 系数值为 0.810，信度较好，知识技术环境动荡性的 α 值为 0.736，信度可以接受。从表 6-6 中可以看出，环境动荡性这一调节变量的 KMO 指标值大于 0.7，效度可以接受，表示适合进行因子分析。因子分析结果得到一个因子结构，提取出两个主成分，每个主成分中各项的因子载荷均在 0.7 以上，该部分量表的探索性因子检验可以通过（见表 6-7）。将提取的主成分与变量一一对应，显示本书设计的环境调节变量的创新市场环境动荡性和知识技术环境动荡性这两个测量维度是合适的。由此可见，调节变量的测量量表具有可以接受的信度和效度，因此下文将创新市场环境动荡性和知识技术环境动荡性的测量题项值分别进行简单平均，然后用各平均值作为变量的样本值带入回归模型进行后续分析。

表 6-5　　环境调节变量的信度检验

维度	题项	项已删除的刻度均值	项已删除的刻度方差	校正的项总计相关性	项已删除的α值	α
创新市场环境动荡性	沟通渠道畅通	14.99	6.418	0.638	0.756	0.810
	部门合作频繁	14.98	6.038	0.708	0.721	
	扁平化程度高	15.24	6.606	0.647	0.753	
	冲突解决及时	16.01	6.572	0.527	0.812	
知识技术环境动荡性	内部信任	6.90	3.914	0.562	0.669	0.736
	非正式渠道	7.90	2.745	0.602	0.609	
	成员合作频繁	9.46	3.269	0.550	0.663	

表 6-6　　环境动荡性调节变量 KMO 和 Bartlett 的检验

取样足够度的 Kaiser-Meyer-Olkin 度量		0.724
Bartlett的球体检验	近似卡方	461.041
	df	21
	Sig.	0.000

表 6-7　　旋转成分矩阵

	成分	
	1	2
市场需求变动	0.806	0.094
产品快速更新	0.848	0.159
政策变化快	0.810	0.028
政策难预测	0.720	0.000
科技发展快	0.006	0.811
研究机会多	0.080	0.833
预测趋势难	0.127	0.785

提取方法：主成分

旋转法：具有Kaiser标准化的正交旋转法

6.2.2 回归分析

多元线性回归分析（Multiple Linear Regression Analysis）是一种用于描述、解释或预测多个解释变量和一个被解释变量之间线性关系的统计工具。多元线性回归分析中选取预测变量进入回归方程式的方法很多，选取方法应与研究设计和研究规划密切联系。调节效应检验需要分析环境动荡性与国家重点实验室内部创新网络、外部创新网络之间的交互效应对于协同创新能力的影响，因此选择阶层多元回归方法（Hierarchical Multiple Regression）进行回归分析，将自变量分成不同阶层后投入回归方程。

为了保证正确使用多元线性回归模型并得出科学结论，需要检验回归模型是否存在多重共线性、序列自相关和异方差三大问题。回归模型只有不存在多重共线性、序列自相关和异方差三大问题时，其回归结果才具有稳定性和可靠性。本书通过方差膨胀因子（Variance Inflation Factor，VIF）指数判断多重共线性问题；通过 Durbin-Watson 值（D-W 值）来判断序列自相关问题；以标准化的预测值（Standardized Predicted Values）为横轴数据，以标准化的残差值（Standardized Residual）为纵轴数据构成的残差散点图判断异方差问题。指标的判断标准见表 6-8。

表 6-8 回归模型建立的判别标准

检测项	检测作用	标准值	标准说明
VIF	检验自变量是否存在多重共线性	0<VIF<10	多重共线性问题未过度影响回归结果
DW	检测残差是否存在自相关	1.5<DW<2.5	不存在序列自相关问题
散点图	检测随机误差项是否满足同方差性假定	无序态	不存在异方差问题

采用回归分析验证调节变量的调节效应前，还需要将内部创

新网络、外部创新网络这两个多题项（Multi-item）的二阶因子测量模型转化为一个单题项的测量模型，常用的做法有将多测量题项取均值转化为单题项，但这一做法对本书而言并不合适，因为取均值是假定每个题项对整体构念在可靠性和贡献度上是相等的，这显然不符合本书上一章通过结构方程模型拟合得出的结论。因此，本书结合各测量题项的权重（即 SEM 中的一阶因子载荷）来解决这一问题。

首先，结合一阶因子载荷来计算每个维度（二阶因子）的测量项目值。其中：

$$\text{内部创新网络} = (0.910\times\text{共同愿景} + 0.877\times\text{要素参与度} + 0.799\times\text{要素协同度} + 0.850\times\text{非正式关系}) \div 4$$

$$\text{外部创新网络} = (0.783\times\text{关系强度} + 0.792\times\text{关系久度} + 0.928\times\text{关系满意度} + 0.787\times\text{网络规模} + 0.783\times\text{网络开放性} + 0.557\times\text{网络异质性}) \div 6$$

在上面两个公式中，计算所需的各一阶因子测量值也用同样的方法结合其观察变量的因子载荷计算。

其次，为了减少回归方程中变量间的多重共线性问题，将实验室内部创新网络、外部创新网络、协同创新能力以及创新市场环境动荡性和知识技术环境动荡性几个变量进行中心化处理（Mean-centered），并在调节效应的验证中，利用中心化后变量构造 9 个交互项进行回归分析。

（1）一阶因子对协同创新能力的一元线性回归分析

为进一步验证二阶变量内、外部创新网络下各一阶变量对协同创新能力的影响作用，在进行环境变量的调节效应检验前，首先分别以内部网络的共同愿景、要素参与度、要素协同度、非正式关系、外部网络的关系强度、关系久度、关系满意度、网络规模、网络开放性、网络异质性这 10 个一阶因子为自变量，以协同创新能力为因变量，构造各一阶变量与协同创新能力间的一元线性回归分析模型。各模型的回归结果见表 6-9。10 个线性回归模

型的 VIF 值均为 1，D-W 值介于 1.707 至 2.019 之间，证明回归模型不存在多重共线性和序列自相关问题，从 SPSS 软件输出的残差散点图也可以看出，散点呈明显的无序态，也不存在异方差问题。

表 6-9　**一阶因子对协同创新能力影响的回归结果**

自变量	β	R	R^2	调整 R^2	F	D-W	Sig.	VIF
共同愿景	0.775	0.839	0.704	0.703	493.183	1.981	0.000	1.000
要素参与度	1.000	0.786	0.617	0.616	334.030	1.724	0.000	1.000
要素协同度	0.787	0.727	0.529	0.526	232.043	1.839	0.000	1.000
非正式关系	0.768	0.775	0.601	0.599	311.169	2.003	0.000	1.000
关系强度	0.878	0.698	0.487	0.484	196.266	1.787	0.000	1.000
关系久度	0.747	0.748	0.559	0.557	262.670	1.888	0.000	1.000
关系满意度	0.908	0.847	0.717	0.716	525.122	2.019	0.000	1.000
网络规模	0.811	0.660	0.435	0.433	159.564	1.952	0.000	1.000
网络开放性	0.746	0.680	0.462	0.459	177.643	1.827	0.000	1.000
网络异质性	0.467	0.490	0.240	0.236	65.425	1.707	0.000	1.000

由回归结果可以看出，10 个一阶变量均在 $p<0.001$ 的水平上对协同创新能力有显著的正向影响。特别是关系满意度、共同愿景、要素参与度、非正式关系四个变量的 R^2 达到了 0.6 以上，说明回归方程的拟合优度很高，自变量对因变量的贡献程度很大。

（2）环境变量未参与调节的线性回归分析

分别以创新市场环境动荡性、知识技术环境动荡性、内部创新网络、外部创新网络、内外部创新网络交互为自变量，以协同创新能力为因变量构造回归模型，回归分析结果见表 6-10。观察各线性回归分析模型的 VIF 值和 D-W 值，发现不存在多重共线性和序列自相关问题，从 SPSS 软件输出的残差散点图也可以看出，散点呈明显的无序态，也不存在异方差问题。

表 6-10 **内、外部创新网络及其交互对协同创新能力影响的回归结果**

自变量		β	R	R^2	调整R^2	F	D-W	Sig.	VIF
创新市场动荡性		0.089	0.103	0.011	0.006	2.236	1.780	0.136	1.000
知识技术动荡性		0.618	0.750	0.562	0.560	265.558	1.956	0.000	1.000
环境动荡性	市场	−0.024	0.750	0.563	0.558	132.554	1.946	0.000	1.031
	知识	0.622							
内部创新网络		1.291	0.911	0.829	0.829	1006.622	1.893	0.000	1.000
外部创新网络		1.609	0.890	0.792	0.791	789.316	1.913	0.000	1.000
内外部创新网络	内	0.784	0.942	0.887	0.886	809.680	1.935	0.000	3.220
	外	0.779							

单独就环境动荡性本身对协同创新能力的影响来看，创新市场环境动荡性单一变量对协同创新能力的正向作用很不明显（标准化系数仅为 0.103），解释力也非常弱（R^2仅为 0.011），且未通过显著性检验（$p=0.136>0.1$）。知识技术环境动荡性单一变量对协同创新能力的正向作用则比较显著（β 值与标准化系数在 $p<0.001$ 水平上分别达到 0.618 和 0.750，R^2为 0.562）。当创新市场和知识技术环境二者综合作用于协同创新能力时，创新市场动荡性甚至表现出负向影响，这应与国家重点实验室主要是面向学科前沿和国家发展战略目标开展基础研究及应用基础研究的基础性工作性质有关，所以主要面向创新产品投放和消费者使用的市场环境对协同创新能力的回归作用并不明显，而知识技术环境的回归作用则要明显得多。

单独就内、外部创新网络对协同创新能力的影响来看，二者各自以及二者交互均对协同创新能力有显著的正向影响（在 $p<0.001$ 的水平上 β 值大于 1，标准化系数值在 0.9 附近），且内外部网络交互作用的多元回归比单一的内部或外部创新网络的元回归拟合程度更优，R^2达到了 0.887，比原有内、外部网络

元回归的 R^2 在显著意义上分别提高了 0.058 和 0.095。这与上一章结构方程模型拟合的结果恰好吻合，再次证实了内、外部创新网络及其交互作用对协同创新能力的显著正向影响。

（3）环境动荡性调节的多元线性回归分析

为了验证环境动荡性的调节作用，构造了 9 个多元线性回归分析模型，模型 M1 在内部创新网络对协同创新能力一元线性回归的基础上增加创新市场动荡性 1 个调节变量；M2 在内部创新网络对协同创新能力一元线性回归的基础上增加知识技术动荡性 1 个调节变量；M3 在 M2 的基础上增加创新市场动荡性 1 个调节变量；M4 在外部创新网络对协同创新能力一元线性回归的基础上增加创新市场动荡性 1 个调节变量；M5 在外部创新网络对协同创新能力一元线性回归的基础上增加知识技术动荡性 1 个调节变量；M6 在 M5 的基础上增加创新市场动荡性 1 个调节变量；M7 为在内、外部创新网络二者对协同创新能力影响的回归模型基础上加入创新市场动荡性 1 个调节变量；M8 为在内、外部创新网络二者对协同创新能力影响的回归模型基础上加入知识技术动荡性 1 个调节变量；M9 在 M8 的基础上加入创新市场动荡性 1 个调节变量。而后对各模型 ΔR^2 与 ΔF 进行比较，比较的基准值为增加调节变量前回归模型的 R^2 值与 F 值。对各模型进行回归分析前，首先对回归方程的科学性进行判断。9 个模型中，VIF 最小值为 1.063，最大值为 2.138，D-W 值最小为 1.880，最大为 1.963，均未发现多重共线性和序列自相关问题，并且各模型以标准化预测值为横轴数据和以标准化残差值为纵轴数据构成的残差散点图均呈随机分布状态，不存在异方差问题。回归结果可做进一步分析。创新市场环境动荡性、知识技术环境动荡性以及二者整合对内、外部创新网络影响协同创新能力的调节情况见表 6-11。其中，因变量为协同创新能力，解释变量为内、外部创新网络，回归系数采用标准化系数。

表 6-11 **环境动荡性对内、外部创新网络-协同创新能力调节回归结果**

类型	项目	M1	M2	M3	M4	M5	M6	M7	M8	M9
解释变量	内部创新网络	0.902***	0.770***	0.752***				0.554***	0.557***	0.552***
	外部创新网络				0.876***	0.820***	0.826***	0.435***	0.365***	0.372***
调节变量	创新市场动荡性	0.000		−0.007	−0.066*		−0.081*	−0.020		−0.027
	知识技术动荡性		0.240***	0.250***		0.077	0.072		0.084*	0.079
类型	项目	M1	M2	M3	M4	M5	M6	M7	M8	M9
交互项	内部*市场	−0.031								
	内部*知识		0.054+							
	内部*市场*知识			−0.030						
	外部*市场				−0.112**					
	外部*知识					−0.032				
	外部*市场*知识						0.080*			
	内部*外部*市场							−0.008		
	内部*外部*知识								−0.037	
	内*外*市场*知识									0.001
模型统计量	R	0.911	0.930	0.930	0.897	0.891	0.894	0.942	0.943	0.943
	R^2	0.830	0.866	0.864	0.805	0.795	0.800	0.888	0.890	0.890
	调整 R^2	0.828	0.864	0.862	0.802	0.792	0.796	0.886	0.888	0.887
	ΔR^2	0.001	0.002	0.001	0.011	0.001	0.005	0.000	0.001	0.000
	ΔF	1.004	3.683+	1.018	11.647**	0.910	4.600*	0.077	1.213	0.002
	F统计值	334.373***	440.197***	324.698***	281.593***	264.548***	203.964***	403.290***	411.318***	327.686***

注：*** $p<0.001$，** $p<0.01$，* $p<0.05$，+$p<0.1$。

①创新市场环境动荡性的调节作用。创新市场环境动荡性调节内部创新网络对协同创新能力的影响，ΔR^2与ΔF值仅各自为0.001和1.004，且未达到显著水平（$p=0.318$），是负向调节的不显著（$\beta=-0.031$，$t=-1.002$）；对外部创新网络与协同创新能力间关系的调节，ΔR^2与ΔF达到了0.011和11.647，呈现中高度显著水平（$p=0.001<0.01$）的负向调节作用（$\beta=-0.112$，$t=-3.413$）。这应与国家重点实验室内、外部创新网络的功能、特征、面向对象和覆盖范围有关，与创新市场环境发生密切联系的是外部创新网络，甚至可以说外部创新网络间就充斥着客户、产品、政府政策等市场环境要素（解学梅，2010），而内部创新网络与市场环境的联系程度则要弱很多。创新市场环境越动荡，外部创新网络的创新主体就越需要快速响应、积极调整，协同创新活动的稳定性和持续性就越容易受到影响，因而市场环境动荡对外部网络与协同创新能力的影响程度产生了负向调节。对于内、外部创新网络交互作用于协同创新能力的影响调节，市场环境动荡性调节的ΔR^2与ΔF值仅各自为0和0.077，是非常不显著（$p=0.781>0.1$）的负向调节（$\beta=-0.008$，$t=-0.278$）。

总体来看，创新市场环境动荡性仅对国家重点实验室外部创新网络影响协同创新能力有中高度显著水平的负向调节作用，对内部网络和内外部网络交互影响协同创新能力则无明显调节作用。

②知识技术环境动荡性的调节作用。知识技术环境动荡性调节内部创新网络对协同创新能力的影响，ΔR^2值仅为0.002，ΔF值为3.683，在中低显著水平上（$p=0.056<0.1$）呈现正向调节作用（$\beta=0.054$，$t=1.919$）；对外部创新网络与协同创新能力间关系的调节，ΔR^2与ΔF分别仅为0.001和0.910，是不显著（$p=0.314>0.1$）的负向调节（$\beta=-0.032$，$t=-0.954$）。这应与国家重点实验室面向未知世界不断求索的独特目标有关，知识与技术水

平发展越快，为实验室提供的探索领域和研究机会就越多，对实验室内部成员就提出了越高的科研要求。而前沿科学的掌握和应用本身就存在较高的门槛，受过长期、专门训练的科研人员能更快地投入研究活动，相比外部创新网络，实验室内部创新网络成员更容易在快速发展的探索性前沿科学研究方面达成协同。因而，知识技术环境动荡性的调节作用较为显著地表现在内部创新网络影响协同创新能力的过程中。对于内、外部创新网络交互作用于协同创新能力的影响调节，知识技术环境动荡性调节的 ΔR^2 值为 0，ΔF 值仅为 0.002，是不显著（$p=0.272>0.1$）的负向调节（$\beta=-0.037$，$t=-1.101$）。

总体来看，知识技术环境动荡性仅对国家重点实验室内部创新网络影响协同创新能力有中低度显著水平的正向调节作用，对外部网络和内外部网络交互影响协同创新能力则无明显调节作用。

③创新市场与知识技术环境动荡性交互的调节作用。创新市场环境与知识技术环境综合作用于内部创新网络对协同创新能力的影响，调节 ΔR^2 值仅为 0.001，ΔF 值为 1.018，且未达到显著水平（$p=0.314$），是负向调节的不显著（$\beta=-0.30$，$t=-1.009$）；对外部创新网络与协同创新能力间关系的调节，ΔR^2 与 ΔF 达到了 0.005 和 4.600，呈现中度显著水平（$p=0.033<0.05$）的正向调节作用（$\beta=0.080$，$t=2.145$）；对内、外部创新网络交互作用于协同创新能力的影响调节，调节的 ΔR^2 与 ΔF 值分别仅为 0.001 和 1.213，是非常不显著（$p=0.963>0.1$）的正向调节（$\beta=0.001$，$t=0.046$）。

总体来看，包括创新市场环境与知识技术环境在内的环境动荡性仅对国家重点实验室外部创新网络影响协同创新能力有中度显著水平的正向调节作用，对内部网络和内外部网络交互影响协同创新能力则无明显调节作用。

综上所述，国家重点实验室内、外部创新网络对协同创新能力的形成与提升之间存在比较稳健的关系，环境动荡性的调节效应并不显著。实际上，国家重点实验室的协同创新能力本质上就是国家重点实验室应对快速变化的创新市场环境和知识技术环境而构建的一种动态能力，特别是内、外部网络的交互作用，能将原有环境动荡性对外部创新网络与协同创新能力之间的负向影响转变为不显著的正向影响，这也从侧面反映了内、外部创新网络间的协同和互补能增强对协同创新能力的正向作用。

6.3 假设检验与结果讨论

6.3.1 假设检验

（1）内部创新网络对协同创新能力的影响：假设 H1a–H1d

在本书构造的内、外部创新网络对协同创新能力影响的结构方程模型中，内部创新网络与协同创新能力之间的标准化路径系数为 0.547，在 $p<0.001$ 水平上达到显著；在内部创新网络对协同创新能力影响的回归模型中，内部创新网络对协同创新能力的标准化回归系数为 0.911，同样在 $p<0.001$ 水平上达到显著。这表明国家重点实验室内部创新网络对协同创新能力有独立的显著正向作用，假设 H1 得到了实证支持。

在 $p<0.001$ 的显著水平上，内部创新网络的共同愿景、要素参与度、要素协同度、非正式关系 4 个一阶变量与内部创新网络之间的标准化路径系数分别为 0.910、0.877、0.799、0.850，对协同创新能力的标准化回归系数分别为 0.839、0.786、0.727、0.775，这证明了实验室内部创新网络的共同愿景、要素参与度、要素协同度、非正式关系分别对协同创新能力有独立的显著正向作用，假设 H1a–H1d 均被证实。其中，影响程度最大的一

阶因子是共同愿景，接下来依次是内部要素参与度、内部非正式关系和内部要素协同度。

（2）外部创新网络对协同创新能力的影响：假设 H2a-H2f

外部创新网络与协同创新能力之间的标准化路径系数为 0.452，在 $p<0.01$ 水平上达到显著；在外部创新网络对协同创新能力影响的回归模型中，外部创新网络对协同创新能力的标准化回归系数为 0.890，在 $p<0.001$ 水平上达到显著。结构方程拟合和回归分析均证实了国家重点实验室外部创新网络对协同创新能力有独立的显著正向作用，假设 H2 得到了实证支持。

在 $p<0.001$ 的显著水平上，外部网络的关系强度、关系久度、关系满意度、网络规模、网络开放性、网络异质性 6 个一阶变量与外部创新网络之间的标准化路径系数分别为 0.783、0.792、0.928、0.787、0.783、0.577，对协同创新能力的标准化回归系数分别为 0.698、0.748、0.847、0.660、0.680、0.490，结构方程模型和回归模型都证明了关系强度、关系久度、关系满意度、网络规模、网络开放性、网络异质性分别对协同创新能力有独立的显著正向作用，假设 H2a-H1f 均被证实。其中，影响程度最大的一阶因子是外部关系满意度，最小的是网络异质性，影响程度居中且接近的是外部关系强度、关系久度、网络规模和网络开放性。

（3）内、外部创新网络交互对协同创新能力的影响：假设 H3

在结构方程模型中，内外部网络交互的路径系数在 $p<0.001$ 的显著水平上达到了 0.95，且模型拟合情况良好，而当不考虑内、外部创新网络交互作用，只考虑内、外部网络独立对协同创新能力的直接作用时，模型的拟合效果相对较差。同时，在回归方程模型中，考虑内外部网络二者对协同创新能力的共同作用时，回归方程在 $p<0.001$ 的水平上 R^2 达到了 0.887，标准化系数达到了 0.942，比单一的内部网络或外部网络回归结果更理想。

在环境变量的调节检验中，内外部网络交互甚至能使环境动荡性对外部创新网络与协同创新能力间作用的负向影响转变为正向影响，这都证实了本书的假设 H3，内、外部创新网络交互对协同创新能力有显著的正向影响。

表 6-12 对本书研究假设的检验情况进行了汇总。

表 6-12　　研究假设检验的汇总

编号	假设	检验结果
H1	实验室内部创新网络对协同创新能力有独立的显著正向作用	支持
H1a	实验室内部创新网络的共同愿景对协同创新能力有独立的显著正向作用	支持
H1b	实验室内部创新网络的创新要素参与度对协同创新能力有独立的显著正向作用	支持
H1c	实验室内部创新网络的创新要素协同度对协同创新能力有独立的显著正向作用	支持
H1d	实验室内部创新网络的非正式关系对协同创新能力有独立的显著正向作用	支持
H2	实验室外部创新网络对协同创新能力有独立的显著正向作用	支持
H2a	实验室外部创新网络的协同关系强度对协同创新能力有独立的显著正向作用	支持
H2b	实验室外部创新网络的协同关系久度对协同创新能力有独立的显著正向作用	支持
H2c	实验室外部创新网络的协同关系满意度对协同创新能力有独立的显著正向作用	支持
H2d	实验室外部创新网络的网络规模对协同创新能力有独立的显著正向作用	支持
H2e	实验室外部创新网络的网络开放性对协同创新能力有独立的显著正向作用	支持
H2f	实验室外部创新网络的网络异质性对协同创新能力有独立的显著正向作用	支持
H3	国家重点实验室内、外部创新网络交互对协同创新能力有显著正向影响	支持

6.3.2 结果讨论

（1）内部创新网络对协同创新能力的影响

共同愿景是内部创新网络与一阶潜在变量间路径系数最大的一个因子，这说明对于国家重点实验室内部协同创新活动而言，对协同创新有一致的认识和预期是最为重要的前提条件。共同愿景体现了实验室内部关系中能够提供共同的表征、解释与系统内涵的资源，促进了对实验室集体目标的共同理解与正确行动（Tsai & Ghoshal，1998）。在共同愿景的三个观察指标中，“实验室成员对协同创新目标的认同度高”的路径系数最大，为0.876，其次是“对完成协同创新目标有激情”和“协同创新任务的完成度高”，路径系数分别为0.876和0.851。这说明实验室内部协同创新的形成与展开，必须以容纳和整合每个成员的个人认同感为起点，并有渴望实现协同创新目标的激情和内在动力，将个人与实验室共有的目标、使命和价值观联系在一起，才能更好地实现内部协同。

要素参与度对内部创新网络的正向作用仅次于共同愿景。本书采用了5个观察变量来测量内部创新要素参与度，分别是实验室内部的协同创新战略规划、奖励制度、组织文化，以及实验室部门的参与积极性和研究人员的参与积极性，其中，影响作用最大的是成员积极性和奖励制度，路径系数分别为0.805和0.788，接下来依次是部门积极性、协同文化和协同战略规划。这说明科研人员始终是实验室开展协同创新活动的首要实施者和最终落实者，彻底调动科研人员参与协同创新的积极性能够显著改善实验室的协同创新能力。而对参与协同创新活动的科研人员给予物质奖励或精神鼓励，则是调动其参与积极性的重要工具。

成员间的非正式关系与内部创新网络间的路径系数仍然在0.8以上，是正向作用于协同创新能力的又一个内部网络特征变量。实验室内部的正式关系主要由规章制度等“契约”的安排为基础，而非正式关系则是指科研人员之间在私下的交流活动中形成的非契约关系。在非正式关系的测量指标中，最为重要的指标是成员间分享、切磋、交流频率，其次是实验室内部的非正式交互渠道（例如卡文迪什实验室的“科学俱乐部”和“茶时漫谈会”），再次是内部成员间的信任程度。三者的路径系数分别为 0.885、0.823、0.796，说明实验室科研人员之间日常交流的频率越高，越容易具备协同创新的基础，而内部各种非正式交互的渠道则应是保障交流频率的一种非制度化设计。当然还需要指出的是，实验室内部创新网络的非正式关系与正式关系往往是高度“缠结”在一起的，也是相互嵌入的（Granovetter，1985），因而在实际运行过程中，无须过分强调发展非正式关系而忽略正式关系。

创新要素协同度是内部创新网络的 4 个一阶因子中路径系数唯一略小于 0.8 的，说明内部创新要素协同度的重要性略次于共同愿景、要素参与度和非正式关系。要素协同度实际上反映的是实验室内部协同创新活动的一种有序状态。本书采用了部门间合作频繁、冲突解决及时、实验室层级结构扁平化程度以及内部沟通渠道的畅通程度来描述要素协同度，4 个指标的路径系数分别为 0.869、0.856、0.758、0.741。这说明对于内部要素协同度而言，以部门为单位（而非个人）的合作越频繁，组织整体创新要素协同度越高。而在合作过程中，最好建立一种建设性的冲突解决机制（Helfert & Vith，1999）以及时妥善解决各种冲突，才能保证协同创新活动的顺利进行。

（2）外部创新网络对协同创新能力的影响

在现有创新网络与创新能力或创新绩效的相关研究中，将外部网络关系强度、关系久度作为主要变量的思路较为普遍，但较少看到将关系满意度作为一个潜在变量予以考察的。虽然“满意度”相较于“合作时长、合作稳定性”而言更加抽象，但并非不可测量（Geyskens et al，1999）。本书不论是结构方程模型还是回归方程模型均证实，对于国家重点实验室而言，外部创新网络关系满意度反而是对协同创新能力影响突出的一个指标，其路径系数为 0.928，其他外部网络的一阶潜在变量的路径系数均小于 0.9；其回归系数为 0.847，而其他因子的回归系数均大大小于 0.8。对国家重点实验室的科研人员而言，满意度可以从协同的过程中获得，也可以从协同的成果中实现。从路径系数来看，“协同合作使实验室的创新产出增加”对满意度的贡献程度最大，其次是实验室与其他合作伙伴间交流愉快、彼此尊重，显示出能推动实验室创新成果增加的具有“实质性作用”的关系更容易带来满意度，也更容易反过来进一步推动实验室协同创新能力的提升。

关系强度与外部创新网络的路径系数仅次于关系满意度，为 0.792。观察指标——实验室与合作伙伴的互利互惠程度、资源投入共享程度、信任程度和互动频繁程度有关系与关系强度的路径系数依次为 0.899、0.813、0.735、0.688。这说明在国家重点实验室与外部创新主体的合作过程中，关系强度越高，即互利互惠、资源共享程度越强，越能够推动实验室与合作伙伴之间创新条件的转移和共享；彼此信任程度越深、互动频率越高，越有利于国家重点实验室从外部创新网络中识别、获取和消化各种隐性知识、“默会知识”和专门技能，并将其转化和投入创新应用，进而提高实验室的协同创新能力。这种互惠互利以及资源共享也是“强联系的优势”理论（Granovetter，1985）在国家重点实验室协同创新活动中的体现。

学习氛围越浓厚、知识获取效率越高的协同关系越容易达到稳定性（Chou et al，2005），稳定性越强的协同关系，越容易维持长久的合作关系。因而本书选取了实验室与协同伙伴的关系稳定性、合作时长以及关系中学习氛围来衡量协同关系久度。这三个观察变量与协同关系久度间的路径系数分别为 0.896、0.862、0.806。关系久度的正向特征体现了网络关系的重复性，体现了国家重点实验室获得网络资源的冗余性。冗余资源作为创新主体应对环境变化的缓冲物，减缓了环境的冲击（Cheng & Kesner，1997）。从国家重点实验室科研创新的特点来看，具有前沿科学知识与技术变动速度快、国际竞争强度高等特点。网络关系的必要冗余和重复有助于提高国家重点实验室对变动环境的适应性，从而有利于更深入的协同创新活动的开展。

网络规模对协同创新能力的正向作用证明了 Uzzi（1998）针对企业这一创新主体提出的“直接联系的外部实体集中反映了其获取外部知识、信息以及其他资源的程度和数量大小”这一结论对国家重点实验室同样适用。国家重点实验室可以在不断扩大的外部创新网络中从各类创新合作伙伴获取各种不同的知识、技术、设备、信息甚至市场，增加国家重点实验室科学研究与成果转化的深度和广度。实际上，获得这些外部网络的新知识本身就是创新能力的一种形式（Nonaka & Takeuchi，1995）。各合作伙伴的重要性排序依次为：企业、高校、科研机构、金融中介、行业协会等科技中介以及相关的政府机构，其与网络规模之间在 $p<0.001$ 的显著水平上的标准化路径系数依次为 0.760、0.736、0.668、0.655 和 0.564。这说明在产、学、研三方中，越是与国家重点实验室研究性质相异的合作伙伴，越是对实验室协同创新能力的提升有积极作用。

在结构方程模型中，与网络规模的路径系数最为接近的是网络的开放性。实验室从外部创新网络中获取的投资总额、释放的投资总额以及接受新成员的意愿的路径系数分别在 $p<0.001$ 的显著水平上达到了 0.843、0.801、0.739。这说明外部创新网络中联结的节点越多，网络规模越大，越有利于保证创新来源的丰富

性，实验室越容易有效识别和吸纳新的合作伙伴、获取和利用新的创新资源，其协同创新能力也就越强。

实证研究结果显示，网络异质性与外部创新网络间的路径系数在 $p<0.001$ 的水平上达到了 0.577，证明其对协同创新能力有显著的正向作用。但相比其他的关系维和结构维指标，网络异质性对外部创新网络的贡献程度最小。本书从合作伙伴在不同行业、不同地理位置上的分布，以及在研究方向和文化方面的差异来衡量网络异质性，结果证实，这四个观察变量的重要性排序依次为：研究方向差异>地理分布广泛>行业分布广泛>文化差异（路径系数分别为 0.876、0.829、0.788、0.741）。这说明对于国家重点实验室而言，不同学科领域、不同研究方向的合作伙伴能给实验室带来更多非冗余的信息和异质性的知识流，为实验室自身科研思路的拓宽、科研水平的提高提供帮助。而在地理上分布范围越广泛的合作伙伴越容易提供全新的、非相似性创新要素组合的机会，这也为在科研创新活动中，国际学术交流往往能比国内学术交流更容易碰撞出创新、创意的火花提供了合理注解。行业分布和文化差异的贡献程度相对较弱，这也和国家重点实验室主要集中于科研领域开展基础研究和应用基础研究的特性相关。

6.4 本章小结

首先，本章运用结构方程模型检验了内、外部创新网络以及两者交互作用对协同创新能力的影响，研究发现，在内、外部网络各个维度变量单独起作用时，其对协同创新能力的影响效果不及内外部网络存在交互作用时对协同创新能力的作用明显，即内、外部创新网络的协同促进了协同创新能力的发展。

其次，通过多元线性回归方程分析了环境动荡性对国家重点实验室内、外部创新网络中协同创新能力发展的调节作用。其中，创新市场环境动荡性对外部创新网络与协同创新能力之间关系的调节，在中高度显著水平上呈现负向调节作用；知识技术环境动荡性对内部创新网络与协同创新能力之间关系的调节，在中低度显著水平上呈现正向调节作用。环境动荡性整体对外部创新网络与协同创新能力之间关系的调节，在中度显著水平上呈现正向调节作用。尤其值得注意的是，内、外部创新网络的交互作用，能将原有创新市场动荡性对外部创新网络与协同创新能力之间作用的中高度显著的负向影响转变为不显著的正向影响。这也说明国家重点实验室的协同创新能力主要依靠国家重点实验室自身建设，本质上就是实验室应对环境变化的一种动态能力，因而其受环境动荡性的影响不显著。

最后，结合结构方程模型和多元线性回归模型的拟合结果，验证了本书第四章提出的假设。

7 研究结论与建议

通过前面六章的研究，本书已经对国家重点实验室内、外部创新网络与协同创新能力的关系进行了系统、深入的理论分析和实证检验。本章将对全文的研究内容进行归纳，总结本书的主要结论、理论贡献和实践意义，提出相应的对策建议，并在此基础上对进一步研究的方向进行展望。

7.1 主要结论

“大科学”时代的到来对国家重点实验室的科研创新活动提出了新的要求。有别于传统的、狭隘的、封闭的科学研究方式，“大科学”时代要求有综合性的思维体系，运用多种学科的理论和方法，整合基础研究和技术应用方面的各类创新主体的创新资源，实现科学研究的整体化、系统化。这种整合不是多门学科的简单拼凑，也不是多种关系的随意堆积，而是有赖于在具有内在逻辑关系联结的创新网络中开展协同创新。协同创新使不同的学科、不同的创新主体彼此交叉、融合，有利于国家重点实验室取得科学上的重大突破。而实验室的内、外部创新网络中也存在一些关键要素，对协同创新活动的开展和协同创新能力的提高起到重要的作用。本书以问题为导向，跨学科地借助网络理论、创新理论、协同学、统计学等不同学科理论与方法，主要研究国家重点实验室内、外部创新网络对其协同创新能力的影响机理，从三个具体研究问题展开了理论和实证研究：①内、外部创新网络提升实验室协同创新能力的过程；②创新网络中影响实验室协同创新能力的主要影响因素；③创新网络对国家重点实验室协同创新能力的影响机理。本研究的目的是探索在变动的创新环境下，国家重点实验室内、外部创新网络与其协同创新能力演化之间的规律性，总结出协同创新能力提升的基本理论和方法，为我国国家重点实验室构建创新网络，实践协同创新提供科学的理论依据，也为政府制定促进协同创新的政策提供了管理工具。本研究的主要结论是：

第一，第 2 章对国内外有关创新网络、协同学、协同创新、创新能力的文献综述发现，组织协同创新能力的提升存在两种途径。一是组织内部途径，由创新主体通过自主研发和内部交流，利用掌握的资源与知识，不断提升共同探索和研发的创新能力；二是组织外部途径，可以通过整合与利用外部各类形式多样的创新资源，与内部资源形成互动与互补。与传统的产学研创新相比，基于内、外部创新网络开展协同创新的层次、聚集创新要素的数量、协同活动覆盖的时空和范围等都大大扩展了。由此可以看出协同创新的本质，即它是一个借助不同创新要素组合实现创新网络整体价值的复杂过程。协同创新能力的本质则是将实验室内、外部分散的创新资源聚集起来，实现协同创新产出、实现协同效应的能力。

第二，第 3 章根据典型案例总结了国家重点实验室创新网络从内到外，或从小到大的演化途径，以及相应的协同创新能力从无到有或从弱到强的发展过程。探索性案例研究发现，实验室的内、外部创新网络确实对协同创新能力具有正向作用，协同创新能力正是随着内、外部创新网络交互发展的螺旋过程而不断提升的。这一创新网络影响协同创新能力形成与提升过程的研究，对于指导国家重点实验室有效把握协同创新活动的实践过程具有积极的现实意义。

第三，第 4、5、6 章将命题细化扩展为本研究的基本假设，从创新网络特征变量的提取与测量、研究设计与方法、问卷设计与结构、数据收集与统计分析等方面进行了实证研究。运用结构方程模型构建高阶因子模型对前文提出的内、外部创新网络单层次影响作用及内外部协同的交互作用进行检验。研究发现，实验室内部网络与外部网络之间显著正相关，在内外网络协同条件下，实验室内、外部创新网络对协同创新能力存在显著正向影响。内部创新网络中的主要特征变量按照影响程度由大到小排列，依次是共同愿景、要素参与度、非正式关系和要素协同度；外部创新网络中主要因子的排序则是关系满意度、关系久度、网络规模、关系强度、网络开放性和网络异质性。对环境调节效应的检验发现，环境动荡性对国家重点实验室外部创新网络影响协同创新能力有中度显著水平的正向调节作用，对内部创新网络和内外部网络交互对协同创新能力影响则无明显调节作用。这意味着外部创新网络更容易受到环境动荡性的影响。

7.2 对策建议

创新网络化已经成为世界科技创新的重要趋势，创新网络也已经成为创新者开展协同创新的重要依托。甄别并测量创新网络影响协同创新能力的关键影响因子，掌握创新网络对协同创新能力的影响机理，有助于国家重点实验室在扩展的网络中获取关键要素，实现协同创新的可持续发展。结合本书的研究结果，对国家重点实验室提出如下对策建议：

（1）构建内部创新网络，提高创新要素参与度和协同度

国家重点实验室要构建内部创新网络，形成共同愿景、提高要素参与度与协同度、增加沟通渠道。管理者首先要制定科学合理的协同创新战略规划，从意识层面提高全体成员对协同创新的认知程度；同时需要制定便于执行的奖励制度，对于积极组织或参与协同创新活动的系部、个人给予实质性奖励，提高内部成员完成协同创新任务的积极性，并在这一过程中逐步形成实验室认同协同创新、乐于协同创新的组织文化。其次，要建立多种多样的非正式交流平台，使研究人员能够在轻松、愉快的氛围中自由地进行知识的分享和交流，提高彼此间的互信程度。再次，要保证各种正式与非正式沟通渠道的畅通，对于协同活动中存在的问题要能及时反馈，冲突要能快速妥善解决，从而保证各研究系部、各研究人员之间互助互惠行为的持续性。

（2）强化外部创新网络关系，调整外部创新网络结构

在外部创新网络关系方面，首先要提高对关系满意度的重视程度。当一种关系联结无法使研究人员这一协同创新的具体落实者感到愉快时，就容易出现“有令不行”“阳奉阴违”的困境。在建立外部协同关系时，除了要考虑能促进实验室创新产出增加的合作伙伴，还需要尽量挑选能与实验室彼此尊重、沟通顺畅、交流愉快的合作伙伴，以提高网络关系满意度。其次，外部关系建立后还要注意与合作伙伴保持一定频率的互动，强化资源共享，营造良好的学习氛围，形成一种彼此信任、较为稳定的互利互惠关系。

在外部创新网络结构方面，首先，在实验室条件允许的情况

下，可以吸纳更多的创新节点，扩大创新网络的规模。在节点类型方面，重点选择企业、高校和科研机构，其中企业对实验室协同创新能力有最大的促进作用；同时也要保证外部网络中有金融机构、行业协会等科技中介和政府部门的存在。其次，扩大网络规模的同时，要增强网络的开放性，尽可能多地从网络中获取并向网络中释放人、才、物力资源。最后，保持一定程度的网络异质性，选择与实验室研究方向存在差异的合作伙伴有助于协同创新能力的提升。

（3）促进内、外部创新网络之间的协同

协同创新是不同要素或资源所有者之间的融合，使每个节点成员都能从创新网络中获取有效的创新资源，是创新网络推动协同创新成功的关键。这要求实验室既能将内部网络中的自有资源释放到外部网络中供其他节点使用，又能将外部的知识、信息、技术等各类创新资源传递到内部网络进行消化、吸收和应用。因此，实验室需要提高内、外部创新网络之间的协同性，强化对内、外部创新网络的控制和管理，根据自身发展需求，积极建设“自我中心型”的外部创新网络，使内、外部创新网络拥有一致或类似的战略目标，凸显内、外部网络相互服务的功能。

（4）提高对外部创新环境的适应能力和利用能力

外部创新环境中的创新市场环境动荡性对国家重点实验室外部创新网络影响协同创新能力有中高度显著水平的负向调节作用，因此，实验室（特别是与市场密切相关的应用基础研究型实验室）需要提高对市场环境的适应能力，敏锐地捕获高科技成果市场中客户需求的变动情况，以及竞争对手的产品更新换代情况，积极地进行前沿性开拓研究或适应性改善工作；同时，密切关注政府出台的与协同创新相关的政策制度，合理利用支持性政策降低协同创新成本，提高协同创新绩效。外部创新环境中的知识技术环境动荡性对国家重点实验室内部创新网络影响协同创新能力有中低度显著水平的正向调节作用，因此，实验室内部需要密切关注研究领域内的知识技术发展变动情况，对未来几年内的科学发展趋势做出大胆预测，抓住因科技发展和学科交叉而产生的新的研究点，开拓出更广阔的研究领域，这是在创新环境快速变动的条件下提高实验室创新产出的有效方式。

7.3 研究局限

在前人研究的基础上，本书构建了内、外部创新网络对协同创新能力的影响模型，并以我国依托单位为院校和企业的国家重点实验室为研究样本，采用实证分析的方法得到了一些较新颖和有意义的结论。但由于时间、人力、财力以及本人研究能力的限制，还存在一些局限之处。

（1）样本和数据

考虑到数据获取的可能性，研究选择的对象主要集中院校类和企业类国家重点实验室，没有考虑军民共建国家重点实验室和港澳国家重点实验室或伙伴实验室。并且，考虑到样本处理的效率，仅选择了适中数量的样本开展调查。尽管本研究回收的有效问卷数量基本满足了结构方程对于样本量的要求，但本书的实证分析还不能算是真正意义上的大样本研究。下一步研究应扩大样本量，以进一步提高数据的可靠性。此外，为了便于统计和建模，本书在样本统计时没有按照实验室不同的依托单位对样本进行区分，即不论依托单位是高校、科研院所还是企业，样本是被放在一起统一处理的。但是，不同性质的依托单位也可能对国家重点实验室协同创新能力产生影响，下一步研究也可以考虑将依托单位的性质作为一个影响变量来进行考察，以增强研究结论的全面性。

（2）变量测度

由于研究中所涉及的部分变量难以用客观数据来衡量，本书所研究的是主观认知范围内的创新网络，因此采用了李克特7级量表并通过应答者主观评价的方式对相关变量加以测量。尽管本书中结合现有成熟量表和专家意见进行调查问卷设计与修改，并通过预测试以尽可能保证变量测度的有效性和可靠性，但是这种主观评价方法可能会影响数据与研究结论的准确性。未来研究应该用更加客观的方法对上述变量进行测度，以增强研究的可重复性和研究结论的可靠性。如果能够获得每一家实验室所有协同创新伙伴的类型、规模、行业分布等具体情况，并了解实验室和每一个合作伙伴合作的时间长度、在固定周期内的交流频率，以及实验室具体的投入产出金额，未来可以考虑采用社会网络分析法，借助 UCINET 网络分析工具绘制实验室的创新网络图谱，这样就可以精确地考察内、外部网络变量对协同创新能力的影响。由于国家重点实验室的研究活动具有一定程度的保密性，以上数据在公开渠道下难以获得，在问卷调查中也担心因涉及过于具体的数量和金额指标会导致被调查者产生抗拒心理，问卷回收率低下，故采用了主观评价法对变量进行测度。

（3）研究维度

尽管本书所选取的4个内部网络特征变量和6个外部网络特征变量考虑了创新网络的关系和结构，也是创新网络研究最为常用的刻画指标，但是创新网络还有一些特征属性在本研究中并未涉及，如网络密度、网络中心性、网络位势等。深化研究可以扩展创新网络变量涵盖的范围和层次，此外，本书研究证明了内、外部网络间的协同对创新网络影响协同创新能力有重要的正向作用，但对内、外部网络究竟如何实现协同效应最大化没有展开分析。后续研究可以从这个角度继续深入下去。

7.4 研究展望

目前，网络环境下的组织创新的研究仍处于前范式阶段，理论体系还缺乏系统性，许多重要的理论和实践问题有待于进一步深入探讨。在本书研究过程中，也发现了一些更值得深入探讨与分析的研究方向。

（1）交互研究

研究内部网络共同愿景、要素参与度、要素协同度、非正式关系、外部网络关系强度、关系久度、关系满意度、网络规模、网络开放性、网络异质性的交互影响。本研究分别证实了内、外部创新网络不同特征变量对于国家重点实验室协同创新能力的正向影响，但是并未考虑深入分析这些内、外部创新网络特征变量之间的交互作用。因此在本书研究结论的基础上，未来研究可进一步考察内、外部创新网络关系与结构的不同维度之间的交互作用对协同创新能力的影响，这也是深入分析内、外部网络间协同机制及影响机理的必由之路。

（2）纵向研究

采用纵向研究方式收集时间序列数据，探讨网络环境下国家重点实验室的内、外部网络特征变量、环境动荡性、协同创新能力的相关性随时间的变化情况。正如 Jansen et al（2006）所建议的那样，未来的研究应该测量一个持续期（Duration），从而能全面观察变量对创新的影响。

（3）测量内容的改进

目前对创新网络与创新能力之间关系的研究主要还是从社会网络的视角出发，对这种网络结构的测量、评价还没有形成完整的体系，特别是量表的科学性和完整性有待提高。下一步研究可以考虑借鉴组织行为学、心理学等开发组织网络化的量表与关系结构，深化对实验室创新网络的理解。

（4）研究方法更新

本书主要采用结构模型分析法进行静态研究，实际上，创新网络的关系与结构日趋复杂、不断变化，需要采用更先进的方法来对创新网络进行测量和分析。例如，复杂网络分析法就集成了拓扑动力学、图论等学科，从现实网络中抽象出网络模型，可以用来解决传统研究方法所不能研究的非线性动态演化网络的问题。未来研究可以借助复杂网络理论深入研究网络中节点的自组织、链接属性等问题。

参考文献

[1] ACHROL R S，KOTLER P. Marketing in the Network Economy [J]. Journal of Marketing，1999，63 (4)：146–163.

[2] ADLER PS，KWON S W. Social Capital：Prospects for a New Concept [J]. Academy of Management Review，2002，27 (1)：17–40.

[3] ADLER P S，SHENBAR A. Adapting Your Technological Base：The Organizational Challenge [J]. Sloan Management Review，1990，32 (1)：25–37.

[4] AGRESTI A，AGRESTI B F. Statistical Analysis of Qualitative Variation [M]. In：SCHUESSLER K F. (Ed.) Sociological Methodology.San Francisco：Jossey–Bass，1978：204–237.

[5] AHUJA G. Collaboration Networks，Structural Holes，and Innovation：A Longitudinal Study [J]. Administrative Science Quarterly，2000，45 (3)：425–455.

[6] AKEN J E，WEGGEMAN M P. Managing Learning in Informal Innovation Networks：Overcoming the Daphne–Dilemma [J]. R&D Management，2000，30 (2)：139–149.

[7] ALLEN W D. Social Networks and Self- Employment [J]. Journal of Social-Economics, 2000, 29 (5): 487-501.

[8] ANDERSEN E S, LUNDVALL B A, SORRN- FRIESE H. Editorial: Special Issue on Innovation Systems [J]. Research Policy, 2002, 31 (2): 185-189.

[9] ANDERSON J C, NARUS J. A Model of Distributor Firm and Manufacturer Firm Working Relationships [J]. Journal of Marketing, 1990, 54 (1): 42-58.

[10] ANDERSSEN R C, et al. Innovation in Manufacturing as an Evolutionary Complex System [J]. Technovation, 2005, 25 (10): 1093-1105.

[11] ANSOFF H I. Corporate Strategy: An Analytic Approach to Business Policy for Growth and Expansion [M]. New York: McGraw-Hill, 1965.

[12] AOSHIMA Y. Inter- Project Technology Transfer and the Design of Product Development Organizations [R]. Working Paper, Massachusetts Institute of Technology, 1993.

[13] ARTHUR W B. The Structure of Invention [J]. Research Policy, 2007, 36 (2): 274-287.

[14] ASHEIM B T, ISAKEN A. Location, Agglomeration and Innovation: Towards Regional Innovation Systems in Norway? [J]. European Planning Studies, 1997, 5 (3): 299-330.

[15] ASHEIM B T. Industrial Districts as Learning Regions: A Condition for Prosperity? [J]. European Planning Studies, 1996, 4 (4): 379-400.

[16] ATUAHENE- GIMA K, EVANGELISTA F. Cross- Functional Influence in New Product Development: An Exploratory Study of Marketing and R&D Perspectives [J]. Management Science, 2000, 46 (10): 1269-1284.

[17] BAGOZZI R P, YI Y. On the Evaluation of Structural Equation Models [J]. Journal of the Academy of Marketing Science, 1988, 16 (1): 74-94.

[18] BARBAROUX P. Identifying Collaborative Innovation Capabilities within Knowledge- Intensive Environments: Insights from the ARPANET Project [J]. European Journal of Innovation Management, 2012, 15 (2): 232-258.

[19] BARNEY J. Firm Resources and Sustained Competitive Advantage [J]. Journal of Management, 1991, 17 (1): 99-120.

[20] BARTON L D. Wellsprings of Knowledge: Building and Sustaining the Sources of Innovation [M]. Boston, MA: Harvard Business School Press, 1995.

[21] BECERRA- FEMANDEZ I, SABHEIWAL R. Organizational Knowledge Management: A Contingent Perspective [J]. Journal of Management Information System, 2001, 18 (1): 23-55.

[22] BENDERSKY C. Organizational Dispute Resolution Systems: A Complementarities Model [J]. The Academy of Management Review, 2003, 28 (4): 643-656.

[23] BENGTSSON M, SÖLVELL O. Climate of Competition, Clusters and Innovative Performance [J]. Scandinavian Journal of Management, 2004, 20 (3): 225-244.

[24] BERCOVITZ J, FELDMAN M. Entrepreneurial Universities and Technology Transfer: A Conceptual Framework for Understanding Knowledge- Based Economic Development [J]. Journal of Technology Transfer, 2008, 31 (1): 175-188.

[25] BERMAN S L, DOWN J, HILL C W X.Tacit Knowledge as a Source of Competitive Advantage in the National Basketball Association [J]. Academy of Management Journal, 2002, 45 (1): 13-31.

[26] BLACKETT L.Rutherford [J]. Notes and Records of the Royal Society of London.1972, 27 (1): 57-59.

[27] BOASE J, WELLMAN B.Suggested Question on Social Networks and Social Capital [R]. Report to the Policy

Research Initiative, Ottawa, Canada, 2004.
[28] BONACCORSI A, PICALUGADU A. A Theoretical Framework for the Evaluation of University- Industry Relationships [J]. R&D Management, 1994, (24): 229-247.
[29] BORGATTI S P, MEHRA A, BRASS D J, et al. Network Analysis in the Social Sciences [J]. Science, 2009, 323 (5916): 892-895.
[30] BRANZEI O. Product Innovation in Heterogeneous R&D Networks Pathways to Exploration and Exploitation [D]. University of British Columbia, 2004.
[31] BRASS D. Taking Stock of Networks and Organizations: A Multilevel Perspective [J]. The Academy of Management Journal, 2004, 47 (8): 795-817.
[32] BRITTON J. Network Structure of Industrial Cluster Electronics in Toronto [J]. Environment and Planning, 2003, 35 (6): 983-1006.
[33] BROWN J S, HAGEL J. The Only Sustainable Edge: Why Business Strategy Depends on Productive Friction and Dynamic Specialization [M]. Boston: Harvard Business School Press, 2005.
[34] BROWNE M W, CUDECK R. Alternative Ways of Assessing Modle Fit [M]. In BOLLEN K A, LONG J S. (eds.) Testing structural equation models. Newbury Park, CA: Sage, 1993.
[35] BURT R S. Towards a Structural Theory of Action: Network Model of Social Structure, Perceptions, and Action [M]. New York : Academic Press, 1982.
[36] BURT R S. Structural Holes [M]. Cambridge, MA: Harvard University Press, 1992.
[37] CALANTONE R J, CAVUSGIL S T, ZHAO Y. Learning Orientation, Firm Innovation Capability, and Firm Performance [J]. Industrial Marketing Management, 2002, 31 (6): 515-524.

[38] CAMAGNI R. Innovation Networks: Spatial Perspectives [M]. London: Belhaven Press, 1991.

[39] CAPALDO A. Network Structure and Innovation: The Leveraging of a Dual Network as a Distinctive Relational Capability [J]. Strategic Management Journal, 2007, 28 (6): 585-608.

[40] CARAYANNIS E G, ALEXANDER J, IOANNIDIS A. Leveraging Knowledge Learning and Innovation in Forming Strategic R&D Partnerships in the US, Germany and France [J]. Technovation, 2000, 20 (9): 477-488.

[41] CASTELLACCI F, GRODAL S, MENDONCA S, et al. Advances and Challenges in Innovation Studies [J]. Journal of Economic Issues, 2005, 39 (1): 91-121.

[42] CESARONI C F.Technological Outsourcing and Product Diversification: Do Markets for Technology Affect Firm ' s Strategies? [J]. Research Policy, 2004, 33 (10): 1547-1564.

[43] CHANG L, MCBRIDE- CHANG C, STEWART S M. Life Satisfaction, Self- Concept, and Family Relations in Chinese Adolescents and Children [J]. International Journal of Behavioral Development, 2003, 27 (2): 182-190.

[44] CHENG J L C, KESNER I F. Organizational Slack and Response to Environmental Shifts: The Impact of Resource Allocation Patterns [J]. Journal of Management, 1997, 23 (1): 1-18.

[45] CHESBROUGH H. Open Innovation: How Companies Actually Do It [J]. Harvard Business Review, 2003, 81 (7): 12-14.

[46] CHINW W, NEWSTED P R. Structural Equation Modeling Analysis with Small Samples Using Partial Least Squares [M]. In: HOYLE R. (Ed.) Statistical strategies for small sample research.Thousand Oaks, CA: Sage Publications, 1999.

[47] HSU C W. Formation of Industrial Innovation Mechanisms through the Research Institute [J]. Technovation, 2005, 25 (11): 1317-1329.

[48] CHOU T C, CHANG P L, TSAI C T, et al. Internal learning Climate Knowledge Management Process and Perceived Knowledge Management Satisfaction [J]. Journal of Information Science, 2005, 31 (4): 283-295.
[49] CHRISTENSEN C M. The Ongoing Process of Building a Theory of Disruption [J]. Journal of Product Innovation Management, 2006, 23 (1): 39-55.
[50] CHRISTENSEN P V, ULHI J P, MADSEN H. The Entrepreneurial Process in a Dynamic Network Perspective: A Review and Future Directions for Research [R]. LOK Working Paper No6., Copenhagen: LOK Research Center, 2000.
[51] COHEN W, LEVINTHAL D. Absorptive Capacity: A New Perspective on Learning and Innovation [J]. Administrative Science Quarterly, 1990, 35 (1): 128-152.
[52] COOKE P, URANGA M G, ETXEBARRIA G. Regional Systems of Innovation: An Evolutionary Perspective [J]. Enviroment and Planning, 1998, 30 (9): 1563-1584.
[53] COOPER R G, KLEINSCHMIDT E J. Success Factors in Product Innovation [J]. Industrial Marketing Management, 1987, 16 (3): 215-223.
[54] CORNING P A. The Synergism Hypothesis: On the Concept of Synergy and Its Role in the Evolution of Complex Systems [J]. Journal of Social and Evolutionary Systems, 1998, 21 (2): 133-172.
[55] CORTINA J M, CHEN G, DUNLAP W P. Testing Interaction Effects in LISREL: Examination and Illustration of Available Procedures [J]. Organizational Research Methods, 2001, 4 (4): 324-360.
[56] STANKIEWICZ R. Academics and Entrepreneurs: Developing University- Industry Relation [M]. London: Palgrave Macmillan, 1986: 82-93.
[57] CROSBY L A, EVANS K R, COWLES D. Relationship Quality in

Services Selling: An Interpersonal Influence Perspective [J]. Journal of Marketing, 1990, 54 (3): 68-81.

[58] CROW M, BOZEMAN B. Limited by Design: R&D Laboratories in the U.S. National Innovation System [M]. New York: Columbia University Press, 1998.

[59] DACEY G C. The U.S Needs a National Technology Policy [J]. Research Technology Management, 1995, 38 (1): 9-11.

[60] DAFTR L, SORMUNEN J, PARKS D. Chief Executive Scanning, Environmental Characteristics, and Company Performance: An Empirical Study [J]. Strategic Management Journal, 1988, 9 (2): 123-139.

[61] DAS T K, TENG S S. A Resource- Based Theory of Strategic Alliances [J]. Journal of Management, 2000, 26 (1): 31-61.

[62] DAS T K, TENG S S. Trust and Control: Developing Confidence in Partner Cooperation in Alliances [J]. Academy of Management Review, 1998, 23 (3): 491-513.

[63] DAS T K, TENG S S. Trust Control and Risk in Strategic Alliances: An Integrated Framework [J]. Organ Study, 2001, 22 (2): 251-283.

[64] DASKALAKIS M, KAUFFELD- MONZ M. On the Dynamics of Knowledge Generation and Trust Building in Regional Innovation Networks. A Multi- Method Approach [R]. Papers on Agent-Based economics, 2007.

[65] DAVID D. UK National Laboratories Face New Threat of Privatization [J]. Nature, 1993, (5): 196.

[66] DAVID M. House Wants More Bidders for Lab Contracts [J]. Science, 2003, 301 (5635): 900-901.

[67] DAVIES J S. Conjuncture or Disjuncture? An Institutional Analysis of Local Regeneration Partnerships in the UK [J]. International Journal of Urban and Regional Research, 2004, 28 (3): 570-585.

[68] DAWES P L, LEE D Y, DOWLING G R. Informal Infomation Control in Complex Technological Purchase Situations [J]. Journal of Marketing, 1999, 10 (2): 377-402.

[69] DEBRESSON C, AMESSE F. Networks of Innovators: A Review and Introduction to the Issue [J]. Research Policy, 1991, 20 (5): 363-379.

[70] D' ESTE P, PATEL P. University-Industry Linkages in the UK: What are the Factors Underlying the Variety of Interactions ith Industry? [J]. Research Policy, 2007, 36 (9): 1295-1313.

[71] DHANARAJ C, PARKHE A. Orchestrating Innovation Networks [J]. The Academy of Management Review, 2006, 31 (3): 659-669.

[72] SCIENCE M. Asset Stock Accumulation and Sustainability of Competitive Advantage [J]. Management Science, 1989, 35 (12): 1504-1511.

[73] DIETRICH P. Mechanisms for Inter- Project Integration: Empirical Analysis in Program Context [J]. Project Management Journal, 2006, 37 (3): 49-61.

[74] DORSEH M J, SWANSON S R, KELLEY S W. The Role of Relationship Quality in the Stratification of Vendors as Perceived by Customers [J]. Journal of the Academy of Marketing Science, 1998, 26 (2): 128-142.

[75] DOSI G. Technological Paradigm and Technological Trajectories [J]. Research Policy, 1982, 11 (3): 147-162.

[76] DREJER I, JORGENSEN B H. The Dynamic Creation of Knowledge: Analyzing Public- Private Collaborations [J]. Technovation, 2005, 25 (2): 83-94.

[77] DUNCAN R B. Characteristics of Organizational Environments and Perceived Environmental Uncertainty [J]. Administrative Science Quarterly, 1972, 17 (3): 13-327.

[78] DYER J H, NOBCOKA K. Creating and Managing a High-Performance Knowledge- Sharing Network: The Toyota Case

[J]. Strategic Management Journal, 2000, 21 (3): 345-367.

[79] DYER J H, SINGH H. The Relational View: Cooperative Strategy and Sources of Inter- organizational Competitive Advantage [J]. Academy of Management Review, 1998, 23 (4): 660-679.

[80] DYER J H, HATCH N W. Relation- Specific Capabilities and Barriers to Knowledge transfers: Creating Advantage Through Network Relationships [J]. Strategic Management Journal, 2006, 27 (8): 701-719.

[81] EBY L T, DOBBINS G H. Collectivistic Orientation in Teams: An Individual and Group- Level Analysis [J]. Journal of Organizational Behavior, 1997, 18 (3): 275-295.

[82] EDQUIST C. Systems of Innovation: Technologies, Institutions and Organisations [J]. Social Science Electronic Publishing, 1997, 41 (1): 135-146.

[83] EGGERS J P. All Experience Is Not Created Equal: Learning, Adapting, and Focusing in Product Portfolio Management [J]. Strategic Management Journal, 2012, 33 (3): 315-335.

[84] EISENHARDT K M, MARTIN J A. Dynamic Capabilities: What Are They? [J]. Strategic Management Journal (special issue), 2000, 21 (10-11): 1105-1121.

[85] EISENHARDT K M, GRAEBNER M E. Theory Building from Cases: Opportunities and Challenges [J]. The Academy of Management Journal, 2007, 50 (1): 25-32.

[86] EISENHARDT K M. Building Theories from Case Study Research [J]. Academy of Management Review, 1989, 14 (4): 532-550.

[87] EISINGERICH A B, BELL S J, TRACEY P. How Can Clusters Sustain Performance? The Role of Network Strength, Network Openness, and Environmental Uncertainty [J]. Research Policy, 2010, 39 (2): 239-253.

[88] EISINGERICH A B., RUBERA G, SEIFERT M. Managing

Service Innovation and Interorganizational Relationships for Firm Performance to Commit or Diversify? [J]. Journal of Service Research, 2009, 11 (4): 344-356.

[89] ELMQUIST M, FREDBERG T, OLLILA S. Exploring the field of Open Innovation [J]. European Journal of Innovation Management, 2009, 12 (3): 326-345.

[90] ENSIGN P C, HÉBERT L. Competing Explanations for Knowledge Exchange: Technology Sharing within the Globally Dispersed R&D of the Multinational Enterprise [J]. Journal of High Technology Management Research, 2009, 20 (1): 75-85.

[91] ERAYDIN A, ARMATLI- KÖROLU B. Innovation, Networking and the New Industrial Clusters: The Characteristics of Networks and Local Innovation Capabilities in the Turkish Industrial Clusters [J]. Enterpreneurship & Regional Development, 2005, 17 (7): 237-266.

[92] ETZKOWITZ H, LEYTESDORFF L. University in Global Economy: A Triple Helix of Academic- Industry- Government Relation [M]. London: Room Helm, 1997.

[93] FAHEY L, PRUSAK L.The Eleven Deadliest Sins of Knowledge Management [J]. California Management Review, 1998, 40 (3): 265-276.

[94] FERRARY M. Specialized Organizations and Ambidextrous Clusters in the Open Innovation Paradigm [J]. European Management Journal, 2011, 29 (3): 181-192.

[95] FLAP H. Creation and Returns of Social Capital [M]. In: FLAP H, VOLKER B. (eds.) Creation and Returns of Social Capital. London: Routledge, 2004: 3-24.

[96] FOMBRUM C J. Strategies for Network Research in Organizations [J]. Academy of Management Review, 1982, 7 (2): 280-291.

[97] FORSMAN H. Innovation Capacity and Innovation Development

in Small Enterprises: A Comparison between the Manufacturing and Service Sectors [J]. Research Policy, 2011, 40 (5) : 739–750.

[98] FREEMAN C. Japan: A New National System of Innovation [M]. In: DOSI G. Technical Change and Economic Theory. London: Printer Publishers Ltd, 1988.

[99] FREEMAN C, SOETE L. The Economics of Industrial Innovation [M]. Cambridge, MA: The MIT Press, 1982.

[100] FREEMAN C. Networks of Innovation: A Synthesis of Research Issue [J]. Research Policy, 1991, 20 (5): 499–514.

[101] FREEMAN C L. Centrality in Social Networks Conceptual Clarification [J]. Social Networks, 1979, 1 (3): 215–239.

[102] FREEMAN C. Technology Policy and Economic Performance: Lessons from Japan [M]. London: Pinter Publishers Ltd, 1987.

[103] FURMAN J L, PORTER M E, STERN S. The Determinants of National Innovative Capacity [J]. Research Policy, 2002, 31 (6): 899–933.

[104] GEIGER R L. Research and Relevant Knowledge: American Research Universities Since World War II [M]. New York: Oxford University Press, 1993.

[105] GEISLER E. Industry– University Technology Cooperation: A Theory of Inter–Organizational Relationships [J]. Technology Analysis and Strategic Management, 1995, 7 (2): 217–229.

[106] GEMÜNDEN H G, RITTER T, HEYDEBRECK P. Network Configuration and Innovation Success: An Empirical Analysis in German High– Tech Industries [J]. International Journal of Researchin Marketing, 1996, 13 (5): 449–462.

[107] GEYSKENS I, KUMAR N. A Meta– Analysis of Satisfaction in Marketing Channel Relationships [J]. Journal of Marketing Research, 1999, 36 (2), 223–238.

[108] Nyaga G N, Whipple J M, Lynch D F. Examining Supply Chain

Relationships: Do Buyers and Suppliers Perspectives on Collaborative Relationships Differ? [J]. Journal of Operations Management, 2010, 28 (2): 101-114.

[109] GILSON L L. Diversity, Dissimilarity and Creativity: Does Group Composition or Being Different Enhance or Hinder Creative Performance [R]. Washington D. C.: Academy of management meeting, 2001.

[110] GITTELL J H, WEISS L. Coordination Networks within and Across Organizations: A Multi-level Framework [J]. Journal of Management Studies, 2004, 41 (1): 127-153.

[111] GITTELMAN M, KOGUT B. Does Good Science Lead to Valuable Knowledge? Biotechnology Firms and the Evolutionary Logic of Citation Patterns [J]. Management Science, 2003, 49 (4): 366-382.

[112] GOVER J. Corporate Management of R&D Lessons for the U.S. Government [J]. Research Technology Management, 1995, 94 (6): 27-35.

[113] GRANOVETTER M. The Strength of Weak Ties [J]. American Journal of Sociology, 1973, 78 (6): 1360-1380.

[114] Granovetter M. Economic Action and Social Structure: The Problem of Embeddedness [J]. The American Journal of Sociology, 1985, 91 (3): 481-510.

[115] Granovetter M. Problems of Explanation in Economic Sociology [M]. Boston, MA: Harvard Business School Press, 1992.

[116] GREVE A, SALAFF J W. Social Networks and Entrepreneurship [J]. Entrepreneurship Theory and Practice, 2003, 28 (1): 1-22.

[117] GRIFFIN A, HAUSER J R. Integrating R&D and Marketing: A Review and Analysis of the Literature [J]. Journal of Product Innovation Management, 1996, 13 (3): 191-215.

[118] GULATI R, LAVIE D, SINGH H. The Nature of Partnering Experience and the Gains from Alliances [J]. Strategic

Management Journal, 2009, 30 (11): 1213-1233.

[119] GULATI R. Alliances and Networks [J]. Strategic Management Journal, 1998, 19 (4): 293-317.

[120] GULATI R. Network Location and Learning: The Influence of Network Resources and Firm Capabilities on Alliance Formation [J]. Strategic Management Journal, 1999, 20 (5): 397-420.

[121] GULATI R, NOHRIA N, ZAHEER A. Strategic Networks [J]. Strategic Management Journal, 2000, 21 (3): 203-215.

[122] GULATI R, GARGIULO M.Where do Interorganizational Networks Come from? [J]. American Journal of Sociology, 1999, 104 (5): 1439-1493.

[123] GULATI R. Does Familiarity Breed Trust? The Implication of Repeated Ties for Contractual Choice in Alliances [J]. Academy of Management Journal, 1995, 38 (1): 438-446.

[124] GUPTA K, GOVINDARAJAN V. Knowledge Flows within Multinational Corporations [J]. Strategic Management Journal, 2000, 21 (4): 473-496.

[125] HADJMANOLIS A. Barriers to Innovation for SMEs in a Smallest Developed Country [J]. Technovation, 1999, 19 (9): 561-570.

[126] HAGEDOORN J, ROIJAKKERS N, KRANENBURG H. Inter Firm R&D Networks: The Importance of Strategic Network Capabilities for High-Tech Partnership Formation [J]. British Journal of Management, 2006, 17 (1): 39-53.

[127] HAIR J F, ANDERSON R E, TATHAM R L, et al. Multivariate Data Analysis [M]. Upper Saddle River, NJ: Prentice Hall, 1998.

[128] Hakansson H. Industrial Technological Development: A Network Approach [M]. London: Croom Helm, 1987.

[129] HAKEN H. Basic Concepts of Synergetics [J]. Applied Physics A: Materials Science & Processing, 1993, 57 (2): 111-115.

[130] HAKEN H. Advanced Synergetics: An Introduction [M].

Berlin: Spinner, 1987.

[131] HAMEL G.The Why, What and How of Management Innovation [J]. Harvard Business Review, 2006, 84 (2): 72-84.

[132] HANSEN M T. Knowledge Networks: Explaining Effective Knowledge Sharing in Multiunit Companies [J]. Organization Science, 2002, 13 (3): 232-248.

[133] HANSEN M T, LOVAS B. How Do Multinational Companies Leverage Technological Competencies? Moving from Single to Interdependent Explanations [J]. Strategic Management Journal, 2004, 25 (8-9): 801-822.

[134] HANSSON F, HUSTED K, VESTERGAARD J. Second Generation Science Parks: From Structural Holes Jockey to Social Capital Catalysts of the Knowledge Society [J]. Technovation, 2005, 25 (9): 1039-1049.

[135] HARRIS L, COLES A M, DICKSON K. Building Innovation Networks: Issues of Strategy and Expertise [J]. Technology Analysis & Strategic Management, 2000, 12 (2): 229-241.

[136] HARRISON D A, PRICE K H, GAVIN J H. Time, Teams and Task Performance, Changing Effects of Surface and Deep Level Diversity on Group Functioning [J]. Academy of Management Journal, 2002, 45 (5): 1029-1045.

[137] HELFERT G, VITH K. Relationship Marketing teams: Improving the Utilization of Customer Relationship Potentials Through a High Team Design Quality [J]. Industry Market Management, 1999, 28 (5): 553-564.

[138] HISLOP D. The Effect of Network Size on Intra- Network Knowledge Processes [J]. Knowledge Management Research & Practice, 2005, 3 (4): 244-252.

[139] HITT M A, BIERMANT L, SHIMIZU K, et al. Direct and Moderating Effects of Human Capital on Strategy and Performance in Professional Service Firms: A Resource-Based Perspective [J]. Academy of Management Journal, 2001, 44

(1): 13-28.

[140] HOANG H, ANTONCIC B. Network- Based Research in Entrepreneurship: A Critical Review [J]. Journal of Business Venturing, 2003, 18 (2): 165-187.

[141] HODGE B J, JOHNSON H J. Management and Organizational Behavior: A Multidimensional Approach [M]. New York: Wiley, 1970.

[142] HOLMQVIST M. Experiential Learning Processes of Exploitation and Exploration within and between Organizations: An Empirical Study of Product Development [J]. Organization Science, 2004, 15 (1): 70-81.

[143] HOWELLS J. Intermediation and the Role of Intermediaries in Innovation [J]. Research Policy, 2006, 35 (5): 715-728.

[144] HSU J Y. A Late Industrial District? Learning Network in the Hsinchu Science- Based Industrial Park, Taiwan [D]. Department of Geography, University of California Berkeley, 1997.

[145] HU L T, BENTLER P M. Cutoff Criteria for Fit Indexes in Covariance [J]. Structural Equation Models, 1999, 6 (1): 1-55.

[146] IBARRA H. Network Centrality, Power, and Innovation Involvement: Determinants of Technical and Administrative Roles [J]. Academy of Management Journal, 1993, 36 (3): 471-501.

[147] IBARRA H, KILDUFF M, TSAI W. Zooming In and Out: Connecting Individuals and Collectivities at the Frontiers of Organizational Network Research [J]. Organization Science, 2005, 16 (4): 359-371.

[148] INKPEN A C, TSANG E W K M. Social Capital, Network and Knowledge Transfer [J]. Academy of Management Review, 2005, 30 (1): 146-165.

[149] INZELT A. The Evolution of University- Industry- Government

Relationships during Transition [J]. Research Policy, 2004, 33 (6-7): 975-995.

[150] ISAKSEN A, KARLAEN J. Different Modes of Innovation and the Challenge of Connecting Universities and Industry: Case Studies of Two Regional Industries in Norway [J]. European Planning Studies, 2010, 18 (12): 16.

[151] ITAMI H. Mobilizing Invisible Assets [M]. Cambridge, MA: Harvard University Press, 1987.

[152] JANSEN J J P, VAN DEN BOSCH F A J, VOLBERDA H W. Exploratory Innovation, Exploitative Innovation, and Performance: Effects of Organizational Antecedents and Environmental Moderators [J]. Management Science, 2006, 52: 1661-1674.

[153] JARILLO J C. On Strategic Networks [J]. Strategic Management Journal, 1988, 9 (1): 31-41.

[154] JAWORSKI B J, KOHLI A K. Market Orientation: Antecedents and Consequences [J]. The Journal of Marketing, 1993, 57 (3): 53-70.

[155] JOCHEN M, BEMHARD T. Technological Innovation Systems and the Multi- Level Perspective: Towards an Integrated Framework [J]. Research Policy, 2008, (37): 596-615.

[156] JOHANSSON U, ELG U. Relationships as Entry Barriers: A Network Perspective [J] . Scandinavians Journal of Management, 2002, 18 (3): 393-419.

[157] JOHNSON J L, SOHI R S. The Influence of Firm Predispositions on Interfirm Relationship Formation in Business Markets [J]. International Journal of Research in Marketing, 2001, 18 (4): 299-318.

[158] JONES O, CONWAY S, STEWARD F. Social Interaction and Organizational Change: Aston Perspectives on Innovation Networks [M]. Cambridge: Imperial College Press, 2001.

[159] JOSEPH R L, PAUL G A. Sustainable Competitive Participation:

A Role for the Federal Government and the National Laboratories [J]. Technology in Society, 1996, (4): 467-476.

[160] JOSHI A W, CAMPBELL A J. Effect of Environmental Dynamism on Relational Governance in Manufacturer-Supplier Relationships: A Contingency Framework and an Empirical Test [J]. Journal of the Academy of Marketing Science, 2003, 31 (2): 176-187.

[161] KAHN K B. Interdepartmental Integration: A Definition with Implications for Product Development Performance [J]. Journal of Product Innovation Management, 1996, 13 (2): 7-151.

[162] KAHN K B. Market Orientation, Interdepartmental Integration, and Product Development Performance [J]. Journal of Product Innovation Management, 2001, 18 (5): 314-323.

[163] KALE P, DYER J H, SINGH H. Alliance Capability, Stock Market Response and Long-Term Alliance Success: The Role of the Alliance Function [J]. Strategic Management Journal, 2002, 23 (8): 747-767.

[164] KALE P, SINGH H, PERLMUTTER H. Learning and Protection of Proprietary Assets in Strategic Alliances: Building Relational Capital [J]. Strategic Management Journal, 2000, 21 (3): 217-237.

[165] KAMIEN M I, SCHWARTZ N L. Market Structure and Innovation: A Survey [J]. Journal of Economic Literature, 1975, 13 (1): 1-37.

[166] KAMIEN M I, SCHWARTZ N L. On the Degree of Rivalry for Maximum Innovative Activity [J]. Quarterly Journal of Economics, 1976, 90 (2): 245-260.

[167] KAUFFMANR J, MCANDREWS J, WANG Y M. Opening the "Black Box" of Network Externalities in Network Adoption [J]. Information Systems Research, 2000, 11 (1): 61-82.

[168] KAUFMAN A, WOOD C H, THEYEL G. Collaboration and

Technology Linkages: A Strategic Supplier Typology [J]. Strategic Management Journal, 2000, 21 (6): 649-663.

[169] KIMMINS J P. Forest Ecology [M]. Upper Saddle River, NJ: Pearson Prentice Hall, 2004.

[170] KLEIN S J, ROSENBERG N. An Overview of Innovation [M]. In: LANDAU R, ROSENBERG N. (Eds.) The Positive sum strategy: harnessing technology for economic growth. Washington: National Academy Press, 1986: 275-307.

[171] KLINE R B. Principles and Practice of Structural Equation Modeling [M]. New York: Guilford Press, 1998.

[172] KOGUT B. The Network as Knowledge: Generative Rules and the Emergence of Structure [J]. Strategic Management Journal, 2000, 21 (3): 405-425.

[173] KOKA B R, PRESCOTT J E. Designing Alliance Networks: The Influence of Network Position, Environmental Change, and Strategy on Firm Performance [J]. Strategic Management Journal, 2008, 5 (29): 639-661.

[174] KOSCHATZKY K. Networking and Knowledge Transfer between Research and Industry in Transition Countries: Empirical Evidence from the Slovenian Innovation System [J]. Journal of Technology Transfer, 2002, 27 (1): 27-38.

[175] KOSEHATZKY K. Innovation Networks of Industry and Business-Related Services- Relations between Innovation Intensity of Firms and Regional Inter- Firm Cooperation [J]. European Planning Studies, 1999, 7 (6): 737-758.

[176] KOSKINEN K U, PIHLANTO P, VANHARANTA H. Tacit Knowledge Acquisition and Sharing in a Project Work Context [J]. International Journal of Project Management, 2003, 21 (4): 281-290.

[177] KRAATZ M S. Learning by Association? Interorganizational Networks and Adaptation to Environmental Change [J]. Academy of Management Journal, 1998, 41 (6): 621-643.

[178] KRACKHARDT D. The Strength of Strong Ties: The Importance of Philos in Organizations [M]. In: NOHRIA N, ECCLES R. (eds.) Networks and organizations: structure, form and action [M]. Boston, MA: Harvard University Press, 1992.

[179] KRISTIAN M, SENJIA S. Managing Strategic Nets: A Capability Perspective [J]. Marketing Theory, 2003, 3 (2): 209-234.

[180] LANDEROS R, RECK R, PLANK R E. Maintaining Buyer Supplier Partnerships [J]. International Journal of Purchasing and Materials Management, 2006, 31 (2): 2-12.

[181] LANE P J, LUBATKIN M. Relative Absorptive Capacity and Interorganizational Learning [J]. Strategic Management Journal, 1998, 19 (5): 461-477.

[182] LANSITI M, WEST J. Technology Integration: Turning Great Research into Great Products [J]. Harvard Business Review, 1997, 75 (3): 69-79.

[183] LARRY J, SANTAMARA L. The Importance of Diverse Collaborative Networks for the Novelty of Product Innovation [J]. Technovation, 2007, 27 (6-7): 367-377.

[184] LARSON A. Network Dyads Entrepreneurial Settings: A Study of the Governance of Exchange Relationships [J]. Administrative Science Quarterly, 1992, 37 (1): 76-104.

[185] LATOUR B. Reassembling the Social: An Introduction to Actor-Network- Theory [M]. Oxford: Oxford University Pinter, 2005.

[186] LAVIE D. Alliance Portfolios and Firm Performance: A Study of Value Creation and Appropriation in the US Software Industry [J]. Strategic Management Journal, 2007, 28 (12): 1187-1212.

[187] LAVIE D. The Evolution and Strategy of Interconnected Firms: A Study of the Unisys Alliance Network [C]. New Orleans: the Academy of management Conference, 2004.

[188] LAVIE D. The Competitive Advantage of Interconnected Firms:

An Extension of the Resource- Based View [J]. Academy of Management Review, 2006, 31 (3): 638-658.

[189] LEE K. From Interpersonal Networks to Inter- Organization Alliances for University- Industry Collaborations in Japan [J]. R&D Management, 2011, 41 (2): 190-201.

[190] LEE K. The Significance of Network Resources in the Race to Enter Emerging Product Markets: The Convergence of Telephony Communication and Computer Networking 1989-2001 [J]. Strategic Management Journal, 2007, 28 (1): 17-37.

[191] LEE K, OHTAB T, KAKEHIB K. Formal Boundary Spanning by Industry Liaison and the Changing Pattern of University-Industry Cooperative Research: The Case of the University of Tokyo [J]. Technology Analysis & Strategic Management, 2010, 22 (2): 189-206.

[192] LEVITT B, MARCH J G. Organizational Learning [J]. Annual Review of Sociology, 1988, 14: 319-338.

[193] LEWIN A Y, VOLBERDA H W. Prolegomena on Coevolution: A Framework for Research on Strategy and New Organizational Forms [J]. Qrganization Science, 1999, 10 (5): 12-25.

[194] LICHTENTHALER U, LICHTENTHALER E. A Capability- Based Framework for Open Innovation: Complementing Absorptive Capacity [J]. Journal of Management Studies, 2009, 46 (8): 1315-1338.

[195] ALLEN D N, MCCLUSKEY R . Structure, Policy, Services and Performance in the Business Incubator Industry [J] . Entrepreneurship Theory and Practice, 1998, 15 (2): 61-77.

[196] LINDELL M K, BRANDT C J. Climate Quality and Climate Consensus as Mediators of the Relationship between Organizational Antecedents and Outcomes [J]. Journal of Applied Psychology, 2000, 85 (3): 331-348.

[197] LINDELL M K, WHITNEY D J. Accounting for Common Method

Variance in Cross-Sectional Designs [J]. Journal of Applied Psychology, 2001, 86 (1): 114-121.

[198] LIVINGSTONE L P, NELSON D L, BARR S H. Person-Environment Fit and Creativity: An Examination of Supply-Value and Demand- Ability Version of Fit [J]. Journal of Management, 1997, 23 (2): 119-146.

[199] LORENZONI G, LIPPARINI A. The Leveraging of Interfirm Relationships as a Distinctive Organizational Capability: A Longitudinal Study [J]. Strategic Management Journal, 1999, 20 (4): 317-338.

[200] LOWENDAHL B, REVANG O. Challenges to Existing Strategy Theory in a Post Industrial Society [J]. Strategic Management Journal, 1998, 19 (8): 755-773.

[201] LUNDVALL B A, CHRISTENSEN J L. Product Innovation Interactive Learning and Economic Performance [M]. Stamford: JAI Press Inc, 2004.

[202] LUNDVALL B A. National System of Innovation: Towards a Theory of Innovation and Interactive Learning [M]. London: Printer Publishers Ltd, 1992.

[203] LUNDVALL B A. Innovation as an Interactive Process: From User-Producer Interaction to the National System of Innovation [J]. African Journal of Science, Technology, Innovation and Development, 2009, 1 (2-3): 10-34..

[204] LUO Y. Opportunism in Cooperative Alliances: Conditions and Solutions. In Handbook of Strategic Alliances [M]. Thousand Oaks, CA: Sage Publications, 2006.

[205] MACCALLUM R C, ROZNOWSKI M, NECOWITZ L B. Model Modifications of in Covariance Structure Ananlysis: The Problem of Capitalization on Chance [J]. Psychological Bulletin, 1992, 111 (3): 490-504.

[206] MAILLAT D, CREVOISIER O, LECOG B. Innovation Networks and Territorial Dynamics: A Tentative Typology [M]. In:

JOHANSSON B, et al. (eds.) Patterns of a network economy. Berlin: Springer Verlag, 1993.

[207] MANSFIELD E. Industrial Research and Technological Innovation [M]. New York: Norton, 1968.

[208] Margalef R. Diversity, Stability and Maturity in Natural Ecosystems [M]. In: DOHHEN W H, MCCONMELL R H. (eds.) Unifying concepts in ecology. Wageningen: Centre for Agricultural Publishing and Documentation, 1975: 151-160.

[209] MARSDEN P V. Network Data and Measurement [J]. Annual Review of Sociology, 1990, 16: 435-463.

[210] MASSA S, TESTA S. Innovation and SMEs: Misaligned Perspectives and Goals among Entrepreneurs, Academics, and Policy Makers [J]. Technovation, 2008, 28 (7): 393-407.

[211] MCEVILY B, MARCUS A. Embedded Ties and the Acquisition of Competitive Capabilities [J]. Strategic Management Journal, 2005, 26 (11): 1033-1055.

[212] MCEVILY B, ZAHEER A. Bridging Ties: A Source of Firm Heterogeneity in Competitive Capabilities [J]. Strategic Management Journal, 1999, 20 (12): 1133-1158.

[213] MEHTA R, POLSA R, MAZUR J, et al. Strategic Alliances in International Distribution Channels [J]. Journal of Business Research, 2006, 59 (10-11): 1094-1104.

[214] MEI-CHIH HU, MATHEWS J A. National Innovative Capacity in East Asia [J]. Research Policy, 2005, 34 (9): 1322-1349.

[215] MEYER A D. Adapting to Environmental Jolts [J]. Administrative Science Quarterly, 1982, 27 (4): 515-538.

[216] MILES R E, SNOW C C. Causes of Failure in Network Organizations [J]. California Management Review, 1992, 34 (4): 53-72.

[217] MILLER R, HOBDAY M, LEROUX- DEMERS T, et al. Innovation in Complex System Industries: The Case of Flight Simulation [J]. Industrial, Corporate Change, 1995, 4 (2):

363-400.

[218] MILLIKER F J. Three Types of Perceived Uncertainty about Environment: State, Effect and Response Uncertainty [J]. Academy of Management Review, 1987, 12 (2): 133-143.

[219] MIOTTI L, SACHWALD F. Co-Operative R&D: Why and with Whom? An Integrated Framework of Analysis [J]. Research Policy, 2003, 32 (8): 1481-1499.

[220] MOHR J, SPEKMAN R. Characteristics of Partnership Success: Partnership Tributes, Communication Behavior and Conflict Resolution Techniques [J]. Strategic Management Journal, 1994, 15 (2): 135-152.

[221] MOLINA-MORALES F X, MARTÍNEZ-FERNÁNDEZ M T. Social Networks: Effects of Social Capital on Firm Innovation [J]. Journal of Small Business Management, 2010, 48 (2): 258-279.

[222] MOLITERNO T P, MAHONY D M. Network Theory of Organization: A Multilevel Approach [J]. Journal of Management, 2011, 37 (2): 443-467.

[223] MORGAN R M, HUNT S. Relationships-Based Competitive Advantage: The Role of Relationship Marketing in Marketing Strategy [J]. Journal of Business Research, 1999, 46 (3): 281-290.

[224] MYINT Y M, VYAKARNAM S, NEW M J. The Effect of Social Capital in New Venture Creation: The Cambridge High-Technology Cluster [J]. Journal of Strategic Change, 2005, 14 (3): 165-177.

[225] NAHAPIET J, GHOSHAL S. Social Capital, Intellectual Capital, and The Organizational Advantage [J]. Academy of Management Review, 1998, 23 (2): 242-266.

[226] NATÁRIO M M, COUTO J P A, DE ALMEIDA C F R. The Triple Helix Model and Dynamics of Innovation: A Case Study [J]. Journal of Knowledge-based Innovation in China, 2012, 4

(1): 36-54.

[227] NELSON R R, WINTER S G. An Evolutionary Theory of Economic Change [M]. Cambridge, MA: Belknap Press, 1982.

[228] NELSON R R. National Innovation Systems: A Comparative Analysis [M]. New York, NY: Oxford University Press, 1993.

[229] NOHRIA N, ECCLES R G. Networks and Organizations: Structure, Form, and Action [M]. Boston, MA: Harvard Business School Press, 1992.

[230] NONAKA I, TAKEUCHI H. The Knowledge-Creating Company [M]. New York, NY: Oxford University Press, 1995.

[231] NONAKA I, KONNO N. The Concept of "Ba": Building a Foundation for Knawledge Creation [J]. California Management Review, 1998, 40 (3): 40-54.

[232] Nooteboom, Gilsing V.A. Density and Strength of Ties in Innovation Networks: A Competence and Governance View [R]. ERIM Report Series Reference No. ERS-2004-005-ORG, 2004: 1-44.

[233] NUMPRASERTCHAI S, IGEL B. Managing Knowledge through Collaboration: Multiple Case Studies of Managing Research in University Laboratories in Thailand [J]. Technovation, 2005, 25 (10): 1173-1182.

[234] OECD. National Innovation System [R]. Paris: OECD Publishing, 1997.

[235] OECD. Science and Innovation Policy: Key Challenges and Opportunities [R]. Paris: OECD Publishing, 2004.

[236] OJASALO J. Management of Innovation Networks: A Case Study of Different Approaches [J]. European Journal of Innovation Management, 2008, 11 (1): 51-86.

[237] OZMAN M. Inter-Firm Networks and Innovation: A Survey of Literature [J]. Economic of Innovation and New Technology, 2009, 18 (1): 39-67.

[238] PARKHE A, WASSERMAN S, RALSTON D A. New Frontiers in Network Theory Development [J]. The Academy of Management Review, 2006, 31 (3): 560-568.

[239] PARUCHURI S. Intra- Organizational Networks, Inter-Organizational Networks, and the Impact of Central Inventors: A Longitudinal Study of Pharmaceutical Firms [J]. Organization Science, 2010, 21 (1): 63-77.

[240] PATEL P, PAVITT K. The Continuing, Widespread and Neglected Importance of Improvements in Mechanical Technologies [J]. Research Policy, 1994, 23 (5): 533-545.

[241] PAULUS P B. Groups, Teams and Creativity: The Creativity Potential of Idea-generating Group [J]. Applied Psychology: An International Review, 2000, 49 (2): 237-262.

[242] PERSAUD A. Enhancing Synergistic Innovative Capability in Multinational Corporations: An Empirical Investigation [J]. The Journal of Product Innovation Management, 2005, 22 (5): 412-429.

[243] PHELPS C C, PARIS H. A Longitudinal Study of the Influence of Alliance Network Structure and Composition on Firm Exploratory Innovation [J]. Academy of Management Journal, 2010, 53 (4): 890-913.

[244] PHILBIN S. Process Model for University- Industry Research Collaboration [J]. European Journal of Innovation Management, 2008, 11 (4): 488-520.

[245] PHILLIPS D. William Lawrence Bragg. 31 March 1890- 1 July 1971 [J]. Biographical Memoirs of Fellows of the Royal Society, 1979, 25 (1): 75-143.

[246] PITTAWAY L. Networking and Innovation: A Systematic Review of the Evidence [J]. International Journal of Management Reviews, 2004, 5 (3-4): 137-168.

[247] PLEWA C, QUESTER P. Key Drivers of University- Industry Relationships: The Role of Organizational Compatibility and

Personal Experience [J]. Journal of Services Marketing, 2007, 21 (5): 370-382.

[248] PODOLNY J M, PAGE K L. Network Forms of Organization [M]. In: HAGAN J, COOK K S. (Eds.) Annual Review of Sociology. Palo Alto, CA: Annual Reviews, 1998: 57-76.

[249] PODSAKOFF P M, MACKENZIE S B, LEE J Y, et al. Common Method Biases in Behavioral Research: A Critical Review of the Literature and Recommended Remedies [J]. Journal of Applied Psychology, 2003, 88 (5): 879-903.

[250] POLANYI K. The Great Transformation: The Political and Economic Origins of Our Time [M]. New York, NY: Rinehart, 1944.

[251] POWELL W W, KOPUT K W, DOERR S L. Interorganizational Collaboration and the Locus of Innovation: Networks of Learning in Biotechnology [J]. Administrative Science Quarterly, 1996, 41 (1): 116-145.

[252] PRAHALAD C K, HAMEL G. Competing for the Future [M]. Boston, MA: Harvard Business School Press, 1994.

[253] Prahalad C K, Hamel G. The Core Competence of the Corporation [J]. Harvard Business Review, 1993, 68 (3): 275-292.

[254] PRESUTTI M. The Importance of Proximity for the Start-Ups' Knowledge Acquisition and Exploitation [J]. Journal of Small Business Management, 2011, 49 (3): 361-389.

[255] RADOSEVIC S. Defining Systems of Innovation: A Methodological Discussion [J]. Technology in Society, 1998, 20 (1): 75-86.

[256] RAINEY H G, BOZEMAN B, KINGSLEY G. Privatized Administration of the National Laboratories: Developments in the Government-Owned, Contractor-Operated Approach [J]. Public Performance & Management Review, 2004, 28 (2): 157-166.

[257] RANK O N. Formal Structures and Informal Networks:

Structural Analysis in Organizations [J]. Scandinavian Journal of Management, 2008, 24 (2): 145-161.

[258] REAGANS R, ZUCKERMAN E W. Networks, Diversity, and Productivity: The Social Capital of Corporate R&D Teams [J]. Organization Science, 2001, 12 (4): 502-517.

[259] RICHARDSON G B. The Organisation of Industry [J]. Economic Journal, Royal Economic Society, 1972, 82 (9): 883-896.

[260] RIDDEL M, SCHWER P K. Regional Innovative Capacity with Endogenous Employment: Empirical Evidence from the U.S. [J]. The Review of Regional Studies, 2003, 33 (1): 73-84.

[261] RIGGINS F J, RHEE H. Developing the Learning Network Using Extranets [J]. International Journal of Electronic Commerce, 1999, 4 (1): 65-83.

[262] RITTER T. A Framework for Analyzing Interconnectedness of Relationships [J]. Industrial Marketing Management, 2000, 29 (4): 317-326.

[263] RITTER T, WILKINSON I F, JOHNSTON W J. Measuring Network Competence: Some International Evidence [J]. Journal of Business & Industrial Marketing, 2002, 17 (2/3): 119-138.

[264] RITTER T, GEMÜNDEN H G. Network Competence: Its Impact on Innovation Success and Its Antecedents [J]. Journal of Business Research. 2003, 56 (9): 1437-1458.

[265] RITTER T. The Networking Company: Antecedents for Coping with Relationships and Networks Effectively [J]. Industrial Marketing Management, 1999, 28 (5): 467-479.

[266] ROGERS E. Diffusion of Innovations [M]. New York, MA: Free Press, 1995.

[267] ROTHWELL R. Towards the Fifth-Generation Innovation Process [J]. International Marketing Review, 1994, 11 (1): 7-31.

[268] ROWLEY T, BEHRENS D, KRACKHARDT D. Redundant

Governance Structures: An Analysis of Structural and Relational Embeddedness in the Steel and Semiconductor Industries [J]. Strategic Management Journal, 2000, 21 (3): 369-386.

[269] RUEKERT R W, ORVILLE C, et al. Marketing's Interaction with Other Functional Units: A Conceptual Framework and Empirical Evidence [J]. Journal of Marketing, 1987, 51 (1): 1-19.

[270] RUTTAN V. Technology, Growth, and Development- An Induced Innovation Perspective [M]. New York, NY: Oxford University Press, 2001.

[271] RUTTEN R. Knowledge and Innovation in Regional Industry: An Entrepreneurial Coalition [M]. Florence: Routledge, 2003.

[272] RUUSKA I, VARTIAINEN M. Characteristics of Knowledge Sharing Communities in Project Organizations [J]. International Journal of Project Management, 2005, 23 (5): 374-379.

[273] SALMAN N. Network and Innovation: A Social Network Analysis of Biotechnology Collaboration [D]. Concordia University, 2002.

[274] SARMENTO M. Innovation and Quality in the Service Sector: Application to SMEs [M]. In: CONCEICAO P, GIBSON D V, HEITOR M, et al. (eds.) Science, technology and innovation policy. Westport: Quorum Books, 2000.

[275] SAXENIAN A L. Inside- Out: Regional Networks and Industrial Adaptation in Silicon Valley and Route 128 [J]. Cityscape, 1996, 2 (2): 41-60.

[276] SAXENIAN A. The Origins and Dynamics of Production Networks in Silicon Valley [J]. Research Policy, 1991, 20 (5): 423-437.

[277] SCHILLING M A, PHELPS C C. Interfirm Collaboration Networks: The Impact of Large- Scale Network Structure on Firm Innovation [J]. Management Science, 2007, 53 (7): 1113-1126.

[278] SCHMITZ H. Global Competition and Local Cooperation: Success and Failure in the Sinos Valley [J]. Brazil World Development, 1999, 27 (9): 1627–1650.

[279] SCHUMPETER J A. The Theory of Economic Development: An inquiry Into Profits, Capital, Credit, Interest, and the Business Cycle [M]. New Brunswick, New Jersey: Transaction Publishers, 1934.

[280] SCHUMPETER J A. Capitalism, Socialism and Democracy [M]. New York, NY: Harper and Row, 1942.

[281] SCHUTJENS V, STAM E. The Evolution and Nature of Young Firm Networks: A Longitudinal Perspective [J]. Small Business Economics, 2003, 21 (2): 115–134.

[282] SENGE P. Sharing Knowledge [J]. Executive Excellence, 1997, 15 (6): 11–12.

[283] SERRANO V, FISCHER T. Collaborative Innovation in Ubiquitous Systems [J]. International Manufacturing, 2007, 18 (5): 599–615.

[284] SETHI R, IQBAL Z. Stage- Gate Controls, Learning Failure, and Adverse Effect on Novel New Products [J]. Journal of Marketing, 2008, 72 (1): 118–134.

[285] SHAPIRO S M. Innovation: A Blueprint for Surviving and Thriving in an Age of Change [M]. Hightstown, NJ: McGraw–Hill, 2002.

[286] SHINN T, LAMY E. Paths of Commercial Knowledge: Forms and Consequences of University- Enterprise Synergy in Scientist–Sponsored Firms [J]. Research Policy, 2006, 35 (10): 1465–1476.

[287] SHOHET S, PREVEZER M. UK Biotechnology: Institutional Linkages, Technology Transfer and the Role of Intermediaries [J]. R&D Management, 1992, 26 (3): 283–298.

[288] SHYU J Z, CHIU Y C, YUO C C. Across National Comparative Analysis of Innovation Policy in the Integrated Circuit Industry [J]. Technology in Society, 2001, 23 (2): 227–240.

[289] SINE W D, DAVID R J. Environmental Jolts, Institutional Change, and the Creation of Entrepreneurial Opportunity in the US Electric Power Industry [J]. Research Policy, 2003, 32 (2): 185-207.

[290] SIRMON D G, HITT M A, IRELAND R D. Managing Firm Resources in Dynamic Environments to Create Value: Looking inside the Black Box [J]. Academy of Management Review, 2007, 32 (1): 273-292.

[291] SIRMON D G, HITT M A, IRELAND R D, et al. Resource Orchestration to Create Competitive Advantage: Breadth, Depth and Life Cycle Effects [J]. Journal of Management, 2011, 37 (5): 1390-1412.

[292] SIRMON D G, GOVE S, HITT M A. Resource Management in Dynamic Competitive Rivalry: The Effects of Resource Bundling and Deployment [J]. Academy of Management Journal, 2008, 51 (5): 919-935.

[293] SOB P H. Network Patterns and Competitive Advantage before the Emergence of a Dominant Design [J]. Strategic Management Journal, 2010, 31 (4): 438-461.

[294] Soderstrom J, Copenhaver E, Brown M B, et al. Improving Technological Innovation through Laboratory/Industry Cooperative R&D [J]. Review of Policy Research, 1985, 5 (1): 133-144.

[295] SORYS S, JEMISON D B. Hybrid Arrangements as Strategic Alliances: Theoretical Issues in Organizational Combinations [J]. Academy of Management Review, 1989, 14 (2): 234-239.

[296] STUART T E. Interorganizational Alliances and the Performance of Firms: A Study of Growth and Innovation Rates in a High-Technology Industry [J]. Strategic Management Journal, 2000, 21 (8): 791-811.

[297] SUBRAMANIAM M, YOUNDT M A. The Influence of

Intellectual Capital on the Types of Innovative Capabilities [J]. The Academy of Management Journal, 2005, 48 (3): 450-463.

[298] SULL D. The Upside of Turbulence: Seizing Opportunity in an Uncertain World [J]. New York, NY: Harper Business, 2009.

[299] SURT R S. Structure Holes: The Social Structure of Competition [M]. Cambridge, MA: Harvard University Press, 1992.

[300] TAKEDA Y, KAJIKAWA Y, SAKATA I. An Analysis of Geographical Agglomeration and Modularized Industrial Networks in a Regional Cluster: A Case Study at Yamagata Prefecture in Japan [J]. Technovation, 2008, 28 (8): 531-539.

[301] TAN J J, LITSCHERT R J. Environment-Strategy Relationship and Its Performance Implications: An Empirical Study of Chinese Electronics Industry [J]. Strategic Management Journal, 1994, 15 (1): 1-20.

[302] TANRIVERDI H, VENKATRAMAN N. Knowledge Relatedness and the Performance of Multibusiness Firms [J]. Strategic Management Journal, 2005, 26 (2): 97-119.

[303] TEECE D J, PISANO G, SHUEN A. Dynamic Capabilities and Strategic Management [J]. Strategic Management Journal, 1997, 18 (7): 509-533.

[304] THORELLI H B. Networks: Between Markets and Hierarchies [J]. Strategic Management Journal, 1986, 7 (1): 37-51.

[305] THORGREN S, WINCENT J, ÖRTQVIST D. Designing Interorganizational Networks for Innovation: An Empirical Examination of Network Configuration, Formation and Governance [J]. Journal of Engineering and Technology Management, 2009, 26 (3): 148-166.

[306] THORNHERRY D M. Fostering a Culture of Innovation [J]. Proceedings of the Unified States Naval Institute, 2003, 129 (4): 44-48.

[307] TIDD J, BESSANT J, PAVITT K C. Managing Innovation: Integrating Technological Market and Organizational Change [M]. New York, NY: John Wiley & Sons, 1997.

[308] TRIPSAS M. Unraveling the Process of Creative Destruction: Complementary Assets and Incumbent Survival in the Typesetter Industry [J]. Strategic Management Journal, 1997, 18 (s1): 119-142.

[309] TSAI K H, WANG J C. External Technology Sourcing and Innovation Performance in LMT Sectors: An Analysis Based on the Taiwanese Technological Innovation Survey [J]. Research Policy, 2009, 38 (3): 518 - 526.

[310] TSAI K H, WANG J C. Inward Technology Licensing and Firm Performance: A Longitudinal Study [J]. R&D Management, 2007, 37 (2): 151 - 160.

[311] TSAI W. Social Capital, Strategic Relatedness and the Formation of Intra- Organizational Linkages [J]. Strategic Management Journal, 2000, 21 (9): 925-939.

[312] TSAI W, GHOSHAL S. Social Capital and Value Creation: The Role of Intrafirm Networks [J]. Academy of Management Journal, 1998, 41 (4): 464-476.

[313] TSAI W. Knowledge Transfer in Intra- Organizational Networks: Effects of Network Position and Absorptive Capacity on Business Unit Innovation and Performance [J]. Academy of Management Journal, 2001, 44 (5): 996-1004.

[314] TUCKER R B. Driving Growth through Innovation: How Leading Firms Are Transforming Their Futures [M]. San Francisco, CA: Berrett-Koehler Publishers, 2002.

[315] UZZI B. The Sources and Consequences of Embeddedness for the Economic Performance of Organizations: The Network Effect [J]. American Sociological Review, 1996, 61 (4): 674-698.

[316] UZZI B. Social Structure and Competition in Interfirm Networks:

The Paradox of Embeddedness [J]. Administrative Science Quarterly, 1997, 42 (1): 35-67.

[317] VAN DE VEN A, POLLEY D, et al. The Innovation Journey [M]. New York, NY: Oxford University Press, 1999.

[318] WIJK R V, JANSEN J J P, LYLES M A. Inter- and Intra-Organizational Knowledge Transfer: A Meta- Analytic Review and Assessment of Its Antecedents and Consequences [J]. Journal of Management Studies, 2008, 45 (4): 830-853.

[319] WALSH S T, KIRCHHOFF B A. Technology Transfer from Government Labs to Entrepreneurs [J]. Journal of Enterprising Culture, 2002, 10 (2): 133-149.

[320] WALTER J, LECHNER C, KELLERMANNS F W. Knowledge Transfer between and within Alliance Partners: Private Versus Collective Benefits of Social Capital [J]. Journal of Business Research, 2007, 60 (7): 698-710.

[321] WALTER A, MÜLLER T A, HELFERT G, et al. Functions of Industrial Supplier Relationships and Their Impact on Relationship Quality [J]. Industrial Marketing Management, 2003, 32 (2): 159-169.

[322] WANG J, SHAPIRA P. Partnering with Universities: A Good Choice for Nanotechnology Start-up Firms? [J]. Small Business Economics, 2012, 38 (2): 197-215.

[323] WERNERFELT B A. Resource- Based View of the Firm [J]. Strategic Management Journal, 1984, 5 (2): 171-180.

[324] WESTPHAL L E, YUNG W R, PURSELL G. Korean Industrial Competence: Where It Came from [M]. Washington, D. C.: World Bank, 1981.

[325] WESTWICK P J. The National Labs: Science in an American System (1949-1974) [M]. New York, NY: Harvard University Press, 2003.

[326] WHEELWRIGHT S C, CLARK K B.Creating Project Plans to Focus Product Development [J]. Harvard Business Review,

1992, 70 (2): 70-82.

[327] WILLEM A, BUELENS M, SCARBROUGH H. The Role of Inter-Unit Coordination Mechanisms in Knowledge Sharing: A Case Study of a British MNC [J]. Journal of Information Science, 2006, 32 (6): 539-561.

[328] WILLIAMSON O E. Transaction- Cost Economics: The Governance of Contractual Relations [J]. Journal of Law and Economics, 1979, 22 (2): 233-261.

[329] WINCENT J, ANOKHIN S. Does Network Board Capital Matter? A Study of Innovative Performance in Strategic SME Networks [J]. Journal of Business Research, 2010, 63 (3): 265-275.

[330] YAMAWAKI H. The Evolution and Structure of Industrial Clusters in Japan [J]. Small Business Economic, 2002, 18 (1-3): 121-140.

[331] YANNIS C, IOANNA K.Internal Capabilities and External Knowledge Sources: Complements or Substitutes for Innovative Performance [J]. Technovation, 2004, 24 (1): 29-39.

[332] YIN R. Case Study Research: Design and Methods [M]. Thousands Oaks, CA: Sage Publications, 2003.

[333] YONG S L. The Sustainability of University- Industry Research Collaboration: An Empirical Assessment [J]. Journal of Technology Transfer, 2000, 25 (2): 111-113

[334] ZAHEER A, BELL G G. Benefiting from Network Position: Firm Capabilities, Structural Holes, and Performance [J]. Strategic Management Journal, 2005, 26 (9): 809-825.

[335] ZAHRA S A, GEORGE G. Absorptive Capacity: A Review, Reconceptualization and Extension [J]. Academy of Management Review, 2002, 27 (2): 185-203.

[336] ZOTT C. Dynamic Capabilities and the Emergence of Intra-Industry Differential Firm Performance: Insights from a Simulation

Study [J]. Strategic Management Journal, 2003, 24 (2): 97-125.
[337] REDDING S B. 海外华人企业家的管理思想——文化背景与风格 [M]. 张遵敬, 等, 译. 上海: 上海三联书店, 1993.
[338] 蔡玮, 陈晓红. 园区集群网络结构、资源获取对企业绩效影响机制 [J]. 系统工程, 2010 (8): 31-38.
[339] 曹亚东. 先进制造技术应用水平对创新能力的作用机制研究: 资源基础理论的视角 [D]. 南京: 南京大学, 2011.
[340] 曹镇东. 基于开放式实验室途径的我国科技管理运行机制研究 [D]. 合肥: 中国科学技术大学, 2013.
[341] 曾楠, 高山行, 崔宁宁. 企业内部资源、能力与外部网络对绩效的交互效应研究 [J]. 技术与创新管理, 2011 (3): 230-235.
[342] 陈艾华, 邹晓东. 英国研究型大学提升跨学科科研生产力的实践创新——基于剑桥大学卡文迪什实验室的分析 [J]. 自然辩证法研究, 2012 (8): 54-58.
[343] 陈光. 企业内部协同创新研究 [D]. 成都: 西南交通大学, 2005.
[344] 陈劲, 王方瑞. 再论企业技术和市场的协同创新——基于协同学序参量概念的创新管理理论研究 [J]. 大连理工大学学报 (社会科学版), 2005 (2): 1-5.
[345] 陈劲, 谢芳, 贾丽娜. 企业集团内部协同创新机理研究 [J]. 管理学报, 2006 (6): 733-740.
[346] 陈劲, 阳银娟. 协同创新的理论基础与内涵 [J]. 科学学研究, 2012 (2): 161-164.
[347] 陈劲. 从技术引进到自主创新的学习模式 [J]. 科研管理, 1994 (2): 31-34.
[348] 陈劲. 集成创新的理论模式 [J]. 中国软科学, 2002 (12): 16-24.
[349] 陈劲. 协同创新与国家科研能力建设 [J]. 科学学研究, 2011 (12): 1762-1763.
[350] 陈娟. 知识型企业内外部创新网络协同管理策略研究 [J]. 科技管理研究, 2011 (20): 171-174.
[351] 陈实. 中国国家重点实验室管理制度的演变与创新 [M]. 北京: 冶

金工业出版社，2011.

[352] 陈学光.网络能力、创新网络及创新绩效关系研究——以浙江高新技术企业为例［D］.杭州：浙江大学，2007.

[353] 陈钰芬，陈劲.开放式创新：机理与模式［M］.北京：科学出版社，2008.

[354] 陈正洪.卡文迪什发展战略调整的成败得失［J］.科技管理研究，2007（9）：92-94.

[355] 池仁勇.区域中小企业创新网络的结点联结及其效率评价研究［J］.管理世界，2007（1）：105-112，121.

[356] 池仁勇.区域中小企业创新网络形成、结构属性与功能提升：浙江省实证考察［J］.管理世界，2005（10）：102-112.

[357] 池田大作.我的人学［M］.铭九，等，译.北京：北京大学出版社，1992.

[358] 党兴华，王方.核心企业知识权力运用对技术创新网络关系治理行为的影响——基于关系能力角度的实证研究［J］.科学学与科学技术管理，2012（12）：77-86.

[359] 邓维斌，唐兴艳，胡大权，等.SPSS 19统计分析实用教程［M］.北京：电子工业出版社，2012.

[360] 董俊武，黄江圳，陈震红.动态能力演化的知识模型与一个中国企业的案例分析［J］.管理世界，2004（4）：117-127，156.

[361] 杜国辉.层级组织的网络化变革研究：内部结构的网络化［J］.科技进步与对策，2005，（7）：112-114.

[362] 范群林，邵云飞，尹守军.企业内外部协同创新网络形成机制——基于中国东方汽轮机有限公司的案例研究［J］.科学学研究，2014（10）：1569-1579.

[363] 范硕.英国“剑桥现象”及其形成机理研究［D］.长春：吉林大学，2010.

[364] 范太胜.基于产业集群创新网络的协同创新机制研究［J］.中国科技论坛，2008（7）：26-30.

[365] 范旭，李佳晋.卡文迪许实验室的协同创新实践及其对我国高校的启示［J］.科技管理研究，2014（20）：79-83，93.

[366] 方刚.基于资源观的企业网络能力与创新绩效关系研究［D］.杭

州：浙江大学，2008.
[367] 封长俊，侯儒成.大学联合会是如何领导国家实验室的［J］. 国际科技交流，1991（4）：41-43.
[368] 冯端.实验室是培养创新人才的摇篮——从卡文迪什实验室看实验室的作用［J］. 实验室研究与探索，2008（10）：1-3，5.
[369] 冯军政.环境动荡性、动态能力对企业不连续创新的影响作用研究［D］. 杭州：浙江大学，2012.
[370] 傅家骥，雷家骕，程源.技术经济学前沿问题［M］. 北京：经济科学出版社，2003.
[371] 傅家骥.技术创新学［M］. 北京：清华大学出版社，1998.
[372] 高伟，缪协兴，吕涛，等.基于区际产业联动的协同创新过程研究［J］. 科学学研究，2012（2）：175-185，212.
[373] 郭斌.基于核心能力的企业组合创新理论与实证研究［D］. 杭州：浙江大学，1998.
[374] 郭斌.知识经济下产学合作的模式、机制与绩效评价［M］. 北京：科学出版社，2007.
[375] 郭国峰，温军伟，孙保营.技术创新能力的影响因素分析——基于中部六省面板数据的实证研究［J］. 数量经济技术经济研究，2007（9）：134-142.
[376] 何郁冰.产学研协同创新的理论模式［J］. 科学学研究.2012（2）：165-171.
[377] 贺灵.区域协同创新能力测评及增进机制研究［D］. 长沙：中南大学，2013.
[378] 侯杰泰，温忠麟，成子娟.结构方程模型及其应用［M］. 北京：教育科学出版社，2004.
[379] 胡翼琼.企业自主创新能力评价指标体系与应用研究［J］. 企业技术开发，2006（11）：37-40.
[380] 黄炳线.从卡文迪什实验室看人才群体功能［J］. 人才开发，2005（3）：41-43.
[381] 黄芳铭.结构方程模式：理论与应用［M］. 北京：中国税务出版社，2005.
[382] 霍云福，陈新跃，杨德礼.企业创新网络研究［J］. 科学学与科学

技术管理，2002（10）：50-53.
[383] 姜骞，周海炜，屈维意.关系范式、知识获取对外包合作关系满意度的影响研究——接包方的视角［J］．情报杂志，2011（6）：199-204，198.
[384] 姜启军.中国纺织服装企业协同创新的动因和形成过程［J］．企业经济，2007（6）：37-39.
[385] 蒋兴华，万庆良，邓飞其，等.区域产业技术自主创新体系构建及运行机制分析［J］．研究与发展管理，2008（2）：46-50.
[386] 蒋旭灿，王海花，彭正龙.开放式创新模式下创新资源共享对创新绩效的影响——环境动荡性的调节效应［J］．科学管理研究，2011（3）：5-10.
[387] 解学梅，徐茂元.协同创新机制、协同创新氛围与创新绩效——以协同网络为中介变量［J］．科研管理，2014（12）：9-16.
[388] 解学梅，左蕾蕾，刘丝雨.中小企业协同创新模式对协同创新效应的影响——协同机制和协同环境的双调节效应模型［J］．科学学与科学技术管理，2014（5）：72-81.
[389] 解学梅，左蕾蕾.企业协同创新网络特征与创新绩效：基于知识吸收能力的中介效应研究［J］．南开管理评论，2013（3）：47-56.
[390] 解学梅.中小企业协同创新网络与创新绩效的实证研究［J］．管理科学学报，2010（8）：51-64.
[391] 解学梅.创新集群跨区域协同创新网络对企业创新绩效的影响机制［C］．中国梦：道路·精神·力量——上海市社会科学界第十一届学术年会文集，2013.
[392] 金炬.美国能源部国家科研机构的宏观管理［J］．中国软科学，1996（11）：79-83.
[393] 李浩.社会资本视角下的网络知识管理框架及进展研究［J］．管理世界，2012（3）：158-169.
[394] 李煜.文化资本、文化多样性与社会网络资本［J］．社会学研究，2001（4）：52-63.
[395] 李慧芬.泛在系统下的企业协同创新机理分析［J］．现代管理科学，2011（7）：100-102.
[396] 李培林，梁栋.网络化：企业组织变化的新趋势——北京中关村

200家高新技术企业的调查［J］. 社会学研究，2003（2）：43-53.
［397］ 李维安，邱昭良. 网络组织的学习特性辨析［J］. 科研管理，2007（6）：175-181.
［398］ 李维安. 网络组织：组织发展新趋势［M］. 北京：经济科学出版社，2003.
［399］ 李兴华. 协同创新是提高自主创新能力和效率的最佳形式和途径［N］. 科技日报，2011-09-22（1）.
［400］ 李燕华，宋福烨. 企业外部社会资本对企业间知识转移的影响分析［J］. 统计与决策，2007（21）：179-182.
［401］ 李志刚. 基于网络结构的产业集群创新机制和创新绩效研究［D］. 合肥：中国科学技术大学，2007.
［402］ 林萍. 组织动态能力与绩效关系的实证研究：环境动荡性的调节作用［J］. 上海大学学报（社会科学版），2009（6）：66-77.
［403］ 林润辉，李维安. 网络组织——更具环境适应能力的新型组织模式［J］. 南开管理评论，2000（3）：55-62.
［404］ 林润辉，张红娟，范建红. 基于网络组织的协作创新研究综述［J］. 管理评论，2013（6）：33-48.
［405］ 林嵩. 结构方程模型原理及AMOS应用［M］. 武汉：华中师范大学出版社，2008.
［406］ 刘东. 企业网络论［M］. 北京：中国人民大学出版社，2003.
［407］ 刘兰剑. 创新的发生——网络关系特征及其影响［M］. 北京：科学出版社，2010.
［408］ 柳卸林. 中国区域创新能力的分布及成因分析［J］. 重庆商学院学报，2002（3）：21-25.
［409］ 罗玉中，欧琳，郑天姝. 基础研究和应用基础研究［J］. 科技与法律，1993（3）：25-40.
［410］ 马兰，郭胜伟. 英国硅沼——剑桥科技园的发展与启示［J］. 科技进步与对策，2004（4）：46-48.
［411］ 马庆国. 管理统计：数据获取、统计原理、SPSS工具与应用研究［M］. 北京：科学出版社，2002.
［412］ 马淑文. 我国企业实现开放式创新对策思考［J］. 经济纵横，2006

(11): 55-59.

[413] 潘松挺，蔡宁.企业创新网络中关系强度的测量研究 [J]. 中国软科学，2010 (5): 108-115.

[414] 彭华涛，SADOWSKI B.开放式创新网络形成及演化的探索性案例研究 [J]. 科研管理，2014 (8): 51-58.

[415] 彭纪生.中国技术创新协同论 [M]. 北京: 中国经济出版社，2000.

[416] 彭新敏.企业网络对技术创新绩效的作用机制研究: 利用性-探索性学习的中介效应 [D]. 杭州: 浙江大学，2009.

[417] 皮特斯.第六项修炼: 创新型组织的艺术和实务 [M]. 凯歌，译.延吉: 延边人民出版社，2003.

[418] 祁鸣，刘荣川.积极发挥依托单位作用 为国家重点实验室创造良好外部环境 [J]. 研究与发展管理，1997 (1): 19-23.

[419] 青木昌彦，安藤晴彦.模块时代: 新产业结构的本质 [M]. 周国荣，译.上海: 上海远东出版社，2003.

[420] 全利平，蒋晓阳.协同创新网络组织实现创新协同的路径选择 [J]. 科技进步与对策，2011 (9): 15-19.

[421] 任胜钢，胡春燕，王龙伟.我国区域创新网络结构特征对区域创新能力影响的实证研究 [J]. 系统工程，2011 (2): 50-55.

[422] 任胜钢，宋迎春，王龙伟，等.基于企业内外部网络视角的创新绩效多因素影响模型与实证研究 [J]. 中国工业经济，2010 (4): 100-109.

[423] 任宗强，吴海萍，丁晓.中小企业内外创新网络协同演化与能力提升 [J]. 科研管理，2011 (9): 7-14.

[424] 任宗强.基于创新网络协同提升企业创新能力的机制与规律研究 [D]. 杭州: 浙江大学，2012.

[425] 沈必扬，池仁勇.企业创新网络: 企业技术创新研究的一个新范式 [J]. 科研管理，2005 (3): 34-40.

[426] 水常青，郑刚，许庆瑞.影响中国大中型工业企业协同创新要素的实证研究 [J]. 科学学与科学技术管理，2004 (12): 44-48.

[427] 宋琳，孙雍君.W.L.布拉格对卡文迪什实验室管理创新思想研究 [J]. 自然辩证法研究，2012 (6): 71-75.

[428] 孙斐，黄卉，辛江龙.我国自主创新能力影响因素的实证研究［J］.科技进步与对策，2010（4）：12-16.
[429] 孙国强.关系、互动与协同：网络组织的治理逻辑［J］.中国工业经济，2003（11）：14-20.
[430] 孙海法，刘运国，方琳.案例研究的方法论［J］.科研管理，2004（2）：107-112.
[431] 孙元欣，于茂荐.关系契约理论研究述评［J］.学术交流，2010（8）：117-123.
[432] 佟晶石.产学研合作创新体系与自主知识产权［J］.中国软科学，2003（1）：113-116.
[433] 万君康.论技术引进与自主创新的关联与差异［J］.武汉理工大学学报（信息与管理工程版），2000（4）：43-46.
[434] 万幼清，邓明然.基于知识视角的产业集群协同创新绩效分析［J］.科学学与科学技术管理，2007（4）：88-91.
[435] 汪良兵.区域创新网络结构与协同演化研究［D］.合肥：中国科学技术大学，2014.
[436] 王保进.英文视窗版SPSS与行为科学研究［M］.北京：北京大学出版社，2007.
[437] 王大洲.企业创新网络的进化与治理：一个文献综述［J］.科研管理，2001（5）：48-55.
[438] 王端旭，国维潇，刘晓莉.团队内部社会网络特征影响团队创造力过程的实证研究［J］.软科学，2009（9）：25-28.
[439] 王海花，谢富纪.开放式创新模式下组织间知识转移、环境动荡性对企业创新绩效的影响研究［J］.科学管理研究，2012（3）：70-73.
[440] 王辑慈.创新的空间——企业集群与区域发展［M］.北京：北京大学出版社，2001.
[441] 王鹏，张书芹.阿贡国家实验室管理模式的现状、特点及启示［J］.中国科学基金，2011（3）：173-177，180.
[442] 王清晓，杨忠.跨国公司内部网络结点之间知识转移的影响因素分析——一个概念模型［J］.科研管理，2006（2）：102-108，56.
[443] 王询.组织内的正式与非正式关系［J］.东北财经大学学报，2000（2）：3-7.

[444] 王燕妮，张永安.汽车核心企业内外创新网络对创新绩效的影响机理研究［J］. 经济管理，2013（4）：141-152.

[445] 王一鸣，王君.关于提高企业自主创新能力的几个问题［J］. 中国软科学，2005（7）：10-14.

[446] 王毅.企业核心能力与技术创新战略［M］. 北京：中国金融出版社，2004.

[447] 王永贵，邢金刚，李元.战略柔性与竞争绩效：环境动荡性的调节效应［J］. 管理科学学报，2004（6）：70-78.

[448] 王玉梅.基于动力学的组织知识创新联盟网络协同发展评价研究［J］. 科学学与科学技术管理，2010（10）：119-124，191.

[449] 危怀安，杜娟.国家重点实验室自主创新能力问题研究的新近进展［J］. 学术论坛，2009（5）：176-179.

[450] 危怀安，韩庆元，王婉娟，等.自主创新能力影响因素的模糊聚类分析——基于国家重点实验室的研究［J］. 科技与经济，2013（3）：16-20，95.

[451] 危怀安，胡艳辉.卡文迪什实验室发展中的室主任作用机理［J］. 科研管理，2013（4）：137-143.

[452] 危怀安，胡艳辉.自主创新能力演化中的科研团队作用机理——基于SKL科研团队生命周期的视角［J］. 科学学研究，2012（1）：94-101.

[453] 危怀安，聂继凯.协同创新的内涵及机制研究述评［J］. 中共贵州省委党校学报，2013（1）：107-113.

[454] 危怀安，聂卓，疏腊林.协同创新中心合作伙伴选择机理研究——基于2012年度“2011计划”名单的分析［J］. 科技进步与对策，2014（9）：1-4.

[455] 危怀安，疏腊林，聂卓.我国“2011协同创新中心”的组建分析［J］. 科技管理研究，2014（18）：70-73，86.

[456] 危怀安，王婉娟，韩庆元，等.自主创新能力演化的体制性因素及作用机理——基于国家重点实验室的研究［J］. 软科学，2013（3）：4-8.

[457] 危怀安，王炎坤.国家重点实验室科技研究绩效及评价［J］. 科学管理研究，2005（2）：35-37，60.

[458] 韦影.企业社会资本对技术创新绩效的影响：基于吸收能力的视角[D]. 杭州：浙江大学，2005.
[459] 魏江，寒午.企业技术创新能力的界定及其与核心能力的关联 [J]. 科研管理，1998 (6)：11-17.
[460] 魏江，王铜安.个体、群组、组织间知识转移影响因素的实证研究[J]. 科学学研究，2006 (1)：91-97.
[461] 魏江，叶波.产业集群技术能力增长机理研究 [J]. 科学管理研究.2003 (1)：35-40.
[462] 魏江，张妍，龚丽敏.基于战略导向的企业产品创新绩效研究——研发网络的视角 [J]. 科学学研究，2014 (10)：1593-1600.
[463] 魏江.企业核心能力的内涵与本质 [J]. 管理工程学报，1999 (1)：31-36.
[464] 温珂，苏宏宇，周华东.科研机构协同创新能力研究——基于中国101家公立研究院所的实证分析 [J]. 科学学研究，2014 (7)：1081-1089.
[465] 温瑞珺，龚建立，王黎娜.企业自主创新能力评价研究 [J]. 集团经济研究，2005 (9)：68-69.
[466] 邬爱其.企业创新网络构建与演进的影响因素实证分析 [J]，科学学研究，2006 (2)：62-70.
[467] 吴明隆.结构方程模型——AMOS操作与应用 [M]. 2版.重庆：重庆大学出版社，2010.
[468] 吴明隆.问卷统计分析实务——SPSS操作与应用 [M]. 重庆：重庆大学出版社，2010.
[469] 吴青熹.变革型领导、社会资本与协同创新组织学习的视角 [D]. 南京：南京大学，2011.
[470] 吴绍波，顾新.知识链组织之间合作的关系强度研究 [J]. 科学学与科学技术管理，2008 (2)：113-118.
[471] 吴友群，赵京波，王立勇.产学研合作的经济绩效研究及其解释[J]. 科研管理，2014 (7)：147-153.
[472] 夏代云，何泌章，李炳昌.高校创新性基础科学研究团队特征研究——以汤姆逊-卢瑟福团队为例 [J]. 自然辩证法研究，2010 (8)：56-62.

[473] 肖红缨，王炎坤，陈凌.国家重点实验室与依托单位互动关系探析[J]. 研究与发展管理，2006（2）：108-112.

[474] 谢桂红，由长延.国家重点实验室创新的五条对策 [J]. 科技进步与对策，2000（3）：21-22.

[475] 谢洪明，张霞蓉，程聪，等.网络关系强度、企业学习能力对技术创新的影响研究 [J]. 科研管理，2012（2）：55-62.

[476] 谢洪明，张颖，程聪，等.网络嵌入对技术创新绩效的影响：学习能力的视角 [J]. 科研管理，2014（12）：1-8.

[477] 谢洪明，吴隆增，王成.组织学习、知识整合与核心能力的关系研究 [J]. 科学学研究，2007（2）：312-318.

[478] 谢燮正.科技进步、自主创新与经济增长 [J]. 中国工程师，1995（5）：22-24.

[479] 熊志军.试论小科学与大科学的关系 [J]. 科学学与科学技术管理，2004（12）：5-8.

[480] 徐大可，陈劲.后来企业自主创新能力的内涵和影响因素分析 [J]. 经济社会体制比较，2006（2）：17-22.

[481] 许国志.系统科学 [M]. 上海：上海科技教育出版社，2000.

[482] 许庆瑞，蒋键，郑刚.各创新要素全面协同程度与企业特质的关系实证研究 [J]. 研究与发展管理，2005（3）：16-21.

[483] 许庆瑞，郑刚，喻子达，等.全面创新管理（TIM）：企业创新管理的新趋势——基于海尔集团的案例研究 [J]. 科研管理，2003（5）：1-7.

[484] 许庆瑞，朱凌，王方瑞.从研发-营销的整合到技术创新-市场创新的协同 [J]. 科研管理，2006（2）：22-28.

[485] 许庆瑞.全面创新管理——理论与实践 [M]. 北京：科学出版社，2007.

[486] 阎康年.W.L.布拉格民主管理和拓宽思路的经验与启示——卡文迪什实验室评介之六 [J]. 物理通报，1996（2）：42-44.

[487] 阎康年.卡文迪什实验室的发展 [J]. 科学技术与辩证法，1990（4）：33.

[488] 阎康年.卡文迪什实验室——物理实验室的典范 [J]. 国外科技动态，2000（8）：41-44.

[489] 阎康年.卡文迪什实验室——现代科学革命的圣地 [M]. 保定：河北大学出版社，1999.

[490] 阎康年.卡文迪什实验室选择和培养人才的经验研究 [J]. 自然科学史研究，1996 (3)：197-206.

[491] 阎康年.英国卡文迪什实验室成功之道 [M]. 广州：广东教育出版社，2004.

[492] 杨德林，陈春宝.模仿创新、自主创新与高技术企业成长 [J]. 中国软科学，1997 (8)：107-112.

[493] 杨鹏鹏，谢恩.创造企业竞争优势：内部资源，外部网络及其整合 [J]. 数量经济技术经济研究，2006 (2)：68-75.

[494] 杨燕，邵云飞.企业间网络协同模型的构建——基于TRIZ的扩展矛盾矩阵表 [J]. 技术经济，2011 (3)：30-35.

[495] 于彬.美国布鲁克海文国家实验室大观 [J]. 国外科技动态，2005 (5)：11-15.

[496] 于明洁，郭鹏，张果.区域创新网络结构对区域创新效率的影响研究 [J]. 科学学与科学技术管理，2013 (8)：56-63.

[497] 沃森.双螺旋：发现DNA结构的个人经历 [M]. 田洺，译.北京：生活·读书·新知三联书店，2001.

[498] 张宝生，王晓红.组织内部网络知识流动的激励机制研究 [J]. 情报科学，2011 (6)：924-930.

[499] 张方华.知识型企业的社会资本与技术创新绩效研究 [D]. 杭州：浙江大学，2004.

[500] 张钢.企业组织网络化发展 [M]. 杭州：浙江大学出版社，2005.

[501] 张米尔，武春友.产学研合作创新的交易费用 [J]. 科学学研究，2001 (1)：89-92.

[502] 张明龙.美国国家实验室的创新实力考察 [J]. 西北工业大学学报(社会科学版)，2009 (3)：57-59，84.

[503] 张琦，万君康，庄越.国家重点实验室创新能力及其运行绩效的内涵研究 [J]. 科技与经济，2005 (1)：15-17，53.

[504] 张文宏.城市居民社会网络资本的阶层差异 [J]. 社会学研究，2005 (4)：64-81，244.

[505] 张永安，李晨光.创新网络结构对创新资源利用率的影响研究 [J].

科学学与科学技术管理，2010（1）：81-89.

[506] 张哲.基于产业集群理论的企业协同创新系统研究［D］. 天津：天津大学，2009.

[507] 赵红洲.大科学观［M］. 北京：人民出版社，1988.

[508] 赵淑权，何介薇.美国布鲁克海文国家实验室简介［J］. 中华放射医学与防护杂志，1998（3）：72-73.

[509] 郑刚.基于TIM视角的企业技术创新过程中各要素全面协同机制研究［D］. 杭州：浙江大学，2004.

[510] 郑刚.全面协同创新——迈向创新型企业之路［M］. 北京：科学出版社，2006.

[511] 周浩，龙立荣.共同方法偏差的统计检验与控制方法［J］. 心理科学进展，2004（6）：942-950.

[512] 周寄中，张黎，汤超颖.关于自主创新与知识产权之间的联动［J］. 管理评论，2005（11）：41-45.

[513] 周永惠，白小萱.发挥依托单位作用，建设好国家重点实验室［J］. 科技·人才·市场，1997（1）：20-22.

[514] 朱桂龙，李奎艳.大学-企业合作创新绩效影响因素分析［J］. 科技管理研究，2008（4）：90-91.

[515] 邹志勇，武春友.企业集团协同能力实证研究［J］. 科技管理研究，2008（10）：141-144.

附录　调查问卷

创新网络对国家重点实验室协同创新能力影响调查问卷

尊敬的各位领导/专家：

您好！

首先真诚地感谢您能在百忙之中支持课题组的研究工作，进行关于推进国家重点实验室协同创新能力的研究！衷心祝愿您和您的实验室在未来的发展中取得更大的科研成就！

本问卷是一项纯学术研究活动，旨在考察实验室内、外部创新网络对协同创新能力影响的相关情况。答案没有对与错，若某个问题未能完全表达您的意见，请选择最接近您的看法的答案。您的回答对我们的研究结论非常重要。您的回答将严格保密，涉及实验室或个人的信息不会被泄露，相关数据的分析及结果仅供研究所用，所以请您放心填写。对您的支持和帮助表示衷心感谢！祝您工作顺利，万事如意！

基本情况

请在与您相符的选项字母上打“√”，若选“其他”，请在________上标注内容

1. 您的年龄：A.30 岁以下　B.30～44 岁　C.45～59 岁　D.60 岁以上

2. 您的最高学位：A. 学士　B. 硕士　C. 博士　D. 其他________

3. 您的职称：A. 初级　B. 中级　C. 副高级　D. 正高级

4. 您所在的实验室主要从事（请选择最主要的一项）：A. 基础研究　B. 应用基础研究

5. 您目前主要从事（请选择最主要的一项）：

A. 基础研究　B. 应用基础研究　C. 行政管理　D. 实验技术服务　E. 其他________

6. 您所在实验室的依托单位类型：

A. 高校　B. 科研院所　C. 企业　D. 其他________

实验室协同创新能力测度

请按照实验室的实际情况，对下面描述在您认为合适的分值上打“√”

实验室协同创新能力情况	完全不同意⟷完全同意					
实验室协同创新战略规划是成功的	1	2	3	4	5	6	7
实验室擅长发现合作伙伴并建立合作关系	1	2	3	4	5	6	7
实验室擅长管理和协调各种合作关系	1	2	3	4	5	6	7
实验室向创新网络中投入的知识/技术/人财物力等各类创新资源的投入水平高	1	2	3	4	5	6	7
实验室从创新网络中吸收各类创新资源并实现创新产出的产出水平高	1	2	3	4	5	6	7

实验室内部创新网络特征测度

请按照实验室内部的实际情况，对下面描述在您认为合适的分值上打“√”

实验室内部创新网络情况		完全不同意<—>完全同意						
共同愿景	实验室成员对协同创新目标的认同度高	1	2	3	4	5	6	7
	成员对完成协同创新目标富有激情	1	2	3	4	5	6	7
	成员对协同创新任务的完成度高	1	2	3	4	5	6	7
内部创新要素参与度	实验室内部有开展协同创新的战略规划	1	2	3	4	5	6	7
	有鼓励/奖励协同创新的制度	1	2	3	4	5	6	7
	有认同协同创新的组织文化	1	2	3	4	5	6	7
	各研究小组/部门参与协同创新积极性高	1	2	3	4	5	6	7
	各研究人员参与协同创新积极性高	1	2	3	4	5	6	7
内部创新要素协同度	实验室内部沟通渠道畅通	1	2	3	4	5	6	7
	各研究小组/部门间互助、合作频繁	1	2	3	4	5	6	7
	实验室管理层次少、扁平化程度高	1	2	3	4	5	6	7
	内部冲突解决及时、妥善	1	2	3	4	5	6	7
内部非正式关系	实验室内部成员间的信任程度高	1	2	3	4	5	6	7
	内部非正式交互渠道多	1	2	3	4	5	6	7
	内部成员间分享、切磋、交流频率高	1	2	3	4	5	6	7

实验室外部创新网络特征及内外部网络交互测度

请按照实验室外部的实际情况，对下面描述在您认为合适的分值上打“√”

实验室外部创新网络情况		完全不同意<—>完全同意						
协同关系强度	实验室与其他创新主体互动联系频繁	1	2	3	4	5	6	7
	实验室与其他创新主体彼此信任程度高	1	2	3	4	5	6	7
	实验室与其他创新主体资源投入/共享程度高	1	2	3	4	5	6	7
	实验室与其他创新主体互利互惠程度高	1	2	3	4	5	6	7
协同关系久度	实验室与其他创新主体的合作历时持久	1	2	3	4	5	6	7
	实验室与其他创新主体关系的稳定性高	1	2	3	4	5	6	7
	外部协同关系中学习氛围浓厚、知识获取效率高	1	2	3	4	5	6	7
协同关系满意度	实验室与其他创新主体彼此尊重	1	2	3	4	5	6	7
	实验室与其他创新主体交流愉快	1	2	3	4	5	6	7
	协同合作使实验室的创新产出增加	1	2	3	4	5	6	7
外部网络开放性	接受新成员的意愿高	1	2	3	4	5	6	7
网络异质性	实验室外部合作伙伴的行业分布广泛	1	2	3	4	5	6	7
	合作伙伴在地理位置上分布广泛	1	2	3	4	5	6	7
	合作伙伴的研究方向差异大	1	2	3	4	5	6	7
	合作伙伴的文化差异大	1	2	3	4	5	6	7

关于外部创新网络的规模和开放性测度，请在下表合适的区间内打“√”

	合作伙伴	数量（个）						
		0	1～3	4～7	8～10	11～15	16～30	＞30
外部网络规模	密切合作高校的数量							
	密切合作企业的数量	t						
	密切合作科研机构的数量							
	密切合作金融中介、行业协会等科技中介数量							
	密切相关的政府机构的数量							

	合作投资	数额（万元）						
		[0，50)	[50，100)	[100，150)	[150，200)	[200，300)	[300，500)	≥500
外部网络开放性	实验室从外部创新网络中获取的投资总额							
	实验室向外部创新网络中释放的投资总额							

实验室面临的环境动荡性情况测度

请按照实验室所处环境的实际情况，对下面描述在您认为合适的分值上打“√”

实验室外部环境情况		完全不同意<—>完全同意						
创新市场环境动荡性	成果转化类产品市场客户的需求经常变动	1	2	3	4	5	6	7
	市场上科研成果转化类产品更新换代非常快	1	2	3	4	5	6	7
	政府出台的创新相关政策变化很快	1	2	3	4	5	6	7
	实验室很难预测政府创新政策的变化趋势	1	2	3	4	5	6	7
知识技术环境动荡性	实验室研究领域内的知识与技术发展非常快	1	2	3	4	5	6	7
	该领域内的知识与技术发展为实验室研究提供了大量机会	1	2	3	4	5	6	7
	实验室预测未来五年内本研究领域的科学发展趋势非常难	1	2	3	4	5	6	7

全卷完。再次感谢您的支持！祝您工作愉快！

后记

时光飞逝，两年多的调研和写作即将结束。回首过往，心中思绪万千。我为经过两年的不断探索、学习和钻研，终于完成了这部书稿而喜悦。这部书稿的撰写过程，是一个挑战自我、磨炼意志的过程，需要扎实的理论基础、深厚的写作功底和良好的身体素质，还离不开业内知名学者的指导以及朋友和家人的支持。

首先，我要感谢在创新管理研究领域卓有建树的付家骥教授、陈劲教授、解学梅副教授，虽然未曾谋面，但反复拜读他们的著作和论文，让我打下了较扎实的创新管理研究理论基础，吸收了前沿的创新管理理念，掌握了先进的研究方法。我还要感谢在科研管理研究领域潜心耕耘了二十年、成果卓著的危怀安教授，本书的调研工作得到了危教授亲切的鼓励。同时，深深感谢在社会网络领域开展深度研究的吴淼副教授，他以丰富的社会网络研究经验和学术知识，及时给我以点拨和指导，使我少走了许多弯路。在此，向各位专家、学者表示诚挚的敬意和衷心的感谢。

感谢我所在的创新管理学术团队中的其他成员在问卷设计和数据处理方面提出的宝贵意见；感谢在调研中提供方便、耐心填答问卷、提出意见和建议的国家重点实验室的学者们，是你们的鼎力帮助，让我得以获取第一手宝贵资料，并从文献阅读的复杂、混沌感知中走了出来。

最后，我要感谢我的家人。感谢我的父亲和母亲培养了我勤劳的品性和好学的习惯，这使我能够在忙碌的研究工作中保持乐观向上的心态。自我的女儿出生以来，一直是二老任劳任怨、含辛茹苦地帮我抚养幼女，让我能心无旁骛地投入科研工作中，保证了每天至少 15 个小时的工作量。感谢我 3 岁半的女儿，你的小手能抹去我所有的疲乏，你的笑容是我追求进步的最大动力！

谢谢你们，陪着我一路走来的人们！

王婉娟

2016 年 9 月